Teoría de la Medida e Integración

Volumen I

Rolando Rebolledo Berroeta

Teoría de la Medida e Integración

Volumen I

EDICIONES UNIVERSIDAD CATÓLICA DE CHILE
Vicerrectoría de Comunicaciones
Av. Libertador Bernardo O'Higgins 390, Santiago, Chile

editorialedicionesuc@uc.cl
www.ediciones.uc.cl

TEORÍA DE LA MEDIDA E INTEGRACIÓN
Volumen I

Rolando Rebolledo Berroeta

© Inscripción N° 270.153
  Derechos reservados
  Septiembre 2016
  Reimpresión 2017
  ISBN 978-956-14-1964-3

Diseño:
versión | producciones gráficas Ltda.

Impresor:
Salesianos Impresores S.A.

CIP - Pontificia Universidad Católica de Chile

Rebolledo, Rolando
Teoría de la medida e integración / Rolando Rebolledo Berroeta. –
Incluye bibliografía

1.   Teoría de la medida.
2.   Integrales
I.   t.

2016   515.42 + dc 23   RCAA2

FACULTAD DE INGENIERÍA
FACULTAD DE MATEMÁTICAS

Teoría de la Medida e Integración

Volumen I

Rolando Rebolledo Berroeta

EDICIONES UC

A Loreto y nuestro gran conglomerado familiar.

ÍNDICE GENERAL

PREFACIO

Esta obra está concebida como un libro de texto para estudiantes de la Licenciatura en Matemáticas o de la carrera de Ingeniería Matemática. El texto del primer volumen enseña las bases, métodos y resultados más importantes de la Teoría de la Medida e Integración, rama fundamental de la Matemática contemporánea que es prerrequisito para estudiar una variada gama de otras disciplinas como el Análisis Funcional, cursos avanzados sobre Ecuaciones Diferenciales, la Teoría de Sistemas Dinámicos, la Teoría de Probabilidades, la Estadística, Métodos de la Física Matemática, Análisis Estocástico, entre muchas otras. El segundo volumen, en preparación, se concentrará en las topologías débiles de medidas, el Análisis de Fourier, la versión funcional de la integral y elementos de la teoría no conmutativa, temas todos que corresponden más bien a cursos de postgrado.

La elección de los temas de este primer volumen ha seguido los diseños curriculares de los cursos de formación de matemáticos según estándares internacionales. Las primeras versiones de este texto remontan a la época en que enseñaba la Teoría de la Integración primero en Niza y luego en París, con un programa un poco más extenso. Luego, fue adaptado al programa del curso que se enseña en la Facultad de Matemáticas de la Universidad Católica y devino un apunte en Castellano, manuscrito y fotocopiado para los estudiantes hasta que la aparición de LaTeX permitió hacer una primera versión mecanografiada allá por la segunda mitad de la década de los 80. Desde entonces el texto, modificado sin cesar, ha circulado de manera supuestamente restringida al uso exclusivo de mis alumnos, si bien he sabido que algunas versiones han trascendido esa frontera y me ocurre recibir mensajes de estudiantes de otros lugares que piden acceder a los archivos de pruebas resueltas para ejercitar su aprendizaje.

Es muy importante en todo estudio científico considerar que no podemos conocer un objeto si no lo transformamos, y eso tiene una expresión muy clara en Matemáticas. No podemos aprender un tema nuevo si no intentamos probar los principales resultados nosotros mismos, y para ello los ejercicios son fundamentales. A través de ellos se puede entender mejor la historia de las ideas que llevaron al estado actual de una teoría; ellos constituyen para los matemáticos su laboratorio natural. En este volumen me he preocupado de proponer al final de cada capítulo listas de ejercicios que permitan al estudiante poner a prueba su comprensión de la teoría.

Asimismo, hay que tener en cuenta que todo aprendizaje es tributario de la cultura, del conocimiento global de su época, es un proceso inagotable que va determinando los márgenes de vigencia de los textos. En Matemáticas manejamos escalas temporales más largas que en otras disciplinas, pero no escapa a nuestra comprensión que la expresión de sus resultados principales cambia mucho a lo largo de los años. Por ejemplo, la forma en que explicamos la geometría euclidiana de nuestros días no coincide con aquella que usó su descubridor o incluso como se enseñó más tarde, por ejemplo en el siglo XII. Hay una historicidad profunda de todas las ciencias que no puede ser despreciada. Nótese que, siguiendo con el ejemplo de la geometría, el descubrimiento de América en 1492 generó un cambio en la concepción de mundo de la época que incidió en la necesidad de que la humanidad se planteara una geometría diferente que vio la luz más tarde en el siglo XIX, una teoría no euclidiana que absorbió la euclidiana como un caso particular, y la extendió a dominios que la de su griego autor nunca cubrió, como la geometría esférica.

En el caso de la integración, tema fundamental de este libro, hay también una larga historia. Este modesto texto no se propone más que mostrar la forma en que de nuestros días se ha sintetizado su teoría para ser enseñada en las aulas universitarias. Hemos escogido una forma sucinta de presentar los principales hitos, sus consecuencias y aperturas, para que los estudiantes dispongan de una referencia rápida, con algunos guiños para aquellos que quieran explorar temas relacionados que escapan a los contenidos programáticos.

Y la síntesis que hoy enseñamos se basa en el rico debate sobre los fundamentos de la integración que comenzó en las postrimerías del siglo XIX, continuando en el siglo XX. Son muchos los nombres que habría que citar en esa génesis: desde Cauchy, Riemann, pasando por Borel, un Weierstrass siempre presente, Stieltjes, Volterra, Cantor y sus indagaciones en la Teoría de Conjuntos, para culminar en los trabajos de Henri Lebesgue y Percy J. Daniell, además de los aportes posteriores de Beppo-Levi, Fubini y Kolmogorov, entre muchos otros a quienes pido excusas por omisión involuntaria. El lector interesado en el recuento histórico de los avances en esta teoría, puede consultar a este respecto el excelente libro de Iván Pesin [39] que rinde justicia a todos los creadores involucrados en este proceso hasta mediados del siglo XX.

El francés Henri Lebesgue (1875-1941), construyó las bases de la llamada Teoría de la Medida, a través de la cual se asigna un número a un conjunto y de ahí

Henri Lebesgue (1875-1941).

se construye luego la integral de una función (cf. [29], [30], [28], [31]). Es el punto de vista que permitió posteriormente el desarrollo de la llamada *medida abstracta*, que inspira estas notas de curso.

El británico, nacido en Chile, Percy John Daniell (1889-1946), desarrolló la integración desde una óptica distinta en sus trabajos de los años 1918-1919 ([6], [7], [8]). Daniell define primero la integral como un funcional sobre un espacio de funciones y la medida aparece luego como dicho funcional aplicado a la función característica de un conjunto. Es el llamado *punto de vista funcional* de la teoría, que será explicado en un futuro segundo volumen sobre el tema.

A ambos fundadores del actual estado de la teoría que expongo en las páginas siguientes, les correspondió vivir una época marcada por guerras destructoras, por una parte, contrastadas por revoluciones

Percy-John Daniell (1889-1946).

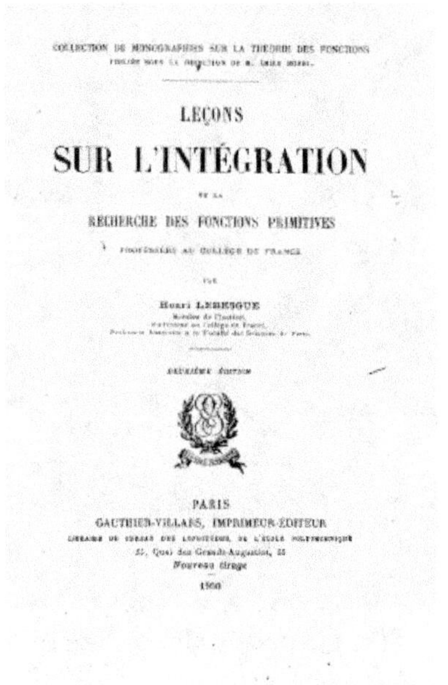

Portada de la primera edición
del libro de Henri Lebesgue.

científicas y artísticas creadoras: nacimiento de nuevas teorías en física (relatividad, mecánica cuántica), derrumbe del programa de Hilbert provocado por el Teorema de Gödel, en medio de la eclosión del impresionismo del siglo XIX y sus derivados del siglo XX. Una época de comunicaciones aún difíciles, de mucho tren, barcos e incipientes vuelos. Invito al lector a seguir ahora el hilo de sus ideas en nuestra ciencia.

Agradezco el apoyo otorgado por la Vicerrectoría de Comunicaciones de la Pontificia Universidad Católica y Ediciones UC para la publicación de esta obra que durante largos años permaneció en calidad de manuscrito. Manuscrito enriquecido en cada nueva versión del curso magistral, en el diálogo con los alumnos y en la práctica de la investigación. Mi mensaje de gratitud no podría estar completo sin el recuerdo de quien tomó a cargo la mecanografía de algunos capítulos de la primera versión. El cáncer nos privó de la presencia de Virginia Farías, pero su recuerdo vive en quienes la conocimos y en estas páginas.

Capítulo 1

Del arte de medir

1. Asociando un número a un conjunto

La teoría de la integración encuentra su base en ideas muy elementales. Usamos el término "elemental" en su acepción original, vale decir, referido a los *elementos* primigenios, de los cuales la matemática toda se impregna. La observación de la naturaleza llevó al hombre a descubrir los números y a asociarlos de manera natural con sus objetos más simples. De este modo el propio concepto de número llevaba en sí la idea de medir. El hombre midió longitudes, superficies, volúmenes, temperaturas, pesantez. Supo de la diferencia entre lo pequeño y lo grande, lo liviano y lo pesado.

La Geometría recogió primero esta inquietud. Euclides enseñó cómo calcular áreas de figuras simples. Luego se buscó cómo aproximar las figuras más complejas por varias simples. Fue necesario sumar. La Aritmética también se asociaba a la tarea: la suma es una forma de medición.

Asociar un número a un conjunto: es la idea fundamental que traduce en matemáticas el acto de medir. Así, si nos dan un triángulo, calculando su área, le asociamos un número; si nos dan un conjunto de números $\{a_1, \ldots, a_n\}$ una forma de asociarle un número es considerar la suma $a_1 + \cdots + a_n$. Algunas fórmulas se hicieron célebres, por ejemplo, aquella que nos da la suma de los n primeros números naturales:

$$(1.1) \qquad \sum_{k=1}^{n} k = \frac{n(n+1)}{2}$$

que ya se conocía en el medioevo chino, según consta en las obras de Chon Huo (siglo XI) y Yang Hui (siglo XIII).

Poco a poco se fue estudiando procesos más complejos de medición. Al llegar al siglo XVII el hombre comenzó a manejar "sumas infinitas". Estas estaban presentes en la Filosofía desde la época de Zenón de Elea (siglo V A.C.), autor de la famosa paradoja de Aquiles y la tortuga. Según Zenón, si en el instante inicial, Aquiles se encuentra en 0 y la tortuga en una posición $a_0 > 0$, el héroe griego debe correr tras la tortuga que avanza en el sentido positivo del eje de coordenadas, pero cuando llega a la posición a_0 la tortuga se ha movido a una nueva posición a_1; enseguida, cuando Aquiles llega a esta última posición, la tortuga está en a_2 y así sucesivamente... En suma, mientras Aquiles corre para alcanzar el punto desde el cual la tortuga ha partido, ésta avanza, ¡de modo que nuestro héroe jamás podrá anular este avance! Para desmentir a Zenón es necesario hacer algunos cálculos. Supongamos que el movimiento es uniforme, que Aquiles se desplaza a una velocidad $V = 10m/s$ en tanto que la tortuga lo hace según $v = 1m/s$ con $v < V$. Llamemos t_n el tiempo (medido en segundos) que Aquiles emplea en alcanzar la posición a_n (medida en metros). Entonces,

$$
\begin{aligned}
t_0 &= 1 \\
t_1 &= 1 + \frac{1}{10} \\
t_2 &= 1 + \frac{1}{10} + \frac{1}{10^2} \\
&\cdots \\
t_n &= 1 + \frac{1}{10} + \frac{1}{10^2} + \ldots + \frac{1}{10^n} \\
&\cdots
\end{aligned}
$$

y aprovechando nuestros conocimientos sobre series podemos enfrentar el argumento falaz de Zenón.

La teoría de series comenzó a desarrollarse a fines del siglo XVII y principios del XVIII, sin contar con un adecuado concepto de *límite*. Esto fue causa de muchas paradojas. Por ejemplo, aquellas sobre la suma de la serie

$$
(1.2) \qquad\qquad S = 1 - 1 + 1 - 1 + 1 - \ldots
$$

Esta "suma infinita" se puede escribir

$$S \;=\; (1-1)+(1-1)+\dots$$
$$=\; 0+0+\dots$$

de modo que $S = 0$. Pero, agrupando los términos de otro modo, se tiene

(1.3)
$$S = 1-(1-1)-(1-1)-(1-1)\dots$$

$$=\; 1-0-0-\dots$$

luego $S = 1$, o incluso, según (1.3), $S = 1 - S$, ¡y en consecuencia $S = 1/2$!

Sin embargo, la teoría de series permitía abordar de manera "primaria" la Mecánica de Newton que entonces daba sus primeros pasos. Veamos cómo.

Nos interesa estudiar el movimiento de un punto material de masa m sobre la recta real $\mathbb{R}$. Llamemos X_t la posición del móvil en el instante t. Suponemos que el tiempo se mide sobre los enteros positivos. Supongamos que el móvil parte desde un punto inicial $x \in \mathbb{R}$, en presencia de una fuerza constante F en el sentido positivo del eje de coordenadas espaciales. Para simplificar aún más, despreciamos primero toda fuerza de roce. Según la segunda Ley de Newton, la fuerza es proporcional a la aceleración A_t que alcanzará el punto material en su movimiento. En este caso entonces, $A_t = const. = \frac{F}{m}$. Llamemos V_t la velocidad del móvil, e introduzcamos el símbolo Δ para indicar diferencias, vale decir $\Delta X_t = X_t - X_{t-1}$. Se tiene entonces que $V_t = \frac{\Delta X_t}{\Delta t}$ y $A_t = \frac{\Delta V_t}{\Delta t}$, donde Δt es, por supuesto, igual a 1. Ahora bien, ya que la aceleración es constante, se tiene que X_t satisface la ecuación

(1.4)
$$X_t = X_0 + V_0 t + \sum_{s=0}^{t-1} A_0 s$$

En este caso, es muy sencillo calcular la expresión que tiene la solución de (1.4). En efecto, basta aplicar la fórmula (1.1):

(1.5)
$$X_t = X_0 + V_0 t + A_0 \frac{t(t+1)}{2}$$

El lector reconocerá la versión en tiempo discreto de la clásica fórmula

$$(1.6) \qquad X_t = X_0 + V_0 t + A_0 \frac{t^2}{2}$$

que se obtiene en Mecánica Clásica resolviendo una *ecuación diferencial*. En efecto, toda esta coincidencia es absolutamente natural, tanto (1.5) como (1.6) expresan la acción de medir: en el primer caso, se mide mediante una *suma*; en el segundo, mediante una *integral*.

2. Superficies en el plano

El cálculo de superficies en el plano es quizás una de las formas más intuitivas del arte de medir. Aprovecharemos esa intuición para construir un modelo matemático de la noción de superficie.

2.1. Noción de superficie. Nuestro propósito es definir una noción de superficie (o área) de una parte del plano. Con este fin se provee al plano de ejes de coordenadas ortogonales y se atribuye la superficie 1 al cuadrado de lado unitario. Las hipótesis siguientes traducen nuestras intuiciones básicas sobre superficies:

(S1) *Hipótesis 1*: La superficie $\mathbb{S}(\Gamma)$ de una parte Γ del plano es, si ella existe, un número positivo.

(S2) *Hipótesis 2*: Si Γ y Γ' son partes del plano que poseen superficie, entonces también es así para $\Gamma \cap \Gamma'$ y

$\Gamma \cup \Gamma'$. Si además Γ y Γ' son disjuntos, se tiene

$$(1.7) \qquad \mathbb{S}(\Gamma \cup \Gamma') = \mathbb{S}(\Gamma) + \mathbb{S}(\Gamma').$$

Si Γ contiene a Γ', entonces su diferencia $\Gamma \backslash \Gamma'$ tiene una superficie que vale $\mathbb{S}(\Gamma) - \mathbb{S}(\Gamma')$.

(S3) *Hipótesis 3*: Si Γ tiene una superficie nula, entonces todo subconjunto de Γ posee también una superficie (que además es nula a causa de lo que se vio en (S2)).

EJERCICIO 1.1. Probar que si Γ_1 y Γ_2 son dos conjuntos que poseen una superficie, entonces por (S2) siempre se tiene

$$(1.8) \qquad \mathbb{S}(\Gamma_1 \cup \Gamma_2) = \mathbb{S}(\Gamma_1) + \mathbb{S}(\Gamma_2) - \mathbb{S}(\Gamma_1 \cap \Gamma_2)$$

Ahora bien, recordemos la forma en que los griegos aproximaban la superficie de un círculo: se daban una sucesión de polígonos regulares inscritos en él, calculaban las respectivas superficies y luego "pasaban al límite". Expresemos esta idea en una nueva hipótesis, introduciendo sobre los conjuntos el orden parcial asociado a la inclusión.

(S4) *Hipótesis* 4: Si $(\Gamma_n)_n$ es una sucesión creciente de conjuntos que tienen superficie, entonces su reunión $\bigcup_n \Gamma_n$ (que también escribimos $\lim \uparrow \Gamma_n$) tiene una superficie si y sólo si la sucesión $(\mathbb{S}(\Gamma_n))_n$ es acotada y en tal caso se tiene

$$(1.9) \qquad \mathbb{S}(\lim_n \uparrow \Gamma_n) = \lim_n \uparrow \mathbb{S}(\Gamma_n),$$

EJERCICIO 1.2. Probar que (S4) es equivalente a la propiedad siguiente

(S4') Si $(\Gamma_n)_n$ es una sucesión de conjuntos que poseen superficie, disjuntos dos a dos, entonces su reunión Γ (que escribimos $\Gamma = \sum_n \Gamma_n$), tiene superficie si y sólo si la serie $\sum_n \mathbb{S}(\Gamma_n)$ converge; y se tiene:

$$(1.10) \qquad \mathbb{S}(\sum_n \Gamma_n) = \sum_n \mathbb{S}(\Gamma_n).$$

EJERCICIO 1.3. Sea $(\Gamma_n)_n$ una sucesión decreciente de conjuntos que poseen superficie y sea $\Gamma = \bigcap_n \Gamma_n$ (que también escribimos $\lim_n \downarrow \Gamma_n$). Probar que $(\Gamma_0 \backslash \Gamma_n)_n$ crece hacia $\Gamma_0 \backslash \Gamma$. Deducir que Γ tiene superficie y verificar que

$$(1.11) \qquad \mathbb{S}(\lim_n \downarrow \Gamma) = \lim_n \downarrow \mathbb{S}(\Gamma_n).$$

EJERCICIO 1.4. Consideremos ahora un conjunto Γ para el cual existen dos sucesiones de conjuntos que poseen superficie, $(\overline{\Gamma}_n)_n$ y $(\underline{\Gamma}_n)_n$ tales que

$$\underline{\Gamma}_n \subset \Gamma \subset \overline{\Gamma}_n$$

para todo $n \in \mathbb{N}$. Si la sucesión $(\mathbb{S}(\overline{\Gamma}_n \backslash \underline{\Gamma}_n))_n$ tiende a cero, entonces Γ tiene superficie y se cumple

$$(1.12) \qquad \mathbb{S}(\Gamma) = \lim_n \mathbb{S}(\overline{\Gamma}_n) = \lim_n \mathbb{S}(\underline{\Gamma}_n).$$

(Se recomienda considerar las sucesiones monótonas $\bigcup_{k \leq n} \overline{\Gamma}_k$ (decreciente) y $\bigcap_{k \leq n} \underline{\Gamma}_k$ (creciente) de límites $\overline{\Gamma}$ y $\underline{\Gamma}$, respectivamente, que tienen la misma superficie. Luego, observar que $\Gamma \backslash \underline{\Gamma}$ está contenido en el conjunto de superficie nula $\overline{\Gamma} \backslash \underline{\Gamma}$).

En el ejercicio siguiente pasamos en revista lo aprendido en los cursos de Geometría elemental.

EJERCICIO 1.5.   1. Probar que la superficie de un rectángulo es el producto de sus lados.

2. Probar que un segmento de recta tiene superficie nula. Asimismo, demostrar que una recta tiene superficie nula.

3. Probar que una banda de plano limitada por dos rectas paralelas no tiene superficie.

4. Probar que un conjunto numerable de puntos del plano tiene superficie nula.

5. Calcular la superficie de un triángulo rectángulo usando el ejercicio 1.4 y la pregunta 1 aquí arriba.

6. Calcular la superficie de un paralelógramo en el plano, ubicado de modo que uno de sus vértices se encuentre en el origen de coordenadas, pero sin lados paralelos a los ejes.

7. Obtener la superficie de un círculo como límite de las superficies de polígonos regulares inscritos y exinscritos de n lados.

3. La integral de Riemann

Demos una rápida mirada a la forma en que se define la integral de Riemann en los cursos elementales de Cálculo, buscando extraer de esa construcción los elementos comunes con el cálculo de superficies en el plano y con el arte de sumar.

DEFINICIÓN 1.1. Designamos por $\mathcal{E}(I)$ el conjunto de las funciones escalonadas definidas sobre un intervalo $I = [a,b]$ $(a < b)$ de la recta real. Una función f es *escalonada* si existe una partición $a = x_0 < x_1 < \ldots < x_n = b$ tal que f restringida a cada subintervalo $[x_k, x_{k+1}[, k = 0, \ldots, n-2; [x_{n-1}, x_n]$ sea constante.

Consideremos una función $f \in \mathcal{E}(I)$ y la figura Γ delimitada por los segmentos de rectas $\overline{x_k x_{k+1}}$, $\overline{f(x_k)f(x_{k+1})}$, $\overline{0f(x_0)}$, $\overline{0f(x_n)}$, $k = 1, \ldots, n-1$. Γ

es una unión de rectángulos no traslapados. Podemos entonces definir su área como la suma de las áreas de tales rectángulos elementales, de modo que:

$$(1.13) \qquad \mathbb{S}(\Gamma) = \sum_{i=0}^{n-1} f(x_i)(x_{i+1} - x_i).$$

Llamemos a esta cantidad, *integral de la función escalonada f sobre el intervalo $I = [a,b]$*. La denotamos $\int_I f(x)dx$ o $\int_a^b f(x)dx$.

EJERCICIO 1.6. Probar que para todo par de funciones $f, g \in \mathcal{E}(I)$ se tiene que $\alpha f + \beta g \in \mathcal{E}(I)$ para todo par de reales α, β y que se cumple

$$(1.14) \qquad \int_I (\alpha f + \beta g)(x)dx = \alpha \int_I f(x)dx + \beta \int_I g(x)dx.$$

Resumimos lo anterior diciendo que $\mathcal{E}(I)$ es un espacio vectorial real y que la aplicación $f \mapsto \int_I f(x)dx$ es una forma lineal sobre este espacio.

OBSERVACIÓN 1.1. Sean f y g dos funciones reales definidas sobre un intervalo $[a,b]$ de $\mathbb{R}$ y tales que en todo punto $x \in [a,b]$ se tenga $f(x) \leq g(x)$. Definimos:

$$(1.15) \qquad \Gamma_{f,g} = [\![f,g]\!] = \{(x,y) \in [a,b] \times \mathbb{R} : f(x) \leq y \leq g(x)\}.$$

La notación $[\![f,g]\!]$ sugiere una analogía con los intervalos de $\mathbb{R}$. En particular se puede notar que si una sucesión de funciones *positivas* $(f_n)_n$ definidas en $[a,b]$ es tal que en cada punto x del dominio $f_n(x)$ crece o decrece hacia $f(x)$, entonces $[\![0, f_n]\!]$ tiene como límite $[\![0, f]\!]$. Dicho de otro modo,

$$\begin{aligned} \Gamma_{0,\lim\uparrow f_n} &= \lim \uparrow \Gamma_{0,f_n} \\ \Gamma_{0,\lim\downarrow f_n} &= \lim \downarrow \Gamma_{0,f_n}. \end{aligned}$$

Notar que si f es una función escalonada positiva, entonces

$$(1.16) \qquad \int_a^b f(x)dx = \mathbb{S}(\Gamma_{0,f}).$$

Si f es una función real de signo cualquiera, introduzcamos las siguientes funciones asociadas:

$$(1.17) \qquad f^+(x) \;=\; \sup(f(x), 0),$$

$$(1.18) \qquad f^-(x) \;=\; \sup(-f(x), 0),$$

para todo x en el respectivo dominio de definición. Se puede observar que

$$f = f^+ - f^- \quad \text{y} \quad |f| = f^+ + f^-.$$

Para una función escalonada f cualquiera se verifica entonces:

$$(1.19) \qquad \int_a^b f(x)dx = \mathbb{S}([[0, f^+]]) - \mathbb{S}([[0, f^-[[).$$

Y si g es otra función escalonada tal que $f \leq g$, entonces:

$$(1.20) \qquad \mathbb{S}([[f, g]]) = \int_a^b (g(x) - f(x))dx.$$

DEFINICIÓN 1.2. Sea f una función de $[a,b]$ en $\mathbb{R}$. Decimos que ella es *integrable en el sentido de Riemann* si existe

- una sucesión decreciente $(\overline{f}_n)_n$ de funciones escalonadas en $[a,b]$ minoradas por f,
- una sucesión creciente $(\underline{f}_n)_n$ de funciones escalonadas mayoradas por f, tales que

$$(1.21) \qquad \int_a^b \overline{f}_n(x)dx - \int_a^b \underline{f}_n(x)dx \to 0 \text{ si } n \to \infty.$$

En tal caso, el límite común de las sucesiones $(\int_a^b \overline{f}_n(x)dx)_n$ y $(\int_a^b \underline{f}_n(x)dx)_n$ se escribe $\int_a^b f(x)dx$, recibiendo el nombre de *integral* de f sobre $[a,b]$.

Notar que si f es positiva y si escribimos $\overline{\Gamma}_n = [[0, \overline{f}_n]]$, $\underline{\Gamma}_n = [[0, \underline{f}_n]]$, entonces la condición (1.21) equivale a la planteada en el ejercicio 1.4.

Puesto que las funciones escalonadas son acotadas sobre todo intervalo acotado $[a,b]$, las funciones integrables en ese intervalo también lo son. Una elección posible de las sucesiones $(\underline{f}_n)_n$ y $(\overline{f}_n)_n$ es la propuesta por Darboux que explicamos a continuación. Sea $(\pi(n))_n$ una sucesión de particiones de $[a,b]$, $\pi(n) : a = x_0^n < x_1^n < \ldots < x_{k(n)}^n = b$, llamamos

$M_j^n = \sup_{x \in [x_{j-1}^n, x_j^n]} f(x)$, $m_j^n = \inf_{x \in [x_{j-1}^n, x_j^n]} f(x)$ para cada $j = 1, \ldots, k(n)$. Definimos entonces, para cada $n \in \mathbb{N}$,

$$(1.22) \qquad \overline{f}_n(x) = \begin{cases} M_j^n & \text{si } x \in [x_{j-1}^n, x_j^n[,\ 1 \leq j \leq k(n) - 1, \\[2ex] M_{k(n)}^n & \text{si } x \in [x_{k(n)-1}^n, x_{k(n)}^n]. \end{cases}$$

$$(1.23) \qquad \underline{f}_n(x) = \begin{cases} m_j^n & \text{si } x \in [x_{j-1}^n, x_j^n[,\ 1 \leq j \leq k(n) - 1, \\[2ex] m_{k(n)}^n & \text{si } x \in [x_{k(n)-1}^n, x_{k(n)}^n]. \end{cases}$$

De este modo se tiene

$$(1.24) \qquad \int_a^b \overline{f}_n(x)\,dx - \int_a^b \underline{f}_n(x)\,dx = \sum_{j=1}^{k(n)} (M_j^n - m_j^n)(x_j^n - x_{j-1}^n).$$

De (1.22), (1.23), (1.24), resulta una forma equivalente de definir la integrabilidad en el sentido de Riemann: una función f acotada es integrable si y sólo si las sumas del miembro derecho de (1.24) convergen a 0 si $n \to \infty$.

EJERCICIO 1.7. Probar que toda función real continua es integrable sobre todo intervalo acotado contenido en su dominio de definición.

EJERCICIO 1.8. Sea f una función real integrable en el sentido de Riemann sobre $[a, b]$ y sea g otra función real, que es igual a f salvo en un número finito de puntos. Probar que g es también integrable en el sentido de Riemann y que su integral coincide con la de f.

Deducir en particular que toda función continua, salvo en un número finito de puntos sobre $[a, b]$, es integrable.

EJERCICIO 1.9. Probar que la función f definida sobre $[0, 1]$, que vale 1 sobre los puntos racionales y 0 en todos los otros, no es integrable en el sentido de Riemann. Sin embargo, el conjunto $[[0, f]]$ tiene superficie nula.

En el teorema siguiente resumimos las propiedades esenciales de la Integral de Riemann estudiadas en los cursos elementales de Cálculo.

TEOREMA 1.1. *Dado un intervalo $I = [a,b]$ de la recta real, designemos por $\mathcal{R}(I)$ el conjunto de las funciones reales que son integrables en el sentido de Riemann sobre I.*

1. *$\mathcal{R}(I)$ es un espacio vectorial real y la aplicación $f \mapsto \int_I f(x)dx$ es una forma lineal definida sobre este espacio.*

2. *La forma lineal anterior es también creciente sobre $\mathcal{R}(I)$, vale decir: $f \leq g$ implica $\int_I f(x)dx \leq \int_I g(x)dx$.*

3. *$\mathcal{R}(I)$ es también estable para el producto de funciones y para las operaciones $(f,g) \mapsto \sup(f,g)$, $(f,g) \mapsto \inf(f,g)$.*

4. *$f \in \mathcal{R}(I)$ si y sólo si $f^+ \in \mathcal{R}(I)$ y $f^- \in \mathcal{R}(I)$. En tal caso se tiene:*

$$(1.25) \qquad \int_I f(x)dx = \int_I f^+(x)dx - \int_I f^-(x)dx.$$

5. *$f \in \mathcal{R}(I)$ si y sólo si $|f| \in \mathcal{R}(I)$ y se cumple:*

$$(1.26) \qquad \left| \int_I f(x)dx \right| \leq \int_I |f(x)|dx.$$

6. *Si $a < c < b$, entonces $f \in \mathcal{R}([a,b])$ si y sólo si f es a la vez integrable sobre $[a,c]$ y $[c,b]$. En ese caso se tiene:*

$$(1.27) \qquad \int_a^b f(x)dx = \int_a^c f(x)dx + \int_c^b f(x)dx.$$

7. *(Cambio de variables). Sea φ una función biyectiva del intervalo $[a,b]$ sobre $[\alpha,\beta]$, de clase C^1 sobre $]a,b[$. Para toda función f integrable en el sentido de Riemann sobre $[\alpha,\beta]$, la función $t \mapsto f(\varphi(t))|\varphi'(t)|$ es integrable y se tiene la igualdad:*

$$(1.28) \qquad \int_\alpha^\beta f(t)dt = \int_a^b f(\varphi(t))|\varphi'(t)|dt.$$

8. *Sean $f, g \in \mathcal{R}([a,b])$, tales que g mayore a f. Entonces $[\![f,g]\!]$ tiene superficie y*

$$(1.29) \qquad \mathbb{S}([\![f,g]\!]) = \int_a^b (g-f)(x)dx.$$

Demostración. Proponemos al lector que escriba completamente la demostración del teorema a título de ejercicio: a continuación le entregamos una rápida guía para hacerlo.

Se verifica fácilmente que las funciones escalonadas cumplen las distintas propiedades enunciadas en el teorema. Enseguida se trata de extender éstas a funciones arbitrarias, integrables en el sentido de Riemann. Esta extensión no presenta dificultades en el caso de las dos primeras propiedades. Para probar la tercera, observar en primer lugar que si α, α', β, β', son cuatro números reales, tales que $\alpha < \alpha'$, $\beta < \beta'$, entonces se cumplen las desigualdades siguientes:

$$\sup(\alpha',\beta') - \sup(\alpha,\beta) \;\leq\; \sup(\alpha'-\alpha,\beta'-\beta),$$

$$\inf(\alpha',\beta') - \inf(\alpha,\beta) \;\leq\; \sup(\alpha'-\alpha,\beta'-\beta),$$

$$\alpha'\beta' - \alpha\beta \;\leq\; |\alpha|(\beta'-\beta) + |\beta'|(\alpha'-\alpha).$$

Hay que tener en cuenta además que si $f \in \mathcal{R}(I)$ es mayorada en valor absoluto por una constante positiva M entonces se puede escoger las sucesiones aproximantes $(\overline{f}_n)_n$ y $(\underline{f}_n)_n$ de modo que

$$-M \leq \underline{f}_n \leq f \leq \overline{f}_n \leq M$$

De este modo se puede entonces probar la tercera propiedad del enunciado. La cuarta es un caso particular de la tercera y de la linealidad de la integral; la quinta, resulta de la cuarta y de la igualdad:

$$(1.30) \qquad \int_I |f(x)|dx = \int_I f^+(x)dx + \int_I f^-(x)dx.$$

La sexta propiedad resulta de la observación siguiente: si $[\alpha,\beta]$ es un intervalo, $1_{[\alpha,\beta]}(x)$ es su función característica,(aquélla que vale 1 si $x \in [\alpha,\beta]$ y 0 sino), entonces para toda función g sobre $[a,b]$ se tiene:

$$(1.31) \qquad g = g1_{[a,c[} + g1_{[c,b]}.$$

De esta relación resulta claro que $g = |f|$ es integrable si y sólo si $|f|1_{[a,c[}$ y $|f|1_{[c,b]}$ lo son. Pero, $\int_a^b f(x)1_{[a,c[}(x)dx = \int_a^c f(x)dx$, $\int_a^b f(x)1_{[c,b]}(x)dx = \int_c^b f(x)dx$, de modo que usando (1.31) con $g = f$ se obtiene la descomposición del enunciado.

Un cálculo directo permite probar que la fórmula del cambio de variables es satisfecha por las funciones f escalonadas. Para extenderla a las funciones integrables en el sentido de Riemann, la clave es probar primero que si se tiene una función real f definida sobre $[a,b]$ y si $(f_n)_n$, $(g_n)_n$ son dos sucesiones de funciones integrables tales que

$$(1.32) \qquad f_n \leq f \leq g_n, \text{ para todo } n \in \mathbb{N};$$

$$(1.33) \qquad \lim_n \int_a^b (g_n - f_n)(x)dx = 0,$$

entonces $f \in \mathcal{R}([a,b])$ y

$$(1.34) \qquad \int_a^b f(x)dx = \lim_n \int_a^b f_n(x)dx = \lim_n \int_a^b g_n(x)dx.$$

La demostración de esta propiedad se obtiene de la manera siguiente. Por la definición de la integral de Riemann, para todo $n \in \mathbb{N}$ existen sucesiones de funciones escalonadas $(\underline{f}_{n,m})_m$, $(\overline{f}_{n,m})_m$, $(\underline{g}_{n,m})_m$, $(\overline{g}_{n,m})_m$, tales que

$$\underline{f}_{n,m} \leq f_n \leq \overline{f}_{n,m},$$

y

$$\underline{g}_{n,m} \leq g_n \leq \overline{g}_{n,m},$$

para todo $m \in \mathbb{N}$ y para las cuales

$$\int_a^b (\overline{f}_{n,m} - \underline{f}_{n,m})(x)dx \to 0,$$

$$\int_a^b (\overline{g}_{n,m} - \underline{g}_{n,m})(x)dx \to 0,$$

si $m \to \infty$. Además se pueden escoger estas funciones escalonadas de modo que $\overline{f}_{n,m} \leq \underline{g}_{n,m}$, si es necesario reemplazando $\overline{f}_{n,m}$ por $\inf(\overline{f}_{n,m}, \underline{g}_{n,m})$ y $\underline{g}_{n,m}$ por $\sup(\overline{f}_{n,m}, \underline{g}_{n,m})$. Entonces,

$$0 \leq \underline{g}_{n,m} - \overline{f}_{n,m} \leq g_n - f_n$$

para todo $n \in \mathbb{N}$. Tomando enseguida las sucesiones diagonales $(\overline{f}_{n,n})_n$ y $(\underline{g}_{n,n})_n$ se tiene que ellas son aproximantes de f en el sentido de la definición de la integral de Riemann y $\int_a^b f(x)dx$ es igual al límite común de las integrales de tales funciones escalonadas. Pero además por construcción de las sucesiones de funciones escalonadas, los límites de sus integrales deben coincidir con los de la ecuación (1.34).

Una vez demostrada esta propiedad, el teorema de cambio de variables resulta por una aplicación directa de ella y del cambio de variables para funciones escalonadas.

Asimismo, la prueba de la última parte del teorema se obtiene por aplicación de (1.34): la superficie de la figura comprendida entre dos funciones escalonadas se expresa claramente como la integral de su diferencia; en el caso general, la aproximación por funciones escalonadas provee el resultado usando (1.34).

Nos preguntamos ahora qué tan extensa puede ser la clase de las funciones integrables en el sentido de Riemann. Sabemos que contiene a las funciones continuas salvo en un número finito de puntos, pero, ¿qué tanto más podemos relajar la condición de continuidad? Este problema fue planteado y resuelto por Du Bois–Reymond en 1882.

DEFINICIÓN 1.3. Un subconjunto N de la recta real se dice de *extensión nula* (más tarde diremos de *medida nula*) si para cada $\epsilon > 0$ existe una colección finita de intervalos $(I_i)_{i=1}^n$ cuyo largo total (calculado como la suma de las longitudes respectivas) sea menor que ϵ y su reunión cubre a N.

TEOREMA 1.2. *Sea f una función con valores reales definida en un intervalo $[a,b]$ de $\mathbb{R}$ y acotada. Ella es integrable en el sentido de Riemann sobre $[a,b]$ si y sólo si su conjunto de discontinuidades D_f es de extensión nula.*

Demostración. Designemos por $\omega(f,E)$ la oscilación de f sobre un subconjunto E de $[a,b]$ dada por la expresión

$$(1.35) \qquad \omega(f,E) = \sup_{x \in E} f(x) - \inf_{x \in E} f(x).$$

Observar que $\omega(f,E) \le \omega(f,E')$ si $E \subset E'$. Así, la oscilación de f en un punto $x \in [a,b]$ es

$$(1.36) \qquad \omega(f,x) = \lim_{\delta \downarrow 0} \downarrow \omega(f,[x-\delta,x+\delta]).$$

13

Claramente f es continua en x si y sólo si $\omega(f,x) = 0$. Entonces D_f se escribe en la forma

$$(1.37) \qquad D_f = \bigcup_{p=1}^{\infty} \{x \in [a,b] : \omega(f,x) > 1/p\}.$$

Comenzaremos por probar que f es integrable sobre $[a,b]$ si y sólo si para cada $p \geq 1$ el conjunto $E_p = \{x \in [a,b] : \omega(f,x) > 1/p\}$ es de extensión nula.

Supongamos $f \in \mathcal{R}([a,b])$. Sea $(\pi(n))_n$ una sucesión de particiones de $[a,b]$, $\pi(n) : a = x_0^n < x_1^n < \ldots < x_{k(n)}^n = b$. Examinemos (1.24). Dado $p \geq 1$, E_p queda contenido en los intervalos de la partición $\pi(n)$ en los cuales la oscilación $M_j^n - m_j^n$ es mayor que $1/p$. Llamemos $l_n(p)$ la suma de las longitudes de dichos intervalos. Se tiene entonces

$$(1.38) \qquad \frac{1}{p} l_n(p) \leq \sum_{j=1}^{k(n)} (M_j^n - m_j^n)(x_j^n - x_{j-1}^n).$$

y la integrabilidad de f determina la convergencia a 0 de las sumas de (1.38) si $n \to \infty$, de donde, para cada p fijo, $l_n(p) \to 0$. Esta última propiedad nos dice que E_p es de extensión nula para cada $p \geq 1$.

Recíprocamente, supongamos E_p de extensión nula para cada $p \geq 1$. Entonces, dado $\epsilon > 0$ existe una colección finita de intervalos $J_1^\epsilon, \ldots, J_m^\epsilon$ que cubren E_p y cuya suma de longitudes es menor que ϵ. Dada una partición cualquiera π de $[a,b]$, designemos por $I_1, \ldots, I_k$ los subintervalos disjuntos de $[a,b]$ que ella determina. Refinemos π de la siguiente manera: llamemos π^ϵ la partición definida por las extremidades de los intervalos que resultan al considerarlos de la forma I y las intersecciones de aquellos con los de la forma J^ϵ. De esa manera, la partición π^ϵ contiene intervalos I_j^ϵ de extremidades x_{j-1}^ϵ y x_j^ϵ, $j \in N(\epsilon) = \{1, \ldots, k^\epsilon\}$, entre los cuales hay algunos contenidos en los de la forma J^ϵ. Sea $N_0(\epsilon)$ el subconjunto de índices $j \in N(\epsilon)$ para los cuales existe algún m de modo que $I_j^\epsilon \subset J_m^\epsilon$. Así tenemos:

$$\sum_{j=1}^{k^\epsilon} (M_j - m_j)(x_j^\epsilon - x_{j-1}^\epsilon) \;=\; \sum_{j \in N_0(\epsilon)} (M_j - m_j)(x_j^\epsilon - x_{j-1}^\epsilon)$$

$$+ \sum_{j \in N(\epsilon) \setminus N_0(\epsilon)} (M_j - m_j)(x_j^\epsilon - x_{j-1}^\epsilon).$$

Pero, para cada $j \in N \setminus N_0(\epsilon)$, se tiene $M_j - m_j \le 1/p$; para $j \in N_0(\epsilon)$, $\sum_{j \in N_0(\epsilon)} (x_j^\epsilon - x_{j-1}^\epsilon) < \epsilon$. En consecuencia, se obtiene:

$$(1.39) \qquad \sum_{j=1}^{k^\epsilon} (M_j - m_j)(x_j^\epsilon - x_{j-1}^\epsilon) \le \frac{(b-a)}{p} + 2\epsilon \sup_{x \in [a,b]} |f(x)|.$$

La desigualdad (1.39) y (1.24) nos permiten concluir, ya que ϵ y p pueden ser escogidos arbitrariamente.

Por último, para probar que D_f es de extensión nula si y sólo si cada E_p lo es, se deja al lector el ejercicio de verificar las dos aserciones siguientes:

- Todo subconjunto de un conjunto de extensión nula es de extensión nula;
- Toda reunión numerable de conjuntos de extensión nula es de extensión nula.

4. La integral de funciones con valores complejos

La integral de Riemann admite una extensión inmediata al caso de funciones complejas. Si f es una función definida en un intervalo $[a,b]$ de $\mathbb{R}$, con valores complejos, le asociamos dos funciones reales: su parte real $\Re f$ y su parte imaginaria $\Im f$, que permiten representarla

$$(1.40) \qquad f(t) = \Re f(t) + i\Im f(t), \quad (t \in [a,b]).$$

DEFINICIÓN 1.4. Una función $f : [a,b] \to \mathbb{C}$ es integrable en el sentido de Riemann si $\Re f \in \mathcal{R}([a.b])$ y $\Im f \in \mathcal{R}([a,b])$. Su integral es entonces

$$(1.41) \qquad \int_a^b f(t)dt = \int_a^b \Re f(t)dt + i \int_a^b \Im f(t)dt.$$

Llamamos $\mathcal{R}_{\mathbb{C}}([a,b])$ el conjunto de tales funciones f.

PROPOSICIÓN 1.1. *Si f es una función en $\mathcal{R}_{\mathbb{C}}([a,b])$, su integral satisface la desigualdad:*

$$(1.42) \qquad \left| \int_a^b f(t)dt \right| \le \int_a^b |f(t)|dt.$$

Demostración. Sean $x = \Re f$, $y = \Im f$, $\alpha = \int_a^b x(t)dt$, $\beta = \int_a^b y(t)dt$. Entonces:

$$
\begin{aligned}
\left| \int_a^b f(t)dt \right|^2 \; &= \; |\alpha^2 + \beta^2| \\[2mm]
&= \; \alpha \int_a^b x(t)dt + \beta \int_a^b y(t)dt \\[2mm]
&= \; \int_a^b (\alpha x(t)dt + \beta y(t))dt \\[2mm]
&\leq \; \int_a^b \sqrt{\alpha^2 + \beta^2}\sqrt{x^2 + y^2}\,(t)dt \ \text{(por desigualdad de Cauchy–Schwarz)} \\[2mm]
&= \; \sqrt{\alpha^2 + \beta^2} \int_a^b |f(t)|dt.
\end{aligned}
$$

☺

En un ejercicio al fin del capítulo estudiaremos en qué caso se tiene la igualdad en (1.42).

5. Comentarios

Observemos que los tres procedimientos del "arte de medir" analizados en este capítulo: cálculo de sumas de series, cálculo de superficies, integración en el sentido de Riemann, descansan en propiedades básicas relativamente simples.

En primer lugar, hemos visto que los conjuntos que pueden ser medidos, satisfacen ciertas propiedades con respecto a las operaciones usuales sobre conjuntos. Lo mínimo necesario corresponde a la *estabilidad para reuniones e intersecciones finitas* (por ejemplo, la reunión finita de conjuntos con superficie posee superficie).

En segundo lugar, la aplicación que mide los conjuntos debe ser creciente, en el sentido de la inclusión de conjuntos: si un conjunto con superficie contiene a otro, la superficie del primero es mayor que la del segundo.

En tercer lugar, es necesario establecer una regla para medir una reunión finita de conjuntos (ver (S2)).

Finalmente, es necesario un "buen comportamiento" con respecto a límites crecientes y decrecientes de conjuntos. Estas últimas son propiedades llamadas de *continuidad inferior y superior* cuyo sentido riguroso se estudiará más tarde, (ver (S4) y el ejercicio 1.3).

Estas ideas básicas nos acompañarán a lo largo de este volumen: constituyen los pilares de la teoría de capacidades y de la medida. Respecto a la primera, la teoría de capacidades, que no constituye requisito para los cursos básicos de Análisis e Integración, hemos reservado un capítulo anexo al final del libro para quienes deseen tener una introducción al tema.

Para el lector interesado en seguir el desarrollo histórico de la teoría de la integración, se recomienda la lectura del excelente libro de Pesin [**39**], que pasa en revista los pasos dados en su formalización.

6. Ejercicios propuestos

1. Sea f una función continua definida sobre el intervalo compacto real $[a,b]$ y con valores en $\mathbb{R}$.

   a) Se supone f positiva y $\int_a^b f(x)dx = 0$. Probar que f es nula.

   b) Se supone que para todo $n \in \mathbb{N}$, la integral $\int_a^b x^n f(x)dx$ es nula. Probar que f es nula.

2. Sea $z \in \mathbb{C}\backslash\{0\}$: z se escribe en la forma $z = |z|\exp(iArg\ z)$ con $0 \leq Arg\ z < 2\pi$; $Arg\ z$ es el argumento de z.

   a) Sea $z_1 = u_1 + iv_1$ y $z_2 = u_2 + iv_2$ dos elementos de $\mathbb{C}$. Probar que:

$$(1.43) \qquad |u_1 u_2 + v_1 v_2| \leq |z_1||z_2|,$$

   y que la igualdad significa ya sea $z_1 z_2 = 0$ o bien $Arg\ z_1 = Arg\ z_2$ módulo π.

   b) Probar que si f es una función compleja continua definida sobre $[a,b]$, entonces la igualdad

$$(1.44) \qquad \left| \int_a^b f(x)dx \right| = \int_a^b |f(x)|dx,$$

   significa que el argumento de f es constante sobre el conjunto $\{t \in]a,b[; f(t) \neq 0\}$.

Enseguida probar que si se tiene la igualdad:

(1.45)
$$\left| \int_a^b f(x)dx \right| = \sup_{a \le t \le b} |f(t)|,$$

entonces f es constante sobre $[a,b]$.

3. Sea f una función de $\mathbb{R}$ en $\mathbb{C}$, periódica, de período 2π, integrable en el sentido de Riemann sobre $[0, 2\pi]$. Sus coeficientes de Fourier están dados por la expresión:

(1.46)
$$a_n = \frac{1}{2\pi} \int_0^{2\pi} f(\theta)e^{-in\theta}d\theta, \ (n \in \mathbb{Z}).$$

Sea $M = \sup_{0 < \theta < 2\pi} |f(\theta)|$.

a) Probar que $|a_n| \le M$ para todo $n \in \mathbb{Z}$.

b) Se supone f continua. ¿Bajo qué condición se puede tener $|a_n| = M$?

4. El propósito de este ejercicio es probar el llamado "Teorema Fundamental del Cálculo", que relaciona primitivas e integrales de una función.

a) Sea f una función integrable en el sentido de Riemann sobre $[a,b]$. Se define F sobre $[a,b]$ mediante la expresión:

(1.47)
$$F(x) = \int_a^x f(t)dt, \ x \in [a,b].$$

Probar que F es continua en cada punto $x \in [a,b]$.

b) Si el conjunto D_f de discontinuidades de f es finito, probar que F es derivable en $]a,b[\backslash D_f$, y se tiene: $F'(x) = f(x)$ para todo $x \in]a,b[\backslash D_f$. F es una primitiva de f, mejor aún, es la única que se anula en a.

FIGURA 1. Pitágoras, 570 a.C.– 469 a.C.

FIGURA 2. Euclides, aprox. 325 a.C.– 265 a.C.

FIGURA 3. Bernhard Riemann, 1826 – 1866

Capítulo 2

Estructuras Básicas

En este capítulo estudiaremos las estructuras de la Teoría de Conjuntos que permiten definir los conceptos básicos de la Teoría de la Medida. Las ideas esenciales son las que hemos evocado en la Introducción: necesitamos trabajar con familias de conjuntos sobre las cuales definiremos operaciones como reuniones, intersecciones, paso al complemento y otras, que son las que usualmente se ocupan al calcular áreas o medir volúmenes.

Comencemos por fijar algunas notaciones tradicionales de la Teoría de Conjuntos.

1. Complementos sobre la teoría de conjuntos

1.1. Familias de conjuntos. Consideremos un conjunto no vacío I arbitrario, que en lo que sigue será llamado *conjunto de índices*. Si X es otro conjunto no vacío, convengamos en denotar $\mathcal{P}(X)$ el conjunto de todas sus partes.

Una *familia de conjuntos* es una aplicación de I en $\mathcal{P}(X)$ que a cada $i \in I$ asocia $X_i \in \mathcal{P}(X)$. Corrientemente se usan las notaciones $(X_i)_{i \in I}$, $(X_i; i \in I)$, o simplemente (X_i) cuando el conjunto de índices está suficientemente claro. A continuación definiremos algunas operaciones sobre las familias de conjuntos.

DEFINICIÓN 2.1. El *producto* $\prod_{i \in I} X_i$ es el conjunto de las familias $(x_i)_{i \in I}$ de elementos tales que $x_i \in X_i$ para cada $i \in I$. La notación del producto se simplifica a menudo escribiendo $\prod_i X_i$ o también $\prod_I X_i$.

En este curso suponemos válido el Axioma de Selección. En virtud de él, si los conjuntos X_i son no vacíos, se tiene que $\prod_{i \in I} X_i$ es no vacío. Si algún X_i es vacío, convenimos que el producto es vacío.

Dado $k \in I$ se llama **k–ésima proyección canónica**, y se denota π_k, la aplicación de $\prod_i X_i$ en X_k que a cada elemento $(x_i)_{i \in I}$ asocia $x_k \in X_k$.

Se llama *cilindro o adoquín* una parte del conjunto $\prod_{i \in I} X_i$ de la forma $\prod_{i \in I} A_i$ donde, para cada índice i, A_i es un subconjunto de X_i

El *conjunto suma* de $(X_i)_{i \in I}$, que se denota $\bigsqcup_{i \in I} X_i$ (ó $\bigsqcup_i X_i, \bigsqcup_I X_i$), es el conjunto de pares (i, x) formados de un elemento $i \in I$ y de un elemento $x \in X_i$. Para cada $k \in I$, se llama **k–ésima inyección canónica** la aplicación de X_k en $\bigsqcup_i X_i$ que a cada x asocia el par (k, x).

$$\bigcup_{i \in I} X_i \;=\; \{x \in X / \exists i \in I : x \in X_i\}$$
$$\bigcap_{i \in I} X_i \;=\; \{x \in X / \forall i \in I : x \in X_i\}$$

es claro que $\cup \varnothing = \varnothing$, $\cap \varnothing = X$.

OBSERVACIÓN 2.1. Se tiene la siguiente propiedad de asociatividad para el producto: Si $((X_{k,i})_{i \in I_k})_{k \in K}$ es una familia de conjuntos, entonces:

$$\prod_{k \in K} \left(\prod_{i \in I_k} X_{k,i} \right) = \prod_S X_{(k, i_k)}$$

donde $S = \bigsqcup_{k \in K} I_k$ y para abreviar hemos escrito $\prod_S(\ldots)$ el producto $\prod_{(k, i_k) \in S}(\ldots)$.

EJERCICIO 2.1. Probar que $\cup$, $\cap$ son asociativas, es decir: para la familia $((X_{k,i})_{i \in I_k})_{k \in K}$ se cumple

$$\bigcup_{k \in K} \bigcup_{i \in I_k} X_{k,i} \;=\; \bigcup_{\bigsqcup_K I_k} X_{(k, i_k)}$$
$$\bigcap_{k \in K} \bigcap_{i \in I_k} X_{k,i} \;=\; \bigcap_{\bigsqcup_K I_k} X_{(k, i_k)}$$

También se tiene la propiedad de distribución:

$$\bigcap_{k \in K} \bigcup_{i \in I_k} X_{k,i} = \bigcup_{(i_k) \in P} \bigcap_{k \in K} X_{k, i_k}$$

donde $P = \prod_{k \in K} I_k$

¿Qué relación de distributividad puede establecer en el caso de $\bigcap_{k \in K} \bigcup_{i \in I_k} X_{k,i}$?

DEFINICIÓN 2.2. Dada una colección $\mathcal{F}$ de subconjuntos de un conjunto X diremos que $\mathcal{F}$ es *estable o cerrada para reunión finita (o intersección finita o reunión numerable, intersección numerable, reunión finita e intersección numerable, etc.)*, si dados $A, B \in \mathcal{F}$ se cumple $A \cup B \in \mathcal{F}$ (y respectivamente: $A \cap B \in \mathcal{F}$, $\cup_{n \in \mathbb{N}} A_n \in \mathcal{F}$ para $(A_n)_{n \in \mathbb{N}}$ en $\mathcal{F}$, $\cap_{n \in \mathbb{N}} A_n$, etc.) y lo anotamos de la siguiente manera:

$$\mathcal{F} \text{ estable para} \quad : \quad (\cup f) \text{ reunión finita}$$

$$(\cap f) \text{ intersección finita}$$

$$(\cup n) \text{ reunión numerable}$$

$$(\cup f, \cap f) \text{ reunión e intersección finita}$$

$$(\cup n, \cap f) \text{ reunión numerable e intersección finita}$$

$$\ldots$$

EJERCICIO 2.2. Sea $\mathcal{F}$ una colección de subconjuntos de X. Designamos por $\mathcal{F}_s$ la colección más pequeña, en el sentido de la inclusión, que contenga a $\mathcal{F}$ y sea estable para $(\cup f)$, y $\mathcal{F}_d$ la colección más pequeña, en el sentido de la inclusión, que contenga a $\mathcal{F}$ y sea estable para $(\cap f)$. Demostrar que $\mathcal{F}_{sd} = \mathcal{F}_{ds}$, es decir $(\mathcal{F}_s)_d = (\mathcal{F}_d)_s$ y que ésta es la clase más pequeña que contiene a $\mathcal{F}$ y es estable para $(\cup f, \cap f)$.

Llamamos $\mathcal{F}_\sigma$ a la colección más pequeña (en el sentido de inclusión) que es estable para $(\cup n)$ y contiene a $\mathcal{F}$. $\mathcal{F}_\delta$ la colección más pequeña estable para $(\cap_n)$ que contiene a $\mathcal{F}$. ¿Es $\mathcal{F}_{\sigma\delta}$ igual a $\mathcal{F}_{\delta\sigma}$?

EJERCICIO 2.3. *La operación de Souslin*: Sea F un conjunto, la operación S de Souslin asocia a una familia $(F_{(n_1,\ldots,n_k)})$ de partes de F, con índices en el conjunto de las sucesiones finitas de enteros positivos, el conjunto

$$E = \cup_\nu F_\nu \text{ donde } \nu = (\nu_1, \nu_2, \ldots)$$

varía sobre la sucesión infinita de enteros positivos y donde

$$F_\nu = \bigcap_{k \geq 1} F(\nu_1, \ldots, \nu_k)$$

Se llama $\mathcal{F}_S$ la clase de subconjuntos de F obtenidos por aplicación de la operación de Souslin a todas las familias $(F_{(n_1,\ldots,n_k)})$ extraídas de una clase $\mathcal{F}$ de partes de F.

1. Probar que $\cup n$, $\cap n$ son casos particulares de la operación de Souslin.

2. Probar que $\mathcal{F}_S$ es estable para S, es decir: estable para la aplicación de la operación de Souslin.

EJERCICIO 2.4. Sea (F, d) un espacio métrico. Denotamos $\mathcal{G}$ el conjunto de los abiertos, $\mathcal{F}$ el conjunto de los cerrados, $\mathcal{K}$ el conjunto de los compactos.

1. Probar que todo $F \in \mathcal{F}$ pertenece a $\mathcal{G}_\delta$.

2. Sea $\mathcal{H} = \mathcal{F}_\sigma \cap \mathcal{G}_\delta$. ¿Es $\mathcal{H}$ estable para $(\cap f, \cup f)$, $(\cap n, \cup f)$, $(\cup n, \cap n)$, $(\cup f, \cap n)$, $(\cap f, \cup n)$?

3. Responder la pregunta (2) para $\mathcal{K}$.

DEFINICIÓN 2.3. Sea F un conjunto no vacío. Consideremos una sucesión $(A_n)_{n \in \mathbb{N}}$ de partes de F.

Se define:

Límite superior de A_n: $\limsup_n A_n = \cap_{n \in \mathbb{N}} \cup_{k \geq n} A_k$.

Límite inferior de A_n: $\liminf_n A_n = \cup_{n \in \mathbb{N}} \cap_{k \geq n} A_k$.

Anotamos también $\limsup_n A_n$ como $\overline{\lim}_n A_n$ y $\liminf_n A_n$ como $\underline{\lim}_n A_n$. En muchos casos se suprime también el sub–índice n de las notaciones de límites cuando ello no introduce confusión.

Si $x \in \limsup_n A_n$ decimos que x está en una infinidad de conjuntos A_n y si $x \in \liminf_n A_n$ decimos que x está en todos los A_n salvo un número finito de ellos.

En general, $\liminf_n A_n \subset \limsup_n A_n$. Cuando se tiene la inclusión inversa, diremos que el *límite* de $(A_n)_{n \in \mathbb{N}}$ existe y en este caso:

$$\lim_n A_n = \liminf_n A_n = \limsup_n A_n.$$

Una sucesión A_n es *monótona creciente* si $A_n \subset A_{n+1}$ y es *monótona decreciente* si $A_{n+1} \subset A_n$, para cada $n \in \mathbb{N}$.

EJERCICIO 2.5. Probar que se cumplen las siguientes propiedades

$$(\overline{\lim} A_n)^c = \underline{\lim} A_n^c$$

Dado $A_n = [0, a_n[$, $(n \in \mathbb{N})$ encontrar: lím sup A_n, lím inf A_n y decir en qué caso existe lím A_n.

DEFINICIÓN 2.4. La *función indicatriz* (o *característica*) de un conjunto A se define por la expresión:

$$1_A(x) = \begin{cases} 1 & \text{si } x \in A \\ 0 & \text{si } x \notin A \end{cases}$$

EJERCICIO 2.6. Probar que si (A_n) es una sucesión de conjuntos, entonces:

$$1_{\overline{\lim} A_n} = \overline{\lim} 1_{A_n}$$

OBSERVACIÓN 2.2. Dados dos conjuntos no vacíos, X, Y, se acostumbra designar por Y^X el conjunto de todas las aplicaciones definidas en X y con valores en Y. Si Ω es un conjunto no vacío, la aplicación $1_\bullet : A \mapsto 1_A$ definida sobre $\mathcal{P}(\Omega)$ y con valores en $\{0,1\}^\Omega$ es biunívoca. En efecto, si A y B son conjuntos distintos, entonces sus funciones características son también diferentes, es decir, para todo $\omega \in \Omega$, $1_A(\omega) \neq 1_B(\omega)$. Por otra parte, dada $f \in \{0,1\}^\Omega$, se define $A = \{\omega \in \Omega : f(\omega) = 1\}$ y se cumple $1_A(\omega) = f(\omega)$.

Otra notación curiosa para el conjunto de partes de un conjunto proviene de la construcción de Cantor del conjunto de los números naturales $\mathbb{N}$. A saber, todo $\mathbb{N}$ se obtiene partiendo de dos símbolos: las llaves $\{\ldots\}$ usadas para definir conjuntos (por extensión o comprensión) y el conjunto vacío $\varnothing$; a lo cual se agrega el Principio de Inducción. Es decir, 0 se define como el conjunto vacío $\varnothing$, luego 1 es $\{\varnothing\} = 0$, enseguida $2 = \{\varnothing, \{\varnothing\}\} = \{0, 1\}$, suponiendo que se han construido los n primeros naturales: $0, 1, 2, \ldots, n$, se define el sucesor de n, denotado $n + 1$ como el conjunto

$$n + 1 = \{0, 1, 2, \ldots, n\}.$$

El Principio de Inducción consiste en admitir que este procedimiento no tiene fin.

Así entonces, $2 = \{0, 1\}$ y el conjunto $\{0,1\}^\Omega$ se puede escribir 2^Ω. Como este conjunto está biunívocamente relacionado con $\mathcal{P}(\Omega)$, podemos escribir

$$\mathcal{P}(\Omega) = 2^\Omega.$$

EJERCICIO 2.7. Designamos por $\operatorname{card}(A)$ la cardinalidad de un conjunto A. Probar que si Ω es **finito**, entonces $\operatorname{card}\left(2^{\Omega}\right) = 2^{\operatorname{card}(\Omega)}$. ¿Qué puede decir en el caso que Ω sea **numerable**?

1.2. La recta real extendida. Procedemos ahora a extender el conjunto de los números reales, para que el nuevo conjunto posea un mayor y un menor elemento denotados $-\infty, +\infty$, respectivamente. Estos elementos no son números reales, pero quedan caracterizados por los siguientes axiomas.

DEFINICIÓN 2.5. El conjunto de los números reales $\mathbb{R}$ se extiende agregando dos elementos no reales $-\infty$, $+\infty$ tales que, en primer lugar:

$$-\infty < x < +\infty \quad \forall x \in \mathbb{R}.$$

El nuevo conjunto de números, llamado de los *números reales extendidos* o *recta real extendida*, se denota

$$\overline{\mathbb{R}} = \mathbb{R} \cup \{-\infty, +\infty\}$$

(en general escribimos $+\infty$ como ∞).

Extendemos también las operaciones algebraicas a $\overline{\mathbb{R}}$, definiendo

$$(\pm\infty)x = x(\pm\infty) = \begin{cases} \pm\infty & \text{si } x > 0 \\ 0 & \text{si } x = 0 \\ \mp\infty & \text{si } x < 0 \end{cases}$$

$$a + (\pm\infty) = (\pm\infty) + a = \pm\infty,$$

para todo $a \in \mathbb{R}$.

$$a + (b + (\pm\infty)) = (a + b) + (\pm\infty) = \pm\infty,$$

$a, b \in \mathbb{R}$. No definimos $+\infty - \infty$ (tampoco $-\infty + (+\infty)$), para preservar la continuidad de las operaciones algebraicas en el conjunto en que están definidas. Por último, prolongamos la propiedad distributiva de $\cdot$ con respecto a $+$ allí donde la operación $+$ está bien definida.

Nótese que en $\overline{\mathbb{R}}$ todo conjunto tiene supremo e ínfimo y toda sucesión monótona tiene límite.

2. Pavimentos, semiálgebras, álgebras, tribus, clases monótonas

En esta sección introduciremos familias de conjuntos que serán estables para diferentes operaciones. Siguiendo las ideas intuitivas sobre superficies de figuras planas, queremos establecer ahora, de una manera general, qué tipo de estabilidad es la que permite tener la más vasta familia de conjuntos que posean "superficie".

DEFINICIÓN 2.6. Dado un conjunto X, una familia $\mathcal{F} \subset \mathcal{P}(X)$ es un *pavimento* si $\varnothing \in \mathcal{F}$. El par $(X, \mathcal{F})$ se llama *espacio pavimentado*.

El pavimento $\mathcal{F}$ es una *semi–álgebra* si:

- $X \in \mathcal{F}$
- $\mathcal{F}$ es estable para $(\cap f)$
- Para cada $F \in \mathcal{F}$, su complemento F^c se puede escribir como reunión finita de elementos disjuntos de $\mathcal{F}$.

El pavimento $\mathcal{F}$ es *álgebra* si: $\mathcal{F}$ es estable para $(\cap f)$ y el paso al complemento. Esta definición establece entonces que $\varnothing \in \mathcal{F}$, $X \in \mathcal{F}$ y $\mathcal{F}$ es estable para $(\cup f, \cap f, {}^c)$.

$\mathcal{F}$ es una *tribu o σ–álgebra* si es álgebra y es estable para $(\cup n)$, es decir: $\varnothing \in \mathcal{F}$, $X \in \mathcal{F}$ y $\mathcal{F}$ estable para $(\cap n, \cup n, {}^c)$. En este caso el par $(X, \mathcal{F})$ se llama *espacio medible*.

$\mathcal{F}$ es *clase monótona* si contiene todos los límites de sucesiones monótonas de elementos de $\mathcal{F}$.

EJEMPLO 2.1. $\mathcal{I}_d = \{I \subset \mathbb{R}; I =]a, b] \cap \mathbb{R} \text{ con } a, b \in \overline{\mathbb{R}}\}$ es semi–álgebra sobre $\mathbb{R}$ conocida como la semi–álgebra de los intervalos cerrados por la derecha y abiertos por la izquierda.

Sea $A \subset X$, entonces las familias de conjuntos siguientes son pavimentos y además:

$$\mathcal{F}_1 = \{A, \varnothing\} \text{ es clase monótona.}$$

$$\mathcal{F}_2 = \{A, \varnothing, X\} \text{ es clase monótona.}$$

$$\mathcal{F}_3 = \{A, A^c, X, \varnothing\} \text{ es tribu (la más pequeña que contiene a } A).$$

PROPOSICIÓN 2.1. *Sea $(\mathcal{F}_i)_{i \in I}$ una familia de semi–álgebras (respectivamente: álgebra, tribu, clase monótonona) de partes de X. Sea $\mathcal{F} = \cap_{i \in I} \mathcal{F}_i$, entonces $\mathcal{F}$ es semi–álgebra (respectivamente, álgebra, tribu, clase monótona).*

Demostración. Se deja como ejercicio al lector.

DEFINICIÓN 2.7. Sea $\mathcal{C} \subset \mathcal{P}(X)$, definimos la semi–álgebra (respectivamente: álgebra, tribu, clase monótona) *engendrada* por $\mathcal{C}$ a la más pequeña, en el sentido de la inclusión, de la estructura respectiva que contiene a $\mathcal{C}$.

Adoptaremos las siguientes notaciones:

$\alpha(\mathcal{C})$: álgebra engendrada por $\mathcal{C}$.

$\sigma(\mathcal{C})$: tribu engendrada por $\mathcal{C}$.

$\mathcal{M}(\mathcal{C})$: clase monótona engendrada por $\mathcal{C}$.

PROPOSICIÓN 2.2. *Sea $\mathcal{S}$ una semi–álgebra de partes de X. Entonces $\alpha(\mathcal{S})$ está constituida por los conjuntos de la forma: $\cup_{i \in I} A_i$ donde la reunión es disjunta (I es finito y $A_i \in \mathcal{S}$).*

Demostración. Sea $\mathcal{A}$ un álgebra que contenga a $\mathcal{S}$ y sea $\mathcal{A}_0$ la familia de todos los subconjuntos A de X que se expresan en la forma de una reunión *disjunta* $A = \cup_{i \in I} A_i$ con I finito y $A_i \in \mathcal{S}$, entonces se tiene:

- $\mathcal{A} \supset \mathcal{A}_0 \supset \mathcal{S}$
- $\mathcal{A}_0$ es álgebra,

y ambas propiedades implican que $\mathcal{A}_0 = \alpha(\mathcal{S})$.

PROPOSICIÓN 2.3. *Sea $\mathcal{A}$ un álgebra de partes de X. $\mathcal{A}$ es tribu si y sólo si $\mathcal{A}$ es clase monótona.*

Demostración. La condición es obviamente necesaria. Probemos la suficiencia. Si $\mathcal{A}$ es clase monótona y álgebra a la vez, entonces es estable para $(\cap n, \cup n, ^c)$ y $X \in \mathcal{A}$. En consecuencia, $\mathcal{A}$ es tribu.

> **TEOREMA 2.1. (de clases monótonas):** *Para toda álgebra $\mathcal{A}$, la clase monótona que engendra coincide con la tribu engendrada por $\mathcal{A}$.*

Demostración. Llamemos M a la clase monótona engendrada por $\mathcal{A}$. Tenemos que $\sigma(\mathcal{A})$ es clase monótona por ser tribu y además $\mathcal{A} \subset \sigma(\mathcal{A})$, luego $M \subset \sigma(\mathcal{A})$.

Demostremos que M contiene a $\sigma(\mathcal{A})$: como $M \supset \mathcal{A}$, basta probar que M es tribu. Para ello es suficiente verificar que M es álgebra ya que por hipótesis es clase monótona.

Sea $P \in M$, definimos M_P como la clase de todos los $Q \in M$ tales que: $Q \cup P^c$, $P \cup Q^c$, $P \cap Q$ están en M. Tenemos que:

- Para todo $P \in M$, M_P es álgebra;
- $Q \in M_P$ si y sólo si $P \in M_Q$;
- Si $P, Q \in \mathcal{A}$ se tiene $P \in M_Q$ y $Q \in M_P$.

Claramente $\mathcal{A} \subset M_Q$ para cada $Q \in \mathcal{A}$. Además, es fácil verificar que límites de sucesiones monótonas en M_Q están también en M_Q, vale decir, M_Q es clase monótona . Luego: $\mathcal{A} \subset M \subset M_Q$ para cada $Q \in M$. En consecuencia, M es álgebra (igual a cada álgebra M_Q, $Q \in M$) y la demostración está completa.

EJERCICIO 2.8. Estudiar qué forma asumen las definiciones de álgebra, tribus y clases monótonas, usando funciones características.

3. Ejemplos de Tribus

Sea X un espacio topológico y $\mathcal{G}$ su topología o familia de abiertos.

Designaremos por $\mathcal{B}(X)$ la tribu $\sigma(\mathcal{G})$ generada por los abiertos, que llamaremos *tribu Boreliana de X*. También se puede caracterizar $\mathcal{B}(X)$, de manera equivalente, como la tribu generada por la familia de todos los subconjuntos cerrados de X.

Consideremos la familia de intervalos introducida en 2.1 : $\mathcal{I}_d := \{I \subset \mathbb{R} : \exists a, b \in \overline{\mathbb{R}}, a \leq b : I =]a, b] \cap \mathbb{R}\}$ (el subíndice d indica cerrado por la derecha, e indicará cerrado por la izquierda si en lugar de d tenemos i). Observamos que:

1) Todo intervalo abierto de $\mathbb{R}$ se obtiene como reunión numerable de elementos de $\mathcal{I}_d$.

2) Todo abierto de $\mathbb{R}$ se obtiene como reunión numerable de intervalos abiertos y por ende de elementos de $\mathcal{I}_d$.

3) $\mathcal{I}_d$ es semi–álgebra y el álgebra que engendra está constituida por reuniones finitas disjuntas de elementos de $\mathcal{I}_d$.

Se tiene así el resultado siguiente:

PROPOSICIÓN 2.4. *La tribu boreliana* $\mathcal{B}(\mathbb{R})$ *está engendrada por los intervalos de la forma:* $]a, b] \cap \mathbb{R}$ *(o bien de la forma:* $[a, b[\cap\mathbb{R},]a, b[\cap\mathbb{R}, [a, b] \cap \mathbb{R})$ *con* $a, b \in \overline{\mathbb{R}}$ *y* $a \leq b)$.

La tribu boreliana $\mathcal{B}(\overline{\mathbb{R}})$ *está engendrada por la familia de todos los intervalos de la forma* $]a, b]$ *(ó* $[a, b[$, *ó* $[a, b])$ *con* $a, b \in \overline{\mathbb{R}}$ *y* $a \leq b$.

Sea X un espacio métrico cuya métrica denotamos d. Escribimos $\mathcal{G}$ el conjunto de sus abiertos y $\mathcal{F}$ el conjunto de sus cerrados.

Sea $\mathcal{A} = \mathcal{F}_\sigma \cap \mathcal{G}_\delta$, usando las notaciones del Ejercicio 2.2. Es claro que $\mathcal{F} \subset \mathcal{A}$ y $\mathcal{A}$ es álgebra, luego:

$$\mathcal{B}(X) = \sigma(\mathcal{F}) \subset \sigma(\mathcal{A}) = \mathcal{M}(\mathcal{A}) \subset \mathcal{B}(X)$$

Luego, en un espacio métrico, $\mathcal{B}(X)$ es generado por los abiertos o por los cerrados o por los conjuntos que son $\mathcal{F}_\sigma$ y $\mathcal{G}_\delta$ a la vez.

4. Funciones y Aplicaciones Medibles

Comenzamos esta sección adoptando la siguiente convención: las "funciones" serán las aplicaciones con valores en $\mathbb{R}$, $\overline{\mathbb{R}}$ o $\mathbb{C}$ y las calificaremos respectivamente de funciones reales, numéricas o complejas.

Sean $(\Omega, \mathcal{F})$, $(\Omega', \mathcal{F}')$ dos espacios medibles. Una aplicación $h : \Omega \to \Omega'$ es $\mathcal{F}/\mathcal{F}'$–*medible* si: para todo $F' \in \mathcal{F}'$ se tiene $h^{-1}(F') \in \mathcal{F}$. En el caso de que los espacios medibles hayan sido explicitados y no haya riesgo de confusión, escribiremos simplemente que la aplicación h es *medible*, sin otra mención, a fin de alivianar las notaciones.

> **PROPOSICIÓN 2.5.** *Dados los espacios medibles* $(\Omega_i, \mathcal{F}_i)$ $(i = 1,2,3)$ *y si* $h : \Omega_1 \to \Omega_2$ *y* $g : \Omega_2 \to \Omega_3$ *son medibles entonces* $g \circ h$ *es medible como aplicación de* Ω_1 *en* Ω_3.

La demostración de esta propiedad es consecuencia directa de la definición de medibilidad y se deja al lector como ejercicio.

> **PROPOSICIÓN 2.6.** *Sean* $(\Omega, \mathcal{F})$, $(\Omega', \mathcal{F}')$ *espacios medibles tales que* $\mathcal{F}' = \sigma(\mathcal{C})$ *con* $\mathcal{C} \subset \mathcal{P}(\Omega')$. *Para que* $h : \Omega \to \Omega'$ *sea* $\mathcal{F}/\mathcal{F}'$–*medible es necesario y suficiente que* $h^{-1}(C) \in \mathcal{F}$ *para cada* $C \in \mathcal{C}$.

Demostración. Si h es medible entonces: $h^{-1}(C) \in \mathcal{F}$ para todo $C \in \mathcal{C}$. Supongamos recíprocamente que $h^{-1}(C) \in \mathcal{F}$ para todo $C \in \mathcal{C}$.

Sea $\mathcal{T} := \{F' \in \mathcal{F}' : h^{-1}(F') \in \mathcal{F}\}$. El lector podrá verificar como ejercicio que $\mathcal{T}$ es tribu. Como $\mathcal{T} \supset \mathcal{C}$, se tiene entonces que $\mathcal{T} \supset \sigma(\mathcal{C}) = \mathcal{F}'$; luego $\mathcal{T}$ coincide con $\mathcal{F}'$.

☺

Nota: Usando la notación de preimagen de un pavimento introducida en la sección anterior, podemos escribir la proposición precedente en la forma

$$h^{-1}(\sigma(\mathcal{C})) = \sigma(h^{-1}(\mathcal{C}))$$

> **COROLARIO 2.1.** *Si* Ω *y* Ω' *son espacios topológicos entonces toda aplicación continua de* Ω *en* Ω' *es* $\mathcal{B}(\Omega)/\mathcal{B}(\Omega')$ *medible.*

Se acostumbra decir que las aplicaciones continuas son *borelianas*, vale decir medibles con respecto a las tribus de Borel.

5. Producto de espacios medibles

Sea Ω un conjunto, $(\Omega', \mathcal{F}')$ un espacio medible. Sea $h : \Omega \to \Omega'$. Nos preguntamos cuál es la tribu más pequeña sobre Ω que hace que h sea medible. Una aplicación inmediata de 2.6 nos muestra que $h^{-1}(\mathcal{F}')$ satisface tal requerimiento. En lo que sigue denotaremos $\sigma(h) := h^{-1}(\mathcal{F}')$ y la llamaremos *la tribu engendrada por* h.

Sea $(h_i : i \in I)$ una familia de aplicaciones de Ω en Ω'. Buscamos ahora la tribu más pequeña que hace que todas las h_i sean medibles. Cada aplicación h_i es $\sigma(h_i)$–medible. Luego $h_i^{-1}(\mathcal{F}') \subset \bigcup_{i \in I} \sigma(h_i)$ para todo $i \in I$, pero $\bigcup_{i \in I} \sigma(h_i)$ no es tribu.

Notación. En general, dada una familia $(\mathcal{F}_i)_{i \in I}$ de tribus, su reunión no tiene estructura de tribu. Introducimos entonces la siguiente notación:

$$\bigvee_{i \in I} \mathcal{F}_i := \sigma\Big(\bigcup_{i \in I} \mathcal{F}_i\Big),$$

corresponde a la menor tribu que contiene a cada $\mathcal{F}_i$, $i \in I$.

De este modo, $\bigvee_{i \in I} \sigma(h_i)$ es la menor tribu que hace medible a cada aplicación h_i, $i \in I$. Usaremos también la notación:

$$\sigma(h_i : i \in I) := \bigvee_{i \in I} \sigma(h_i),$$

y la llamaremos *tribu engendrada por la familia* $(h_i : i \in I)$.

> PROPOSICIÓN 2.7. *Consideremos un conjunto no vacío* Ω *y, para cada* $i \in I$, *sean* $(\Omega_i, \mathcal{F}_i)$ *un espacio medible;* f_i *una aplicación definida sobre* Ω *con valores en* Ω_i.
>
> *Si a* Ω *se le dota de la tribu* $\mathcal{F} = \sigma(f_i : i \in I)$, *entonces, dado otro espacio medible* $(X, \mathcal{X})$ *y* $g : X \to \Omega$, *esta aplicación es medible si y sólo si* $f_i \circ g$ *es* $\mathcal{X}/\mathcal{F}_i$*–medible para todo* $i \in I$.

Esta proposición es la generalización de 2.5.

Demostración. Si g es medible, tenemos que cada aplicación $f_i \circ g$ es medible por 2.5, $i \in I$. Recíprocamente, supongamos que las aplicaciones $f_i \circ g$ sean medibles para todo $i \in I$. Sea $\mathcal{T} := \{F \in \mathcal{F} : g^{-1}(F) \in \mathcal{X}\}$, entonces:

$$\mathcal{T} \supset \sigma(\mathcal{F}_i : i \in I) = \mathcal{F}.$$

Luego, $\mathcal{T} = \mathcal{F}$.

DEFINICIÓN 2.8. Sea $(\Omega_i, \mathcal{F}_i)_{i \in I}$ una familia de espacios medibles. Definimos sobre $\Omega = \prod_{i \in I} \Omega_i$ la *tribu producto* $\otimes_{i \in I} \mathcal{F}_i$ en la siguiente forma. Denotamos $\pi_i : \Omega \to \Omega_i$ la i–ésima proyección canónica $(i \in I)$, entonces:

$$\bigotimes_{i \in I} \mathcal{F}_i := \sigma(\pi_i : i \in I)$$

EJERCICIO 2.9. Probar que si I es un conjunto finito de índices, entonces:

$$\bigotimes_{i \in I} \mathcal{F}_i = \sigma\left(\prod_{i \in I} \mathcal{F}_i\right)$$

OBSERVACIÓN 2.3. El producto de espacios medibles se escribirá:

$$\bigotimes_{i \in I} (\Omega_i, \mathcal{F}_i) := \left(\prod_{i \in I} \Omega_i, \bigotimes_{i \in I} \mathcal{F}_i\right)$$

PROPOSICIÓN 2.8. *Sea $(X_i, i \in I)$ una familia de espacios topológicos, donde I es un conjunto de índices cualquiera; sea $X = \prod_{i \in I} X_i$ con la topología producto. Entonces:*

$$(2.1) \qquad \bigotimes_{i \in I} \mathcal{B}(X_i) \subset \mathcal{B}(X)$$

Demostración. En efecto, la identidad como aplicación:

$$\mathrm{id} : (X, \mathcal{B}(X)) \to (X, \otimes_{i \in I} \mathcal{B}(X_i))$$

es medible porque $\pi_i \circ id$ es continua para cada $i \in I$.

OBSERVACIÓN 2.4. La inclusión inversa en (2.1) se cumple sólo para topologías numerablemente generadas.

PROPOSICIÓN 2.9. *Para todo n entero*

$$\underbrace{\mathcal{B}(\mathbb{R}) \otimes \cdots \otimes \mathcal{B}(\mathbb{R})}_{n-\text{veces}} = \mathcal{B}(\mathbb{R}^n)$$

Demostración. Por la proposición anterior: $\mathcal{B}(\mathbb{R}) \otimes \cdots \otimes \mathcal{B}(\mathbb{R}) \subset \mathcal{B}(\mathbb{R}^n)$. Pero $\mathcal{B}(\mathbb{R}^n) = \sigma(\mathcal{G}^n)$ donde $\mathcal{G}$ es el conjunto de los abiertos de $\mathbb{R}$ $(\mathcal{G}^n = \mathcal{G} \times \cdots \times \mathcal{G}$:

como producto de pavimentos) y $\mathcal{G}^n \subset \mathcal{B}(\mathbb{R}) \otimes \cdots \otimes \mathcal{B}(\mathbb{R})$. Por lo tanto,

$$\mathcal{B}(\mathbb{R}^n) \subset \mathcal{B}(\mathbb{R}) \otimes \cdots \otimes \mathcal{B}(\mathbb{R}).$$

6. Medibilidad de las funciones numéricas

Comencemos por observar que la tribu boreliana de $\overline{\mathbb{R}}$ es generada por $\mathcal{B}(\mathbb{R})$ y los conjuntos $\{+\infty\}$, $\{-\infty\}$, vale decir,

$$\mathcal{B}(\overline{\mathbb{R}}) = \sigma(\mathcal{B}(\mathbb{R}), \{\infty\}, \{-\infty\}).$$

NOTA 2.1. Dadas dos funciones numéricas f, g, introducimos las siguientes notaciones:

$$f \vee g \ := \ \sup(f, g)$$
$$f \wedge g \ := \ \text{ínf}(f, g)$$

PROPOSICIÓN 2.10. *Sean* $(\Omega, \mathcal{F})$ *un espacio medible y* $f, g : \Omega \to \overline{\mathbb{R}}$, *dos funciones* $\mathcal{F}/\mathcal{B}(\mathbb{R})$ *medibles, entonces:* $f \vee g$, $f \wedge g$, $f \cdot g$, $f + g$ *son medibles.*

Demostración. Sea $F : \overline{\mathbb{R}} \times \overline{\mathbb{R}} \to \overline{\mathbb{R}}$ una función continua, entonces la medibilidad de f y g implica: $x \mapsto F(f(x), g(x))$ es medible por ser composición de aplicaciones medibles. Así obtenemos la proposición para $f \vee g$ y $f \wedge g$.

Para la suma $+$ y el producto $\cdot$, basta observar que si G es una de estas aplicaciones de $\overline{\mathbb{R}} \times \overline{\mathbb{R}} \to \overline{\mathbb{R}}$ tenemos que G restringida a los conjuntos $\overline{\mathbb{R}} \times \mathbb{R}$ y $\mathbb{R} \times \overline{\mathbb{R}}$ es continua, luego, es medible.

Para completar la demostración basta probar que G es medible sobre $\overline{\mathbb{R}} \times \overline{\mathbb{R}}$, para ello basta verificar que: $G^{-1}(\{\infty\})$ y $G^{-1}(\{-\infty\})$ son elementos de $\mathcal{B}(\overline{\mathbb{R}}) \times \mathcal{B}(\overline{\mathbb{R}})$.

NOTA 2.2. Para todo elemento $a \in \overline{\mathbb{R}}$, introducimos las notaciones de parte positiva y parte negativa como sigue:

$$a^+ = a \vee 0$$

$$a^- = (-a) \vee 0$$

Así se tiene:

$$a = a^+ - a^-$$

$$|a| = a^+ + a^-$$

COROLARIO 2.2. *Dada una función numérica medible f se tiene que f^+, f^-, $|f|$, son igualmente medibles.*

DEFINICIÓN 2.9. Un espacio vectorial de funciones reales se dice *espacio de Riesz* si es estable para las operaciones ínfimo y supremo.

OBSERVACIÓN 2.5. Designando por $\mathcal{H}$ el conjunto de las funciones reales medibles sobre un espacio medible $(\Omega, \mathcal{F})$, la proposición 2.10 dice que $\mathcal{H}$ es un espacio de Riesz.

EJERCICIO 2.10. Sea $\mathcal{H}$ un espacio de Riesz de funciones acotadas definidas sobre un conjunto Ω, tales que:

a) $\mathcal{H}$ contiene todas las funciones constantes.

b) $\mathcal{H}$ es estable para límites monótonos uniformemente acotados. i.e. si $(h_n) \subset \mathcal{H}$ es tal que $|h_n| \leq M$, donde $M > 0$ es constante, y si $h_n(\omega)$ crece (o decrece) hacia $h(\omega)$, para todo $\omega \in \Omega$, entonces $h \in \mathcal{H}$.

Probar que $\mathcal{F} := \{A \subset \Omega : 1_A \in \mathcal{H}\}$ es una tribu sobre Ω y $\mathcal{H}$ es el espacio de Riesz de las funciones medibles acotadas con respecto a $\mathcal{F}$.

NOTA 2.3. Para simplificar la escritura, en lo sucesivo usaremos la notación $\{f \leq \gamma\}$ para indicar el conjunto $\{\omega \in \Omega : f(\omega) \leq \gamma\}$. Análogamente se usarán los símbolos $\{f < \gamma\}$, $\{f \geq \gamma\}$, $\{f > \gamma\}$.

PROPOSICIÓN 2.11. *Sea* $f : \Omega \to \overline{\mathbb{R}}$ *con* $(\Omega, \mathcal{F})$ *espacio medible.* f *es medible si y sólo si para todo* $\gamma \in \mathbb{R}$ *se tiene* $\{f \leq \gamma\} \in \mathcal{F}$.

Demostración. La condición es obviamente necesaria. Probemos la suficiencia. $\{f \leq \gamma\} = f^{-1}([-\infty, \gamma]) \in \mathcal{F}$, pero $\mathcal{B}(\overline{\mathbb{R}})$ es engendrada por los intervalos de la forma $[-\infty, \gamma]$ con $\gamma \in \mathbb{R}$.

OBSERVACIÓN 2.6. La proposición anterior es válida para funciones reales, y se puede reemplazar $\{f \leq \gamma\}$ por: $\{f > \gamma\}$, $\{f < \gamma\}$, $\{f \geq \gamma\}$.

COROLARIO 2.3. *Sea* $h_n \uparrow h$ *sucesión de funciones numéricas medibles. Entonces* h *es medible. (También vale para* $h_n \downarrow h$).

Demostración. Para todo $\gamma \in \mathbb{R}$, $\{h \leq \gamma\} = \cap_n \{h_n \leq \gamma\}$, donde $\{h_n \leq \gamma\} \in \mathcal{F}$ para todo n. Entonces $\{h \leq \gamma\} \in \mathcal{F}$.

PROPOSICIÓN 2.12. *Sea* (h_n) *una sucesión de funciones numéricas medibles definidas sobre el espacio medible* $(\Omega, \mathcal{F})$. *Entonces:* $\vee_n h_n$, $\wedge_n h_n$, $\limsup h_n$, $\liminf h_n$ *y* $\lim h_n$ *(cuando existe) son medibles.*

Demostración. Basta hacer la demostración en el primer caso enunciado; todos los otros se deducen de ése: $\wedge_n h_n = -\vee_n(-h_n)$, $\limsup h_n = \wedge_n (\vee_{n \leq k} h_n)$, $\liminf h_n = \vee_n (\wedge_{n \leq k} h_n)$.

Observar que

$$\bigvee_n h_n = \lim \uparrow \bigvee_{k \leq n} h_k$$

pero, $\vee_{k \leq n} h_k$ es medible por Proposición 2.10 (la notación $\lim \uparrow$ indica límite de una sucesión monótona creciente).

DEFINICIÓN 2.10. Sea $(\Omega, \mathcal{F})$ un espacio medible. $h : \Omega \to \overline{\mathbb{R}}$ es *simple* o *elemental* si es medible y toma un número finito de valores.

Llamaremos $\mathcal{E}(\mathcal{F})$ al conjunto de estas funciones.

36

Si $h \in \mathcal{E}(\mathcal{F})$, entonces existe una partición de Ω con conjuntos $A_1, \ldots, A_n \in \mathcal{F}$ y números $a_1, \ldots, a_n \in \overline{\mathbb{R}}$ tales que:

$$h = \sum_{i=1}^{n} a_i 1_{A_i}.$$

Es importante notar que esta representación *no* es única.

PROPOSICIÓN 2.13. *Sea* $(\Omega, \mathcal{F})$ *espacio medible, f una función numérica positiva sobre* Ω. *Para que f sea medible es necesario y suficiente que sea límite simple de una sucesión creciente de funciones simples.*

Demostración. La condición es evidentemente suficiente.

Demostración de la necesidad: sea f medible ≤ 0, consideramos $k = 0, \ldots, n2^n - 1$ y definimos:

$$A_{n,k} \;\; := \;\; \{ \frac{k}{2^n} < f \leq \frac{k+1}{2^n} \}$$
$$B_n \;\; := \;\; \{ f \geq n \}$$

Entonces $\bigcup_{k=0}^{n2^n - 1} A_{n,k} \cup B_n = \Omega$.

Sea $f_n = \sum_{k=0}^{n2^n - 1} \frac{k}{2^n} 1_{A_{n,k}} + n 1_{B_n} \; (n \in \mathbb{N})$.

Así, $0 \leq f_n \leq f$, entonces $f_n \in \mathcal{E}(\mathcal{F})$ para todo $n \in \mathbb{N}$ y $f_n \uparrow f$ simplemente.

☺

7. Historias y tiempos de parada

En esta sección abordaremos nociones básicas de la Teoría General de Procesos.

La Teoría General de Procesos analiza las estructuras más simples que nos permiten modelar la evolución de los fenómenos naturales. Sus nociones básicas son las de *tiempo, historia, proceso, suceso.*

DEFINICIÓN 2.11. Sea $(\Omega, \mathcal{F})$ un espacio medible y $\mathbb{T}$ un conjunto totalmente ordenado (en general usaremos $\mathbb{T} = \mathbb{N}$ o $\mathbb{R}_+$). Una *filtración* o *historia con tiempos en* $\mathbb{T}$ *sobre* Ω es una familia.

$\mathbb{F} = (\mathcal{F}_t : t \in \mathbb{T})$ de subtribus de $\mathcal{F}$ tales que para todo $s, t \in \mathbb{T}$ con $s \leq t$ se tenga: $\mathcal{F}_s \subset \mathcal{F}_t$. El sistema $(\Omega, \mathcal{F}, \mathbb{F})$ se llama *espacio filtrado.*

Además se introduce una *tribu terminal* de la historia $\mathbb{F}$:

$$\mathcal{F}_\infty := \bigvee_{t \in \mathbb{T}} \mathcal{F}_t = \sigma\Big(\bigcup_{t \in \mathbb{T}} \mathcal{F}_t\Big) \subset \mathcal{F}$$

EJEMPLO 2.2.   1. Sea $(E, \mathcal{E})$ un espacio medible. Para fabricar $(E, \mathcal{E})^{\otimes \mathbb{N}}$ llamamos X_n la proyección de $E^{\mathbb{N}}$ sobre $E^n (n \in \mathbb{N})$. Cada $\omega \in E^{\mathbb{N}}$ es una sucesión $(\omega_0, \ldots, \omega_k, \ldots) = (\omega_n : n \in \mathbb{N})$, así:

$$X_n(\omega) = (\omega_0, \ldots, \omega_n) \in E^{n+1}$$

cada X_n es $\mathcal{F}/\mathcal{E}^{\otimes(n+1)}$ medible con $\mathcal{F} = \mathcal{E}^{\otimes \mathbb{N}}$. Definimos $\mathcal{F}_n := \sigma(x_0, \ldots, x_n)$. Así $\mathbb{F} := (\mathcal{F}_n : n \in \mathbb{N})$ es una historia y $\mathcal{F}_\infty = \mathcal{F}$.

2. Sea $\Omega = E^{\mathbb{R}_+}$ y $\mathcal{F} := \mathcal{E}^{\otimes \mathbb{R}_+} = \sigma(x_t : t \in \mathbb{R}_+)$. Así, cada $\omega \in \Omega$ es una aplicación de $\mathbb{R}_+ \to E$.

Definimos:

$$X_t(\omega) \quad := \quad \omega(t)$$

$$\mathcal{F}_t \quad := \quad \sigma(X_s : s \leq t)$$

entonces $\mathbb{F} := (\mathcal{F}_t : t \in \mathbb{R}_+)$ es una historia y $\mathcal{F}_\infty = \mathcal{F}$.

DEFINICIÓN 2.12. Sea $(\Omega, \mathcal{F}, \mathbb{F})$ un espacio filtrado. $T : \Omega \to \overline{\mathbb{T}}$ una aplicación, donde $\overline{\mathbb{T}} = \mathbb{T} \cup \{\infty\}$, siendo ∞ un elemento que eventualmente no pertenece a $\mathbb{T}$ y que se añade de modo de tener un mayor elemento por extensión del orden a $\overline{\mathbb{T}}$. Decimos que T es un *tiempo de parada* de $\mathbb{F}$ si $\{T \leq t\} \in \mathcal{F}_t$ para todo $t \in \mathbb{T}$.

EJEMPLO 2.3. Sea $(E, \mathcal{E})$ un espacio medible. Definimos $\Omega = E^{\mathbb{N}}$ y usamos las mismas notaciones que en el ejemplo 2.2, (1).

Sea $x \in E$. Definimos $\nu_x := \inf\{n \geq 0 : x_n(\omega) = x\}$ (por convención ínf $\emptyset = +\infty$).

ν_x es tiempo de parada de $\mathbb{F} = (\mathcal{F}_n)$. En efecto:

$$\{\nu_x = n\} = \{x_n = x\} \in \mathcal{F}_n,$$

para todo $n \in \mathbb{N}$ y

$$\{\nu_x \leq k(k \in \mathbb{N})\} = \cup_{n \leq k} \underbrace{\{\nu_x = n\}}_{\in \mathcal{F}_n \subset \mathcal{F}_k} \in \mathcal{F}_k$$

OBSERVACIÓN 2.7. **Terminología de la teoría de probabilidades**.

Veamos cómo se definen los conceptos básicos de la Teoría de Probabilidades. Dado un espacio medible $(\Omega, \mathcal{F})$, Ω se llama *universo* o *espacio muestral* o *suceso cierto*. Cada $\omega \in \Omega$ se dice *resultado de una experiencia aleatoria*.

$\mathcal{F}$ se llama *familia de los sucesos*.

Toda aplicación medible de $(\Omega, \mathcal{F})$ en otro espacio medible $(E, \mathcal{E})$ se llama *variable aleatoria con valores en E*.

Toda aplicación $X : \Omega \times \mathbb{T} \to E$ ($\mathbb{T}$: conjunto ordenado) tal que: $X(\cdot, t)$ sea $\mathcal{F}/\mathcal{E}$ medible para cada $t \in \mathbb{T}$ se llama *proceso estocástico con estados en E y tiempos en $\mathbb{T}$*.

Dado un proceso estocástico X con estados en E, su *historia natural* o *filtración natural* $\mathbb{F}^X := (\mathcal{F}_t^X)_{t \in \mathbb{T}}$ se define como:

$$\mathcal{F}_t^X = \sigma(X(s); s \leq t, s \in \mathbb{T}),$$

para todo $t \in \mathbb{T}$.

Con esta terminología, el ejemplo de 2.7 nos muestra un proceso estocástico con estados en E y tiempos en $\mathbb{N}$, con $X = (X_n)$ su filtración y $\mathbb{F}^X$ su historia natural.

EJEMPLO 2.4. Sea $\Omega = C([0,1], \mathbb{R})$ el conjunto de las funciones continuas en $[0,1]$ con valores reales y la métrica de la convergencia uniforme.

$$\mathcal{F} \ := \ \mathcal{B}(\Omega)$$

$$X(\omega, t) \ := \ \omega(t) \quad (\omega \in \Omega, t \in \mathbb{T} := [0,1])$$

Se verifica que $X = (X_t)$ es un proceso estocástico definido sobre $(\Omega, \mathcal{F})$ con estados en $\mathbb{R}$ y tiempos en $[0,1]$. En efecto:

Para cada $t \in \mathbb{T}$, X_t es continua y luego medible.

$$\mathbb{F}^X = (\mathcal{F}_t^X)_{t \in [0,1]} \text{ con } \mathcal{F}_t^X = \sigma(X_s : x \leq t) \quad t \in [0,1]$$

$$\mathcal{F}_\infty \subset \mathcal{F}$$

Recíprocamente, $\mathcal{F}$ es generado por las funcionales continuas de Ω en $\mathbb{R}$.

Sea: Γ el conjunto de las funciones $f : \Omega \to \mathbb{R}$ para las cuales existe un conjunto finito $I = \{t_1, \ldots, t_n\}$ y una función $\phi : \mathbb{R}^n \to \mathbb{R}$ continua de modo que $f = \phi \circ (X_{t_1}, \ldots, X_{t_n})$

Γ se llama el *conjunto de las funciones cilíndricas continuas*. Se puede demostrar que Γ es denso (se deja al lector como ejercicio) en el conjunto de las funciones continuas de Ω en $\mathbb{R}$.

Así,

$$\mathcal{F} := \sigma(C(\Omega, \mathbb{R})) = \sigma(\Gamma)$$

$$\mathcal{F} \subset \mathcal{F}^X_\infty \text{ y luego } \mathcal{F} = \mathcal{F}^X_\infty$$

Veamos un ejemplo de variable aleatoria sobre el espacio Ω:

$$Y(\omega) := \int_0^1 X_s(\omega)ds = \int_0^1 \omega(s)ds \quad (\omega \in \Omega)$$

Y es continua, luego es v.a. (variable aleatoria); también podemos definir

$$Y_t := \int_0^t X_s ds \quad (t \in [0,1])$$

$(Y_t)_{t \geq 0}$ es proceso estocástico.

Además, si fijamos $t \in [0,1]$, Y_t la podemos considerar como una v.a. definida sobre $\Omega_t := C([0,t], \mathbb{R})$, notemos que:

$$\mathcal{B}(\Omega_t) = \bigvee_{s \leq t} \mathcal{F}^X_s = \sigma(X_s, s \leq t) = \mathcal{F}^X_t$$

Así, Y_t es $\mathcal{F}^X_t / \mathcal{B}(\mathbb{R})$–medible. Esta es una propiedad de medibilidad más rica. Decimos que Y es un *proceso estocástico adaptado* a $\mathbb{F}^X$.

DEFINICIÓN 2.13. Dado un proceso estocástico X definido sobre $(\Omega, \mathcal{F})$ con estados en $(E, \mathcal{E})$ y tiempos en $\mathbb{T}$, diremos que X es *adaptado* a una historia $\mathbb{F} = (\mathcal{F}_t, t \in \mathbb{T})$ si para cada $t \in \mathbb{T}, X_t$ es $\mathcal{F}_t / \mathcal{E}$–medible.

OBSERVACIÓN 2.8. Es claro que cada proceso estocástico X es adaptado a su historia natural $\mathbb{F}^X$.

EJEMPLO 2.5. (Continuación de 2.4).

Sea $T_a(\omega) := \text{ínf}\{t \in \mathbb{R}_+ : X_T(\omega) > a\}$, $a \in \mathbb{R}$ fijo. Para ver si esto es un tiempo de parada, estudiamos el conjunto $\{T_a \leq t\}$ $(\text{ínf } \phi = +\infty)$.

Supongamos que existe $\omega \in \Omega$ tal que $T_a(\omega) \le t$.

$$T_a(\omega) \le t \quad \Leftrightarrow \quad X_t(\omega) > a$$

$$\Leftrightarrow \quad \omega(t) > a$$

Así, $\{T_a \le t\} \in \mathcal{F}_t^X = \sigma(X_s : s \le t)$. T_a es tiempo de parada.

OBSERVACIÓN 2.9. Sea $(\Omega, \mathcal{F})$ un espacio medible y $\mathbb{F}$ una historia sobre Ω.

Un proceso estocástico sobre $(\Omega, \mathcal{F})$ con estados en $\mathbb{R}$ y tiempos en $\mathbb{R}_+$ es *contínuo a la derecha con límites a la izquierda*, que anotaremos *cadlai*, si para cada $\omega \in \Omega$, la función real $X(\omega, \cdot)$ es continua por la derecha y posee límites por la izquierda en cada punto t de $\mathbb{R}_+$; se dice *continuo*, si para cada $\omega \in \Omega$, $X(\omega, \cdot)$ es continua.

Sobre $\Omega \times \mathbb{R}_+$ consideramos las tribus:

$\mathcal{O}(\mathbb{F}) := \sigma \, (X : \text{proceso estocástico cadlai y adaptado a } \mathbb{F})$.

$\mathcal{P}(\mathbb{F}) := \sigma \, (X : \text{proceso estocástico continuo y adaptado a } \mathbb{F})$.

$\mathcal{O}(\mathbb{F})$ se llama *tribu opcional*.

$\mathcal{P}(\mathbb{F})$ se llama *tribu previsible*.

Se tiene $\mathcal{P}(\mathbb{F}) \subset \mathcal{O}(\mathbb{F}) \subset \mathcal{F}_\infty \otimes \mathcal{B}(\mathbb{R}_+)$.

Dadas dos funciones numéricas positivas $U, V : \Omega \to \mathbb{R}_+$ con $U < V$, denotamos:

$$]]U, V[[:= \{(\omega, t) \in \Omega \times \mathbb{R}+ : U(\omega) < t < V(\omega)\}$$

análogo para: $]]U, V]], [[U, V[[, [[U, V]], [[U]] = [[U, U]]$: es el gráfico de U.

Con estas notaciones, dado $T : \Omega \to \overline{\mathbb{R}}_+$ diremos que T es un *tiempo opcional* o *de parada* (resp. *tiempo previsible*) si

$$[[0, T]] \in \mathcal{O}(\mathbb{F}),$$

(respectivamente si

$$[[0, T[[\in \mathcal{P}(\mathbb{F})).$$

Las tribus introducidas aquí arriba nos permiten abordar de otra forma el análisis de los tiempos de parada. La "previsibilidad" está asociada a la idea de que los tiempos que satisfacen ese tipo de medibilidad, pueden ser "anunciados". En efecto, se puede probar que para todo tiempo previsible T existe una sucesión de tiempos de parada $(T_n)_n$ que crecen hacia T si $n \to \infty$ y $0 < T_n(\omega) < T(\omega)$ sobre cada ω tomado en el conjunto en que $T(\omega) > 0$.

8. Comentarios

Ahora disponemos de estructuras suficientemente ricas para introducir funciones de conjuntos. Es lo que haremos en el capítulo siguiente.

El punto de vista adoptado hasta aquí es el de la llamada "medida abstracta". Más adelante explicaremos cuál es el punto de vista "funcional" en la Teoría de la Integración. Nuestro propósito es mostrar cómo las capacidades pueden unificar ambos puntos de vista. Las capacidades permiten también demostrar ciertos resultados de medibilidad que en su forma más general no pueden ser probados en el contexto de la Teoría de la Medida clásica. Nos referimos a la caracterización de una vasta clase de tiempos opcionales en la Teoría de Procesos.

Respecto a los procesos, cuya primera tímida aparición se ha dado en este capítulo, nos acompañarán aún desde lejos en este volumen, para ir abriendo camino al estudio posterior de otras ramas del Análisis.

9. Ejercicios propuestos

1. Sea la sucesión $(A_n)_{n\geq 1}$ de conjuntos definida por:

$$(2.2) \qquad A_n = \begin{cases} \{x \in \mathbb{R} : 0 < x \leq 1 - 1/n\} & \text{si } n \text{ es impar,} \\ \{x \in \mathbb{R} : 1/n \leq x < 1\} & \text{si } n \text{ es par.} \end{cases}$$

   Demostrar que la sucesión es convergente pero no monótona.

2. Considerar el espacio de las funciones continuas definidas sobre $[0,1]$, con valores reales, dotado de la métrica de la convergencia uniforme, que denotamos $C = C([0,1],\mathbb{R})$. Este es un espacio *polaco*, vale decir, es un espacio métrico separable y completo. Llamamos $\mathcal{K}$ el pavimento de sus compactos; $\mathcal{F}$, el de sus cerrados.

   a) Demostrar que todo $K \in \mathcal{K}$ es denso en ninguna parte;

   b) Demostrar que el subconjunto Lip de las funciones Lipschitzianas es de tipo $\mathcal{K}_\sigma$;

c) Probar que el subconjunto C^r de las funciones r veces continuamente derivables es de tipo $\mathcal{F}_{\sigma\delta}$. Deducir que C^r es un boreliano, y asimismo C^∞, el subconjunto de las funciones que admiten derivadas continuas de cualquier orden.

3. **Descubriendo algunos monstruos: el conjunto de Cantor.**

Si $I = [a,b]$ es un intervalo cerrado de $\mathbb{R}$ que no se reduce a un punto, llamamos SI el conjunto $[a, a + \frac{b-a}{3}] \cup [b - \frac{b-a}{3}, b]$.

Si A es una reunión de intervalos $(I_j)_{j\in J}$, disjuntos dos a dos, cerrados y no reducidos a un punto, se define

$$SA = \bigcup_{j\in J} SI_j.$$

Sea $K_0 = [0,1]$. Para cada $n \geq 1$, se define por recurrencia:

$$K_n = SK_{n-1}$$

a) Dibujar K_1, K_2, K_3. Mostrar que

(2.3)
$$K_{n+1} \subset K_n, \text{ para todo } n \geq 1.$$

b) Se define $K := \bigcap_{n\in\mathbb{N}} K_n$. Probar que K no es vacío. K se llama *conjunto de Cantor.*

c) ¿Cuál es la suma de las longitudes de los intervalos que forman K_n? Probar que dicha suma tiende a 0.

d) Demostrar que el interior de K es vacío y que K no tiene puntos aislados.

e) Deducir que $U = K_0 \backslash K$ es la reunión numerable de intervalos abiertos disjuntos dos a dos, tales que dos cualesquiera de ellos no tienen jamás una extremidad común.

f) Probar que K es idéntico al conjunto de los números x de la forma

(2.4)
$$x = \sum_{n=1}^{\infty} \frac{u_n}{3^n},$$

donde $u_n \in \{0,2\}$, para todo $n \geq 1$.

¿Cuáles son los números x para los cuales $u_n = 2$ (respectivamente $u_n = 0$) a partir de un cierto rango?

g) Para todo $x \in K$, cuya representación está dada por (2.4), definimos:

$$(2.5) \qquad f(x) := \sum_{n=1}^{\infty} \frac{(u_n/2)}{2^n}.$$

Demostrar que f es una aplicación continua de K sobre $[0,1]$. Deducir que K tiene la potencia del continuo.

4. **Descubriendo algunos monstruos: la función singular de Lebesgue**

Sea $I = [a,b]$ un intervalo real cerrado, no reducido a un punto y f una función real creciente, lineal, definida sobre I. Denotamos $\alpha = f(a)$, $\beta = f(b)$.

Llamamos Tf la función que se define como sigue sobre I:

- $Tf(x) = \frac{\alpha+\beta}{2}$ si $x \in [a + \frac{b-a}{3}, b - \frac{b-a}{3}]$;
- Tf es lineal sobre $[a, a + \frac{b-a}{3}]$ y sobre $[b - \frac{b-a}{3}, b]$;
- $Tf(a) = \alpha$ y $Tf(b) = \beta$.

Conservamos en lo que sigue las notaciones del ejercicio precedente. Sea $f_0(x) = x$ para todo $x \in K_0$. Se define una sucesión de funciones $(f_n)_{n \geq 1}$ por recurrencia:

$$f_n = \begin{cases} f_{n-1} & \text{sobre } K_0 \backslash K_{n-1} \\ Tf_{n-1}|_{I_j} & \text{sobre cada intervalo } I_j \text{ cuya reunión es igual a } K_{n-1}. \end{cases}$$

a) Dibujar los gráficos de f_0, f_1, f_2.

b) Probar que f_n es continua, creciente, derivable sobre $K_0 \backslash K_n$. ¿Cuál es el valor de su derivada sobre este conjunto?

c) Probar que la sucesión $(f_n)_n$ converge uniformemente sobre $[0,1]$. Llamamos f a su límite.

d) Probar que f es creciente y continua sobre $[0,1]$, derivable salvo sobre K. ¿Cuánto vale la derivada de f en un punto de $[0,1] \backslash K$?

Compare la función f con aquella introducida en (2.5)

5. Sea $\mathcal{G}$ una familia de partes de un conjunto Ω tal que, para cada G en $\mathcal{G}$, exista una sucesión $(G_n; n \in \mathbb{N})$ de elementos de $\mathcal{G}$ tal que

$$G^c = \bigcap_n G_n.$$

Probar que la más pequeña clase estable por reunión numerable e intersección numerable, que contenga a $\mathcal{G}$ es idéntica a la tribu $\sigma(\mathcal{G})$ generada por $\mathcal{G}$.

6. Sea D un conjunto denso en $\mathbb{R}$. Sea $(\Omega, \mathcal{F})$ un espacio medible y f una función numérica definida sobre Ω. Demostrar que las siguientes propiedades son equivalentes:

a) f es $\mathcal{F}$–medible;

b) $f^{-1}(]a, \infty]) \in \mathcal{F}$, para todo $a \in D$;

c) $f^{-1}([a, \infty]) \in \mathcal{F}$, para todo $a \in D$;

d) $f^{-1}([-\infty, a]) \in \mathcal{F}$, para todo $a \in D$.

7. Sea E un espacio topológico, $\mathcal{B}(E)$ su tribu boreliana. Sea X un subespacio de E. Estudiaremos la tribu boreliana $\mathcal{B}(X)$ del subespacio topológico X.

a) Sea $\mathcal{S}(X) = \{A \cap X : A \in \mathcal{B}(E)\}$. Probar que $\mathcal{S}(X)$ es una tribu sobre X que contiene sus abiertos. Deducir que $\mathcal{B}(X) \subset \mathcal{S}(X)$.

b) Sea $\mathcal{F}$ una tribu sobre X y $\mathcal{F}'$ una tribu sobre $E \backslash X$. Probar que la familia de partes de E:

$$\mathcal{G} = \mathcal{F} \coprod \mathcal{F}' = \{B \cup B' : B \in \mathcal{F}, B' \in \mathcal{F}'\}$$

es una tribu sobre E, y que las trazas de elementos de $\mathcal{G}$ sobre X y $E \backslash X$, son exactamente los elementos de las tribus $\mathcal{F}$ y $\mathcal{F}'$.

c) Si X es borcliano cn E, probar que se tiene:

$$\mathcal{B}(E) = \mathcal{S}(X) \coprod \mathcal{S}(E \backslash X)$$

d) Probar que en el caso general se tiene:

$$\mathcal{B}(E) \subset \mathcal{B}(X) \coprod \mathcal{B}(E \backslash X) \subset \mathcal{S}(X) \coprod \mathcal{S}(E \backslash X)$$

e) Deducir que si X es boreliano en E, se tiene $\mathcal{S}(X) = \mathcal{B}(X)$. Si X no es boreliano, ¿qué se puede decir?

8. Sea $\mathcal{V}$ un espacio vectorial de funciones reales acotadas, definidas sobre un conjunto X, que satisface las siguientes propiedades:

   (i) La función constante $\mathbf{1} : x \mapsto 1$ pertenece a $\mathcal{V}$;

   (ii) Si $f, g \in \mathcal{V}$, entonces $f \vee g \in \mathcal{V}$;

   (iii) Si $(f_n)_n$ es una sucesión creciente uniformemente acotada de elementos de $\mathcal{V}$, entonces $\lim_n \uparrow f_n \in \mathcal{V}$.

   Probar que existe una tribu $\mathcal{T}$ sobre X tal que $\mathcal{V}$ coincida con el espacio vectorial de las funciones $\mathcal{T}$–medibles acotadas. Llamamos *espacio de Riesz de funciones* un espacio vectorial que satisface las hipótesis (i), (ii), (iii) anteriores.

   [Indicación: tomar $\mathcal{T} = \{A \in \mathcal{P}(X) : 1_A \in \mathcal{V}\}$. Para probar que una función $f \in \mathcal{V}$ es $\mathcal{T}$-medible, notar que para todo $a \in \mathbb{R}$, $1_{\{f>a\}} = \lim_n \uparrow 1 \wedge n(f - a)^+$].

   Este ejercicio será utilizado posteriormente en la prueba del Teorema 5.8.

9. Sea f una función real continua sobre $]0, 1[$. Consideramos las derivadas por la derecha en cada punto $x \in]0, 1[$:

$$
(2.6) \qquad D^+ f(x) \;=\; \limsup_{h>0, h \downarrow 0} \frac{f(x + h) - f(x)}{h}
$$

$$
(2.7) \qquad D_+ f(x) \;=\; \liminf_{h>0, h \downarrow 0} \frac{f(x + h) - f(x)}{h}.
$$

   a) Probar que $D^+ f$ y $D_+ f$ son $\mathcal{B}(]0, 1[)$–medibles.

   b) Probar que si f es derivable, entonces su derivada f' es $\mathcal{B}(]0, 1[)$–medible.

10. Probar que las funciones semi–continuas inferiormente y semi–continuas superiormente sobre $(\mathbb{R}, \mathcal{B}(\mathbb{R}))$ son medibles.

FIGURA 1. Georg Cantor, 1845 – 1918

FIGURA 2. Émile Borel, 1871 – 1956

Capítulo 3

Medidas positivas

Nuestro propósito en este capítulo es estudiar el concepto de medida, que consiste esencialmente en una aplicación que asocia un número a un conjunto, cumpliendo además ciertas propiedades adicionales que se precisan en la definición siguiente. El lector podrá comparar esta definición con lo recordado en el primer capítulo respecto a las ideas básicas del cálculo de áreas en la geometría Euclididana.

DEFINICIÓN 3.1. Sea Ω un conjunto no vacío y $\mathcal{S}$ una semi–álgebra sobre Ω. Una *medida positiva* μ sobre $\mathcal{S}$ (o sobre $(\Omega, \mathcal{S})$, o sobre Ω cuando no hay ambigüedad respecto a $\mathcal{S}$, es una aplicación $\mu : \mathcal{S} \to \overline{\mathbb{R}}_+$ tal que:

- $\mu(\varnothing) = 0$
- Cumple la propiedad de σ–aditividad: para toda sucesión (A_n) de elementos disjuntos de $\mathcal{S}$ tal que $\sum_{\mathbb{N}} A_n \in \mathcal{S}$ se tenga:

$$\mu(\sum_{\mathbb{N}} A_n) = \sum_{\mathbb{N}} \mu(A_n).$$

donde $\sum_{\mathbb{N}} A_n$ denota la unión disjunta de (A_n), i.e. $\sum_{\mathbb{N}} A_n = \cup_{\mathbb{N}} A_n$ y $A_n \cap A_m = \varnothing$ para $n \neq m$.

Si $\mu(\Omega)$ es finita, decimos que la medida es *acotada* o *finita*.

Si existe una partición (A_n) de Ω, con cada $A_n \in \mathcal{S}$ y tal que $\mu(A_n) < \infty$, para cada $n \in \mathbb{N}$, diremos que μ es σ–finita.

En el caso en que $\mathcal{S}$ es álgebra, la condición anterior es equivalente a la existencia de una sucesión creciente $(\Omega_n)_n$ de elementos de $\mathcal{S}$ de medida finita, cuya reunión sea igual a Ω. En efecto, si μ es σ–finita, los conjuntos Ω_n se pueden construir como la reunión de los n primeros conjuntos A_k; recíprocamente, dados los Ω_n, los elementos $A_n \in \mathcal{S}$ se pueden definir en la forma: $A_0 = \Omega_0$; $A_n = \Omega_n \backslash \Omega_{n-1}$, $(n \geq 1)$.

EJEMPLO 3.1. Veamos algunos ejemplos de medidas.

1. Sea Ω un conjunto no vacío cualquiera, $\omega \in \Omega$ y $\mathcal{S} = \mathcal{P}(\Omega)$

$$(3.1) \qquad \delta_\omega(A) := \begin{cases} 1 & \text{si } \omega \in A \\ 0 & \text{si } \omega \notin A \end{cases}$$

δ_ω se conoce con el nombre de *medida de Dirac concentrada en* ω.

2. Sea Ω un conjunto no vacío cualquiera, $\mathcal{S} = p(\Omega)$

$$(3.2) \qquad \mu(A) := \begin{cases} card(A) & \text{si } A \text{ es finito} \\ +\infty & \text{si } A \text{ es infinito.} \end{cases}$$

($card(A)$ es la cardinalidad de A). Se tiene que μ es finita si y sólo si Ω es finito; μ es σ–finita si y sólo si Ω es numerable.

3. $\Omega = \mathbb{R}$, $\mathcal{S}$ conjunto de los intervalos semi–abiertos de la forma $[a, b[\cap \mathbb{R}$ con $a, b \in \overline{\mathbb{R}}$ y $a \leq b$

$$\mu([a, b[) \quad = \quad b - a \quad \text{si } a, b \in \mathbb{R}$$
$$\mu([a, b[\cap \mathbb{R}) \quad = \quad \infty \quad \text{si } a = -\infty \text{ o } b = +\infty$$

se llama *medida de Lebesgue* y es σ–finita (probarlo como ejercicio).

4. Sean Ω y $\mathcal{S}$ como en (3), sea $F : \mathbb{R} \to \mathbb{R}$ creciente.

$$\mu([a, b[) \quad = \quad F(b) - F(a) \text{ si } a, b \in \mathbb{R} \text{ y } a < b$$
$$\mu([a, b[\cap \mathbb{R}) \quad = \quad F(b) - F(a) \quad \text{si } a = -\infty \text{ ó } b = +\infty,$$

donde

$$F(\infty) = \lim_{x \uparrow \infty} F(x) \quad \text{y} \quad F(-\infty) = \lim_{x \uparrow \infty} F(x)$$

se llama *medida de Stieltjes–Lebesgue*.

En este caso μ es finita si $F(\infty)$, $F(-\infty) \in \mathbb{R}$ y siempre es σ–finita.

Casos particulares:

- $F(x) = x$: medida de Lebesgue.

■

$$F(x) = \begin{cases} 0 & \text{si } x < x_0 \\ 1 & \text{si } x \geq x_0. \end{cases}$$

así

$$\mu([a,b[\cap\mathbb{R}) = \begin{cases} 1 & \text{si } x_0 \in [a,b[\cap\mathbb{R} \\ 0 & \text{si } x_0 \notin [a,b[\cap\mathbb{R}. \end{cases}$$

y $\mu = \delta_{x_0}$: es la medida de Dirac concentrada en x_0.

- $F(x) = \frac{1}{\sqrt{2\pi}} \int_{-\infty}^{x} e^{-\frac{y^2}{2}} \, dy$: es la *función de distribución normal o de Gauss*.

5. Sean μ, ν medidas sobre $(\Omega, \mathcal{S})$, entonces:

$$\eta(A) := \mu(A) + \nu(A) \qquad (\forall A \in \mathcal{S})$$

es otra medida positiva sobre $(\Omega, \mathcal{S})$ y escribimos $\eta = \mu + \nu$.

6. Sea μ_i medida sobre $(\Omega_i, \mathcal{S}_i)$, $i = 1, 2$.

$\mu_1 \otimes \mu_2(A_1 \times A_2) := \mu_1(A_1)\mu_2(A_2)$ define una medida sobre $(\Omega_1 \times \Omega_2, \mathcal{S}_1 \times \mathcal{S}_2)$.

1. Espacios de Medida

Sea $(\Omega, \mathcal{F})$ espacio medible, μ una medida positiva sobre $(\Omega, \mathcal{F})$, entonces $(\Omega, \mathcal{F}, \mu)$ se llama *espacio de medida*.

> PROPOSICIÓN 3.1. *Sea f una aplicación medible de un espacio medible $(\Omega, \mathcal{F})$ en otro $(\Omega', \mathcal{F}')$. Sea μ una medida sobre $(\Omega, \mathcal{F})$. La aplicación $f[\mu] : \mathcal{F}' \to \overline{\mathbb{R}}_+$ definida por: $f[\mu](A') : \mu(f^{-1}(A'))$ es una medida sobre $(\Omega', \mathcal{F}')$ y se llama la* medida imagen de μ por f.

Demostración. El resultado es consecuencia inmediata de la medibilidad de f, de las propiedades de la preimagen de conjuntos y de la definición de medida.

EJERCICIO 3.1. Sea $(\Omega, \mathcal{F}, \mu)$ espacio de medida y sea $A \in \mathcal{F}$.

(a) Probar que $\mathcal{F} \cap A := \{B \cap A : B \in \mathcal{F}\}$ es tribu sobre A. La llamamos *tribu inducida* o *traza sobre A por $\mathcal{F}$*.

(b) Probar que $\mu|_{\mathcal{F}\cap A}$ define una medida sobre $(A, \mathcal{F}\cap A)$, se llama *medida inducida sobre* A; $(A, \mathcal{F}\cap A, \mu)$ se llama *espacio inducido*.

PROPOSICIÓN 3.2. *Sea Ω un conjunto no vacío, $\mathcal{A}$ un álgebra de partes de Ω, μ una medida positiva sobre $\mathcal{A}$.*

1. *Si $A \subset B$, $A, B \in \mathcal{A}$ entonces $\mu(A) \leq \mu(B)$.*

2. *Si $A, B \in \mathcal{A}$ entonces $\mu(A \cup B) \leq \mu(A) + \mu(B)$.*

3. *Si $(A_n)_n$ es sucesión creciente de $\mathcal{A}$ tal que $\cup_{\mathbb{N}} A_n \in \mathcal{A}$, se tiene:*

$$\mu(\lim \uparrow A_n) = \lim \uparrow \mu(A_n)$$

4. *Si $(A_n)_n \subset \mathcal{A}$ tal que $\cup_{\mathbb{N}} A_n \in \mathcal{A}$ entonces:*

$$\mu(\cup_{\mathbb{N}} A_n) \leq \sum_{\mathbb{N}} \mu(A_n)$$

5. *Dada $(A_n)_n$ sucesión decreciente de $\mathcal{A}$ tal que $\cap_{\mathbb{N}} A_n \in \mathcal{A}$ y existe al menos un n tal que $\mu(A_n) < \infty$ entonces:*

$$\mu(\lim \downarrow A_n) = \lim \downarrow \mu(A_n)$$

Demostración.

1. $B = (B\backslash A) \cup A$. Entonces, $\mu(B) = \mu(B\backslash A) + \mu(A)$, luego $\mu(B) \geq \mu(A)$.

2. $\mu(A \cup B) = \mu(A) + \mu(B\backslash A) \leq \mu(A) + \mu(B)$ ya que $B\backslash A \subset B$.

3. Supongamos $(A_n)_n$ sucesión creciente con $\cup_{\mathbb{N}} A_n \in \mathcal{A}$ y definamos $B_0 := A_0$, $B_n = A_n - A_{n-1}$ $(n \geq 1)$.

   Entonces $\mu(\cup_{\mathbb{N}} A_n) = \mu(\sum_{\mathbb{N}} B_n) = \sum_{\mathbb{N}} \mu(B_n)$ pero $\sum_{n \leq m} \mu(B_n) = \mu(\cup_{n \leq m} B_m) = \mu(A_m)$ para todo $n \in \mathbb{N}$.

   Así, $\sum_{\mathbb{N}} \mu(B_n) = \lim \uparrow \sum_{n \leq m} \mu(B_n) = \lim \uparrow \mu(A_n)$.

4. Sea $(A_n)_n \subset \mathcal{A}$ tal que $\cup_{\mathbb{N}} A_n \in \mathcal{A}$, sea $C_n := \cup_{m \leq n} A_m$ así $(C_n)_n$ es una sucesión creciente de elementos de $\mathcal{A}$ cuyo límite es $\cup_{n \in \mathbb{N}} A_n$. Entonces, $\mu(\lim \uparrow C_n) = \lim \uparrow \mu(C_n)$. Pero, $\mu(C_n) = \mu(\cup_{m \leq n} A_m) \leq \sum_{m \leq n} \mu(A_m)$, para todo $n \in \mathbb{N}$. Así, $\mu(\cup A_n) \leq \lim_n \sum_{m \leq n} \mu(A_m) = \sum_{\mathbb{N}} \mu(A_n)$.

5. Supongamos que $\mu(A_0)$ es finito, así $\mu(A_n) < \infty$ para todo $n \in \mathbb{N}$.

$$A_0 = \cap_{\mathbb{N}} A_n + (A_0 \backslash \cap_{\mathbb{N}} A_n)$$

De modo que $\mu(\lim \downarrow A_n) = \mu(\cap A_n) = \mu(A_0) - \mu(A_0 \backslash \cap_{\mathbb{N}} A_n)$, pero

$$
\begin{aligned}
\mu(A_0 \backslash \cap_{\mathbb{N}} A_n) &= \mu(\cup_{\mathbb{N}}(A_0 \backslash A_n)) \\
&= \lim_n \uparrow \mu(A_0 \backslash A_n) \\
&= \lim_n \uparrow [\mu(A_0) - \mu(A_0 \backslash A_n)] \\
&= \mu(A_0) - \lim_n \downarrow \mu(A_n)
\end{aligned}
$$

$\ddot\smile$

OBSERVACIÓN 3.1. Si no se tiene la condición $\mu(A_n) < \infty$ para algún n, la última parte de la proposición anterior no es válida como lo muestra el ejemplo siguiente. Considerar $\Omega = \mathbb{N}$, $\mathcal{A} = \mathcal{P}(\mathbb{N})$ y la medida que cuenta puntos: $\mu(\{n\}) = 1$. Entonces, dada la sucesión $A_n = \{n, n+1, \ldots\}$ esta es decreciente hacia $\varnothing$, sin embargo $\mu(A_n) = \infty$ para todo $n \in NN$, luego $\lim \downarrow \mu(A_n) = \infty \neq 0 = \mu(\varnothing)$.

PROPOSICIÓN 3.3. *Sea Ω un conjunto y $\mathcal{A}$ un álgebra de partes de Ω. Una función $\mu : \mathcal{A} \to \mathbb{R}_+$ (es decir $\mu(\Omega) < \infty$), es medida si y sólo si*

1. *$\mu(\varnothing) = 0$;*

2. *$\mu(A \cup B) = \mu(A) + \mu(B)$ para todo par de conjuntos disjuntos $A, B \in \mathcal{A}$;*

3. *Si $(A_n)_n \subset \mathcal{A}$ tal que $(A_n) \downarrow \varnothing$ se tiene: $\mu(A_n) \downarrow 0$.*

   Entonces μ es medida positiva sobre $\mathcal{A}$.

Demostración. Por la proposición anterior se obtiene que las condiciones enunciadas son necesarias, ya que $\mu(\Omega) < \infty$.

Demostremos la suficiencia, que se reduce a verificar que μ es $\sigma-$aditiva. Sea (A_n) sucesión disjunta de $\mathcal{A}$ tal que $\sum A_n \in \mathcal{A}$, definamos:

$$
B_n := \sum_{k=n+1}^{\infty} A_k \qquad \text{(para todo } n)
$$

La sucesión $(B_n)_n$ decrece a $\varnothing$ cuando $n \uparrow \infty$.

Así, (3) equivale a que $\mu(B_n) \downarrow 0$, pero $\mu(\sum_{m \in \mathbb{N}} A_m) = \mu((\sum_{k \leq n} A_k) \cup B_n)$ y por (2) se puede escribir como:

$$
\mu\Big(\sum_{k \leq n} A_k\Big) + \mu(B_n) = \sum_{k \leq n} \mu(A_k) + \mu(B_n)
$$

finalmente, haciendo $n \uparrow \infty$ se obtiene:

$$\mu\Big(\sum_{m \in \mathbb{N}} A_m\Big) = \sum_{m \in \mathbb{N}} \mu(A_n).$$

☺

> COROLARIO 3.1. *Sea* $(\Omega, \mathcal{F}, \mu)$ *un espacio de medida* σ*–finita. Sea* (f_n) *una sucesión de funciones numéricas medibles sobre* Ω *que converge simplemente hacia* f. *Para todo* $\epsilon > 0$ *existe entonces* $T \in \mathcal{F}$ *tal que* $\mu(T) \le \epsilon$ *y que* (f_n) *converge uniformemente hacia* f *sobre* $\Omega \backslash T$.

Demostración. Supongamos primero $\mu(\Omega) < \infty$ y $\epsilon > 0$.

Sea

$$(3.3) \qquad E_n^k := \cap_{p \ge n}\{x \in \Omega : |f(x) - f_p(x)| \le \tfrac{1}{k}\} \quad \text{para todos } k \ge 1, n \in \mathbb{N}.$$

Tenemos que, por convergencia simple, E_n^k crece a Ω cuando $n \uparrow \infty$ para todo k, luego la sucesión de los respectivos complementos decrece y aplicamos 3.3.

Escogemos entonces un índice $n(k)$ tal que se tenga

$$(3.4) \qquad \mu(\Omega \backslash E_n^k) \le 2^{-k}\epsilon,$$

para todo $n > n(k)$.

Sea $T := \cup_{k=1}^{\infty}(\Omega \backslash E_{n(k)^k})$, entonces:

$$\mu(T) \le \sum_{k=1}^{\infty} 2^{-k}\epsilon = \epsilon$$

Además,

$$\sup_{x \in \Omega \backslash T} |f_p(x) - f(x)| \le \frac{1}{k}$$

para todo $p \ge n(k)$, para todo k.

En el caso μ σ–finita, existe $(\Omega_n)_n \subset \mathcal{F}$ sucesión disjunta tal que $\Omega = \sum_{\mathbb{N}} \Omega_n$ con $\mu(\Omega_n) < \infty$ para todo $n \in \mathbb{N}$. En cada conjunto Ω_q, se fabrican conjuntos T_q siguiendo el procedimiento anterior, de modo que la sucesión $(f_n|_{\Omega_q})_n$ converja uniformemente sobre T_q y que $\mu(\Omega_q \backslash T_q) < \epsilon 2^{-q}$. El conjunto $T = \sum_q T_q \subset \Omega$ satisface entonces las propiedades requeridas.

54

2. Conjuntos Despreciables

DEFINICIÓN 3.2. Sea Ω un conjunto, $\mathcal{A}$ un álgebra de partes de Ω y μ una medida sobre $\mathcal{A}$. $D \subset \Omega$ es μ-*despreciable* (o despreciable) si existe $A \in \mathcal{A}$ tal que $A \supset D$ y $\mu(A) = 0$.

Dada una propiedad sobre los elementos de Ω diremos que ella se satisface μ-*casi en todas partes* (c.t.p.) si el conjunto de los $\omega \in \Omega$ que no verifican la propiedad es despreciable.

Denotamos $\mathcal{D}_\mu$ la familia de los conjuntos μ-despreciables.

OBSERVACIÓN 3.2. En un espacio de medida, $\mathcal{D}_\mu$ es estable para $(\cup_n, \cap_n)$.

EJERCICIO 3.2. Sea $(\Omega, \mathcal{F}, \mu)$ un espacio de medida. Definimos

$$(3.5) \qquad \overline{\mathcal{F}}^\mu := \sigma(\mathcal{F} \cup \mathcal{D}_\mu).$$

1. Probar que la tribu (3.5) se escribe también:

$$\begin{aligned}
\overline{\mathcal{F}}^\mu &= \{\overline{F} \subset \Omega : \overline{F} = F \cup D, F \in \mathcal{F}, D \in \mathcal{D}_\mu\} \\
&= \{\overline{F} \subset \Omega : \overline{F} = F \Delta D, F \in \mathcal{F}, D \in \mathcal{D}_\mu\}
\end{aligned}$$

2. Probar que se puede extender μ a $\overline{\mu}$ por:

$$(3.6) \qquad \overline{\mu}(\overline{F}) := \mu(F) \text{ para todo } \overline{F} \in \overline{\mathcal{F}}^\mu, \quad \overline{F} = F \cup D.$$

DEFINICIÓN 3.3. Dado un espacio de medida $(\Omega, \mathcal{F}, \mu)$ se define la *completación del espacio con respecto a μ* como el triple $(\Omega, \overline{\mathcal{F}}^\mu, \overline{\mu})$ donde $\overline{\mathcal{F}}^\mu, \overline{\mu}$ se definen como en el ejercicio 3.2.

Decimos que el espacio de medida es μ-*completo* si $\mathcal{D}_\mu \subset \mathcal{F}$.

EJERCICIO 3.3. Sea $(\Omega, \mathcal{F}, \mu)$ un espacio de medida. Probar que una función $\overline{f} : \Omega \to \mathbb{R}$ es $\overline{\mathcal{F}}^\mu$-medible si y sólo si existe $f : \Omega \to \mathbb{R}$, $\mathcal{F}$-medible, y $\overline{f} = f$ μ-c.t.p.

3. Extensión de medidas

Hemos visto que una semi–álgebra es una estructura relativamente pobre. Por el contrario, la tribu generada por ella es, intuitivamente un "enorme" conjunto. El resultado siguiente, que será probado en la siguiente sección, nos permite prolongar medidas desde la estructura más pobre (la semi–álgebra) a la más rica (su tribu engendrada). Esto nos provee de un procedimiento de construcción de medidas: es más fácil definirlas en las semi–álgebras y luego extenderlas.

TEOREMA 3.1. *(Carathéodory) Sea $\mathcal{S}$ una semi–álgebra de partes de un conjunto Ω.*

1. *Toda medida positiva μ sobre $\mathcal{S}$ se prolonga de manera única en una medida positiva sobre el álgebra $\alpha(\mathcal{S})$ generada por $\mathcal{S}$.*

2. *Toda medida positiva μ sobre $\mathcal{S}$ se prolonga en una medida positiva sobre la tribu $\sigma(\mathcal{S})$ generada por $\mathcal{S}$.*

3. *Si la medida μ es σ–finita, la extensión a $\sigma(\mathcal{S})$ es única. Además, para todo $T \in \sigma(\mathcal{S})$ y todo $\epsilon > 0$, existe una sucesión $(S_n)_n$ de elementos de $\mathcal{S}$ tal que T esté contenido en la reunión de los S_n y se tenga*

$$(3.7) \qquad \mu(T) \le \sum_n \mu(S_n) \le \mu(T) + \epsilon.$$

El caso interesante es por supuesto aquél en que la medida es σ–finita. En ese caso, el teorema afirma no sólo la existencia y la unicidad de la extensión, sino que también provee, para cada $T \in \sigma(\mathcal{S})$, de un procedimiento de cálculo aproximado de la medida de T. Este es un resultado crucial en la Teoría de la Integración. En la sección siguiente se verá su demostración como una aplicación de un procedimiento de extensión de capacidades. Por el momento nos contentamos con deducir algunos de sus corolarios más directos e importantes.

> **PROPOSICIÓN 3.4.** *Sea λ la aplicación definida sobre la semi–álgebra $\mathcal{I}_d$ de los intervalos reales cerrados por la derecha dada por:*
>
> $$\lambda(]a,b]) := b - a$$
>
> *Entonces existe una única extensión de λ a $\mathcal{B}(\mathbb{R})$ que designaremos también por λ.*
>
> *Esta medida cumple además la propiedad de aproximación siguiente. Si B es un conjunto boreliano, para todo $\epsilon > 0$ existe una sucesión de intervalos $(I_n)_n$ cuya reunión contiene a B y tal que*
>
> $$(3.8) \qquad \lambda(B) \le \sum_n \lambda(I_n) \le \lambda(B) + \epsilon.$$

El espacio $(\mathbb{R}, \mathcal{B}(\mathbb{R}))$ se conoce con el nombre de *espacio de Borel* y el triple $(\mathbb{R}, \overline{\mathcal{B}(\mathbb{R})}^{\lambda}, \lambda)$ se llama *espacio de Lebesgue*, la medida λ la llamamos *medida de Lebesgue.*

> **PROPOSICIÓN 3.5.** *La medida de Lebesgue sobre $\mathbb{R}$ es invariante por translaciones.*

Demostración. Para todo $a \in \mathbb{R}$, denotemos θ_a la translación de vector a, es decir, $\theta_a(x) = x + a$, $(x \in \mathbb{R})$. La proposición significa que para todo $a \in \mathbb{R}$ y todo $B \in \mathcal{B}(\mathbb{R})$, se tiene:

$$(3.9) \qquad \lambda(B) = \lambda(\theta_a(B)).$$

Ahora bien, la aplicación λ' de $\mathcal{B}(\mathbb{R})$ en $\mathbb{R}_+$ que a todo boreliano B asocia $\lambda(\theta_a(B))$, es una medida sobre $\mathcal{B}(\mathbb{R})$ como se verifica de inmediato. Si $B -]\alpha, \beta] \subset \mathcal{I}_d$, se tiene:

$$
\begin{aligned}
\lambda'(]\alpha,\beta]) &= \lambda(]\alpha + a, \beta + a]) \\
&= \beta - \alpha \\
&= \lambda(]\alpha,\beta]).
\end{aligned}
$$

Luego, las dos medidas coinciden sobre la semi–álgebra $\mathcal{I}_d$. Como ambas son σ–finitas, ellas son iguales a causa de la unicidad de la extensión que resulta del Teorema de Carathéodory.

OBSERVACIÓN 3.3. *Una generalización de la medida de Lebesgue: la medida de Stieljes–Lebesgue.* Dada una función creciente $F : \mathbb{R} \to \mathbb{R}$ continua a la derecha en cada punto, definimos una medida

$$\mu_F(]a,b]) = F(b) - F(a)$$

Entonces existe una única medida μ_F sobre $(\mathbb{R}, \mathcal{B}(\mathbb{R}))$ (y respectivamente sobre $(\mathbb{R}, \overline{\mathcal{B}(\mathbb{R})}^{\mu})$) que la llamamos *medida de Stieltjes–Lebesgue asociada a F*.

OBSERVACIÓN 3.4. Es natural preguntarse sobre la relación que existe entre las tribus de Borel, de Lebesgue y el conjunto de todas las partes de $\mathbb{R}$. Es evidente que se tiene $\mathcal{B}(\mathbb{R}) \subset \overline{\mathcal{B}(\mathbb{R})}^{\lambda} \subset p(\mathbb{R})$, pero no es tan claro que las inclusiones sean estrictas. El lector podrá satisfacer su curiosidad a este respecto en los ejercicios propuestos al fin del capítulo.

4. Demostración del Teorema de Carathéodory

En esta sección nos concentraremos en la prueba del Teorema de Carathéodory 3.1.

Comencemos por una pequeña aplicación del Teorema de las Clases Monótonas.

> LEMA 3.1. *Sea $\mathcal{A}$ un álgebra de partes de un conjunto no vacío Ω y sea μ una medida σ–finita sobre $\mathcal{A}$. Si μ admite una extensión a la tribu $\sigma(\mathcal{A})$ esta extensión es única.*

Demostración. Supongamos que μ admite dos extensiones μ_1, μ_2 a la tribu $\sigma(\mathcal{A})$. Definimos entonces:

$$\mathcal{M} = \{A \in \sigma(\mathcal{A}) : \mu_1(A) = \mu_2(A)\}.$$

Las extensiones restringidas al álgebra coinciden, por lo tanto $\mathcal{A} \subset \mathcal{M}$. Por otra parte, si $(A_n)_n$ es una familia creciente de elementos de $\mathcal{M}$, su reunión pertenece a esta misma familia. Es una consecuencia de la proposición 3.2. Si la sucesión es decreciente, para probar que su intersección pertenece a $\mathcal{M}$ mediante la proposición 3.2, usamos la hipótesis adicional de la σ–finitud. Sea $(\Omega_p)_p$ una partición de Ω donde cada $\Omega_p \in \mathcal{A}$ y $\mu(\Omega_p) < \infty$. Dada $(A_n)_n$ familia decreciente de elementos de $\mathcal{M}$, los conjuntos $A_n \cap \Omega_p$ decrecen con n para cada p y tienen medida finita. Luego,

$$\mu_i(A_n \cap \Omega_p) \downarrow \mu_i((\bigcap_n A_n) \cap \Omega_p), \text{ si } n \to \infty, \text{ para todo } p, \ i = 1, 2.$$

En consecuencia,

$$\mu_1((\bigcap_n A_n) \cap \Omega_p) = \mu_2((\bigcap_n A_n) \cap \Omega_p)$$

para todo p. Y finalmente, como los conjuntos Ω_p constituyen una partición de Ω, se tiene $\mu_1(\bigcap_n A_n) = \mu_2(\bigcap_n A_n)$.

Por lo tanto, $\mathcal{M}$ es una clase monótona que contiene al álgebra $\mathcal{A}$. El Teorema de las Clases Monótonas implica entonces que $\sigma(\mathcal{A}) = \mathcal{M}(\mathcal{A}) \subset \mathcal{M}$. Por ende $\sigma(\mathcal{A}) = \mathcal{M}$ y μ_1 coincide con μ_2.

☺

Ahora nos concentraremos en la prueba de la existencia de una extensión, partiendo del caso de una función de conjuntos aditiva y finita, definida sobre una semi-álgebra.

PROPOSICIÓN 3.6. *Sea $\mathcal{S}$ una semi-álgebra de subconjuntos de $\Omega \neq \varnothing$. Sea μ una función aditiva de conjuntos definida sobre $\mathcal{S}$, que satisface:*

(i) *$\mu(\varnothing) = 0$, $\mu(\Omega) < \infty$;*

(ii) *μ es aditiva sobre $\mathcal{S}$;*

(iii) *Si $(S_n)_{n \in \mathbb{N}}$ es una sucesión de $\mathcal{S}$ que decrece hacia $\varnothing$, entonces $\mu(S_n) \downarrow 0$.*

Entonces μ se extiende en una medida única a la tribu $\mathcal{F} = \sigma(\mathcal{S})$ generada por $\mathcal{S}$. Más aún, esta medida verifica que para todo $F \in \mathcal{F}$ y todo $\epsilon > 0$, existe una sucesión $(S_n)_{n \in \mathbb{N}}$ de elementos de $\mathcal{S}$, donde $S_n \cap S_m = \varnothing$ para $n \neq m$, y $\bigcup_{n \in \mathbb{N}} S_n \subset F$ de modo que

$$\sum_{n \in \mathbb{N}} \mu(S_n) \leq \mu(F) \leq \sum_{n \in \mathbb{N}} \mu(S_n) + \epsilon.$$

Demostración. Comenzamos por extender μ al álgebra $\mathcal{A} = \alpha(\mathcal{S})$ generada por $\mathcal{S}$. Cada elemento de esta álgebra se escribe en la forma

$$A = \bigcup_{i \in I} S_i,$$

donde I es finito y cada $S_i \in \mathcal{S}$ siendo estos elementos disjuntos dos a dos. Definimos simplemente

$$\mu(A) = \sum_i \mu(S_i).$$

Es una definición que no es ambigua pues si $A = \bigcup_{j \in J} S'_j$ es otra representación de A, con propiedades análogas a la primera, se tiene que

$$\begin{aligned}
\sum_i \mu(S_i) &= \sum_i \sum_j \mu\left(S_i \cap S'_j\right) \\
&= \sum_j \sum_i \mu\left(S_i \cap S'_j\right) \\
&= \sum_j \mu\left(S'_j\right).
\end{aligned}$$

Luego, aplicando la Proposición 3.3, μ así definida es una medida sobre el álgebra $\mathcal{A}$.

Si se demuestra la existencia de una extensión de esta medida a $\sigma(\mathcal{A})$, ella será única como consecuencia del lema precedente.

Estudiaremos entonces un método de construcción de una extensión.

Para ello introduciremos la noción de *medida exterior* en dos pasos, en primer lugar, si $A \in \mathcal{A}_\sigma$, su medida exterior se define como

$$\mu^*(A) := \sup_{B \in \mathcal{A},\, B \subseteq A} \mu(B).$$

Y luego, para cada $C \subseteq \Omega$,

$$\mu^*(C) := \inf_{A \in \mathcal{A}_\sigma,\, C \subseteq A} \mu^*(A).$$

Comenzaremos por probar ciertas propiedades de la medida exterior sobre el conjunto $\mathcal{A}_\sigma$. El lector puede verificar por simple aplicación de la fórmula de distributividad entre reuniones e intersecciones, que la familia $\mathcal{A}_\sigma$ es cerrada para reuniones e intersecciones finitas.

Propiedades de μ^* sobre $\mathcal{A}_\sigma$.

    (a) Acotación: $\varnothing \in \mathcal{A}_\sigma$, $\mu(\varnothing) = 0$; $\Omega \in \mathcal{A}_\sigma$, $\mu(\Omega) < \infty$, y para todo $A \in \mathcal{A}_\sigma$, se tiene $0 \le \mu^*(A) \le \mu(\Omega) < \infty$.

(b) Aditividad: si A_1, $A_2 \in \mathcal{A}$, entonces

$$\mu^* (A_1 \cup A_2) + \mu^* (A_1 \cap A_2) = \mu^* (A_1) + \mu^* (A_2).$$

(c) Crecimiento: Si $A_1 \subset A_2$ en $\mathcal{A}_\sigma$, entonces $\mu^* (A_1) \le \mu^* (A_2)$

(d) Monotonía: Si $A_n \uparrow A$ con $A_n \in \mathcal{A}_\sigma$, entonces $A \in \mathcal{A}_\sigma$ y $\mu^* (A) = \sup_n \mu^* (A_n)$.

La primera propiedad es inmediata. Consideremos enseguida $A_1 = \bigcup_n A_{1,n}$, $A_2 = \bigcup_n A_{2,n}$, donde $A_{1,n}, A_{2,n} \in \mathcal{A}$. Se tiene

$$\mu (A_{1,n} \cup A_{2,n}) + \mu (A_{1,n} \cap A_{2,n}) = \mu (A_{1,n}) + \mu (A_{2,n}).$$

Tomando el límite en n y observando que $A_{1,n} \cap A_{2,n} \uparrow A_1 \cap A_2$ y $A_{1,n} \cup A_{2,n} \uparrow A_1 \cup A_2$, de la definición de $\mu^* (\cdot)$ sobre $\mathcal{A}_\sigma$ resulta la propiedad (b).

La propiedad (c) es inmediata de la definición de medida exterior. Para probar (d), consideremos una sucesión creciente $(A_n)_{n\in\mathbb{N}}$ de elementos de $\mathcal{A}_\sigma$, donde cada $A_n = \bigcup_{m\in\mathbb{N}} A_{n,m}$, con $A_{n,m} \in \mathcal{A}$, y sea $A = \lim_n A_n = \bigcup_{n\in\mathbb{N}} A_n$. Sea $B_n = \bigcup_{m\le n} A_{n,m} \in \mathcal{A}$, esta sucesión es creciente y su límite es A. Si $m \le n$ se tiene $A_{n,m} \subset B_n \subset A_n$ y luego

$$\mu (A_{n,m}) \le \mu (B_n) \le \mu^* (A_n).$$

Basta entonces hacer tender sucesivamente n y m hacia infinito para obtener $\mu^* (A) = \lim_n \mu^* (B_n) = \lim_n \mu^* (A_n)$.

Nótese finalmente que $\mu^* (A) = \mu (A)$ si $A \in \mathcal{A}$.

Enseguida, analicemos las propiedades de la medida exterior sobre el conjunto de todas las partes de Ω.

Propiedades de μ^* sobre $\mathcal{P}(\Omega)$.

(aa) Acotación: Para todo $C \subset \Omega$, se tiene $0 \le \mu^* (C) \le 1$.

(bb) Sub-aditividad: si C_1, $C_2 \in \mathcal{P}(\Omega)$, entonces

$$\mu^* (C_1 \cup C_2) + \mu^* (C_1 \cap C_2) \le \mu^* (C_1) + \mu^* (C_2).$$

En particular, $\mu^* (C) + \mu^* (C^c) \ge 1$.

(cc) Crecimiento: Si $C_1 \subset C_2 \subset \Omega$ entonces $\mu^* (C_1) \le \mu^* (C_2)$

(dd) Monotonía: Si $C_n \uparrow C \subset \Omega$, entonces $\mu^* (C) = \sup_n \mu^* (C_n)$.

Procedamos a demostrar estas propiedades. La primera, (aa), es una consecuencia fácil de la definición. Para probar (bb), fijamos un $\epsilon > 0$ arbitrariamente pequeño y para $i = 1, 2$ determinemos $A_i \in \mathcal{A}_\sigma$ tales que $C_i \subset A_i$, $\mu^*(C_i) + \epsilon/2 \geq \mu^*(A_i)$. Entonces

$$
\begin{aligned}
\mu^*(C_1) + \mu^*(C_2) + \epsilon \quad &\geq \quad \mu^*(A_1) + \mu^*(A_2) \\
&= \quad \mu^*(A_1 \cap A_2) + \mu^*(A_1 \cup A_2) \\
&\geq \quad \mu^*(C_1 \cap C_2) + \mu^*(C_1 \cup C_2),
\end{aligned}
$$

de donde resulta (bb) puesto que $\epsilon > 0$ es arbitrario.

La propiedad (cc) es una consecuencia inmediata de la propiedad de crecimiento de la medida exterior sobre $\mathcal{A}_\sigma$.

Para demostrar la propiedad (dd), fijamos un $\epsilon > 0$ arbitrariamente pequeño y sea $\epsilon_n = 2^{-n}\epsilon$, $n \geq 1$. Consideremos una sucesión de elementos A_n de $\mathcal{A}_\sigma$, tales que $C_n \subset A_n$ y $\mu^*(C_n) + \epsilon_n \geq \mu^*(A_n)$. Sea entonces $A'_n = \bigcup_{m \leq n} A_m \in \mathcal{A}_\sigma$, de manera que $C_n \subset A'_n$, y la sucesión de los A'_n es creciente. Probaremos enseguida por recurrencia sobre n que

$$
(3.10) \qquad \mu^*(C_n) + \sum_{m \leq n} \epsilon_m \geq \mu^*(A'_n).
$$

La relación (3.10) es satisfecha para $n = 1$ por hipótesis. Supongamos que ella se cumple hasta el orden n y probémosla para $n + 1$. Dado que $C_n \subset A'_n \cap A_{n+1}$:

$$
\begin{aligned}
\mu^*(A'_{n+1}) \quad &= \quad \mu^*(A'_n \cup A_{n+1}) \\
&= \quad \mu^*(A'_n) + \mu^*(A_{n+1}) - \mu^*(A'_n \cap A_{n+1}) \\
&\leq \quad \left(\mu^*(C_n) + \sum_{m \leq n} \epsilon_m \right) \\
&\quad + \quad (\mu^*(C_{n+1}) + \epsilon_{n+1}) - \mu^*(C_n) \\
&= \quad \mu^*(C_{n+1}) + \sum_{m \leq n+1} \epsilon_m.
\end{aligned}
$$

Lo que prueba (3.10). Ahora hacemos tender $n \to \infty$ y se obtiene, dado que $C \subset \lim_n A'_n = \bigcup_n A_n \in \mathcal{A}_\sigma$,

$$
\lim_n \mu^*(C_n) + \epsilon \geq \mu^*\left(\lim_n A'_n \right) \geq \mu^*(C).
$$

Esto concluye la prueba de las propiedades de μ^*.

Definimos ahora una importante clase de subconjuntos de Ω:

$$\mathcal{D} = \{D \subset \Omega : \; \mu^*(D) + \mu^*(D^c) = \mu(\Omega)\}.$$

Propiedades de $\mathcal{D}$

- $\mathcal{D}$ es una tribu sobre Ω que contiene a $\sigma(\mathcal{A})$.
- La restricción de μ^* a $\mathcal{D}$ es una medida que extiende μ.
- $\mathcal{D}$ contiene además todos los conjuntos μ-despreciables.

De la propia definición de $\mathcal{D}$ resulta que si $D \in \mathcal{D}$, entonces $D^c \in \mathcal{D}$. Es decir, $\mathcal{D}$ es cerrado para el paso al complemento.

Por otra parte, $\mu^*(\varnothing) + \mu^*(\Omega) = \mu(\Omega)$, de modo que $\Omega, \varnothing \in \mathcal{D}$.

Sean ahora $D_1, D_2 \in \mathcal{D}$. Se tiene (propiedad (bb)):

$$\mu^*(D_1 \cup D_2) + \mu^*(D_1 \cap D_2) \;\leq\; \mu^*(D_1) + \mu^*(D_2)$$

$$\mu^*((D_1 \cup D_2)^c) + \mu^*((D_1 \cap D_2)^c) \;\leq\; \mu^*(D_1^c) + \mu^*(D_2^c)$$

y si se suman los segundos miembros de las desigualdades anteriores, se obtiene $2\mu(\Omega)$.

Por otra parte, la propiedad (bb) implica que

$$\mu^*(D_1 \cup D_2) + \mu^*((D_1 \cup D_2)^c) \;\geq\; \mu(\Omega)$$

$$\mu^*(D_1 \cap D_2) + \mu^*((D_1 \cap D_2)^c) \;\geq\; \mu(\Omega).$$

Se ve que las cuatro desigualdades anteriores no son compatibles a menos que sean todas igualdades. De aquí se deduce a la vez que $D_1 \cup D_2, D_1 \cap D_2 \in \mathcal{D}$ y además que $\mu^*(\cdot)$ es aditiva sobre $\mathcal{D}$.

Para concluir, sea ahora una sucesión creciente $(D_n)_{n \in \mathbb{N}}$ de elementos de $\mathcal{D}$. De las propiedades (cc) y (dd) obtenemos que:

$$\mu^*\left(\bigcup_n D_n\right) = \lim_n \mu^*(D_n),$$

$$\mu^*\left(\left(\bigcup_n D_n\right)^c\right) \leq \mu^*(D_m^c),$$

para todo $m \in \mathbb{N}$. Lo anterior implica que

$$\mu^*\left(\bigcup_n D_n\right) + \mu^*\left(\left(\bigcup_n D_n\right)^c\right) \leq \mu(\Omega),$$

y como (bb) implica también la desigualdad contraria, obtenemos finalmente que $\bigcup_n D_n \in \mathcal{D}$.

El argumento anterior basta para probar a la vez que $\mathcal{D}$ es una tribu y que μ^* restringido a esta tribu es una medida.

Como $\mathcal{A} \subset \mathcal{D}$, resulta que $\sigma(\mathcal{A}) \subset \mathcal{D}$. Además, si N es un conjunto despreciable para la medida $\mu^*|_{\mathcal{D}}$, es decir si existe $D \in \mathcal{D}$, tal que $N \subset D$ y $\mu^*(D) = 0$, entonces $\mu^*(N) + \mu^*(N^c) \leq 0 + \mu(\Omega) = \mu(\Omega)$. La propiedad (bb) implica por otra parte la desigualdad contraria, de modo que $N \in \mathcal{D}$: $\mathcal{D}$ es una tribu completa pues contiene a los conjuntos μ^*-despreciables.

La Proposición queda entonces completamente demostrada definiendo como extensión de μ (con el mismo símbolo):

$$\mu(A) := \mu^*(A), \ (A \in \sigma(\mathcal{S})).$$

La aproximación de la medida de un elemento de la tribu por aquéllas de elementos de $\mathcal{S}$ es una simple consecuencia de la definición de la extensión mediante las medidas exteriores.

$\odot$

OBSERVACIÓN 3.5. El resultado anterior es también válido para μ $\sigma-$finita. Si $\Omega = \sum_p \Omega_p$, donde los conjuntos $\Omega_p \in \mathcal{S}$ (ó $\Omega_p \in \mathcal{A}$ según el caso) de modo que $\mu(\Omega_p) < \infty$ para todo p, entonces se puede definir:

$$(3.11) \qquad \mu_p(A) = \mu(A \cap \Omega_p), \ (A \in \mathcal{S}, \ p \in \mathbb{N}).$$

A las funciones μ_p se puede aplicar la proposición anterior, se encuentra una extensión única para cada una de ellas que denotamos de la misma manera; luego se fabrica una extensión de μ considerando $\sum_p \mu_p$. Esta es la única extensión posible, como consecuencia del lema 3.1.

Si no se tiene la condición de $\sigma-$aditividad, entonces el procedimiento seguido para construir una extensión sólo se puede aplicar a conjuntos con medida finita y el lema de unicidad no es más válido.

Se completa así la prueba de la forma más general del Teorema de Carathéodory 3.1 enunciado en la sección anterior.

5. Comentarios

La construcción de la integral fue abordada por Lebesgue partiendo de la idea básica de reemplazar funciones escalonadas por funciones simples. Es decir, en vez de definir particiones en el eje de las abscisas, consideró una partición en el eje de las ordenadas de una función real, lo que le obligó a introducir la medida de conjuntos de abscisas para calcular las áreas elementales. Inauguró así la Teoría de la Medida. El Teorema de Carathéodory vino a permitir la definición más general de medida, y representa uno de los resultados claves de la teoría. En el capítulo siguiente veremos la construcción general de la integral en este contexto más general, que incluye por supuesto, la integral original de Lebesgue.

6. Ejercicios propuestos

1. Sea X un conjunto infinito numerable. Se define $\mu : p(X) \to \overline{\mathbb{R}}_+$ por la expresión:

$$(3.12) \qquad \mu(A) = \begin{cases} 0 & \text{si } A \text{ es finito} \\ +\infty & \text{si } A \text{ es infinito.} \end{cases}$$

   a) Probar que μ es aditiva finita, pero no σ–aditiva.

   b) Probar que X es límite creciente de una sucesión $(A_n)_n$ de partes de X que verifican

   $$\mu(A_n) = 0 \text{ para todo } n \geq 1.$$

2. Sea $(X, \mathcal{X})$ un espacio medible y μ una función aditiva de $\mathcal{X}$ en $\overline{\mathbb{R}}_+$.

   a) Probar que μ es medida si y sólo si para toda sucesión creciente $(A_n)_n \subset \mathcal{X}$, se tiene

   $$\mu(\lim_n \uparrow A_n) = \lim_n \uparrow \mu(A_n).$$

   b) Suponer μ finita. Probar que μ es medida si y sólo si para toda sucesión decreciente $(A_n)_n \subset \mathcal{X}$ se tiene,

   $$\mu(\lim_n \downarrow A_n) = \lim_n \downarrow \mu(A_n).$$

c) Si μ no es finita, dar un ejemplo de sucesión decreciente $(A_n)_n \subset \mathcal{X}$ tal que

$$\mu(\lim_n \downarrow A_n) \neq \lim_n \downarrow \mu(A_n).$$

3. Sea $(\Omega, \mathcal{F}, \mu)$ un espacio de probabilidad $(\mu(\Omega) = 1)$. Sea M una parte de Ω tal que para todo $C \in \mathcal{F}$ se tenga:

- Si $C \subset M$ entonces $\mu(C) = 0$;
- Si $C \supset M$ entonces $\mu(C) = 1$.

a) Probar que M no es medible.

b) Sea $\mathcal{F}_M = \{B \cap M : B \in \mathcal{F}\}$. Probar que $\mathcal{F}_M$ es tribu.

c) Probar que : $\mu_M(B \cap M) = \mu(B)$ define sin ambigüedad una medida sobre $\mathcal{F}_M$. ¿Qué puede decir de las propiedades de μ_M?

4. Sea $(\Omega.\mathcal{F}, \mu)$ un espacio de medida. Consideramos una sucesión $(A_n : n \in \mathbb{N})$ de elementos de $\mathcal{F}$ que verifican la condición:

(3.13)
$$\sum_{n \geq 0} \mu(A_n) = a < \infty.$$

a) Probar que casi todos los elementos de Ω no pueden pertenecer más que a un número finito de conjuntos A_n, vale decir,

(3.14)
$$\mu(\limsup_n A_n) = 0.$$

Para todo natural $k \geq 1$ se define G_k como el conjunto de los $\omega \in \Omega$ que pertenecen a A_n para al menos k valores de n.

b) Probar que G_k es un conjunto medible y que satisface la desigualdad:

(3.15)
$$\mu(G_k) \leq \frac{a}{k}.$$

c) Deducir de la pregunta 4*b* una nueva demostración de (3.14).

5. En este problema estudiaremos la existencia de conjuntos que no son Lebesgue–medibles.

Sobre $\mathbb{R}$ se define la relación de equivalencia $\cong$ definida por

(3.16)
$$a \cong y \text{ si y sólo si } x - y \in \mathbb{Q}.$$

a) Probar que se puede encontrar en $[0,1]$ un conjunto A tal que todo punto de $\mathbb{R}$ sea equivalente a un punto de A y sólo uno. (Utilizar el Axioma de selección).

b) Probar que para cualquier par de racionales (u,v) diferentes, se tiene:

$$(3.17) \qquad (A+u) \cap (A+v) = \varnothing.$$

c) Probar que si A es medible, $A+u$ $(u \in \mathbb{Q})$ también lo es y se tiene $\lambda(A+u) = \lambda(A)$.

d) Suponiendo A medible, determinar, en función de la medida de A, la medida del conjunto:

$$(3.18) \qquad B = \bigcup_{u \in \mathbb{Q} \cap [-1,1]} (A+u).$$

e) Llegar a una contradicción notando que:

$$(3.19) \qquad [0,1] \subset B \subset [-1,2].$$

f) De la misma manera, probar que A no es Lebesgue–medible.

g) Establecer la propiedad siguiente:

Todo conjunto Lebesgue–medible, de medida estrictamente positiva, contiene un subconjunto que no es Lebesgue–medible.

h) En este problema construiremos un ejemplo de conjunto *no boreliano* que pertenece a la tribu de Lebesgue. Para este efecto se admitirá el resultado siguiente:

Designamos por K el conjunto de Cantor en $[0,1]$ y llamamos f la función singular de Lebesgue. Recordemos que esta función continua crece estrictamente sobre un conjunto de medida nula y es constante en el complemento de ese conjunto. Definimos una aplicación $\phi : [0,1] \to [0,2]$ por la expresión:

$$(3.20) \qquad \phi(x) = x + f(x),$$

para cada $x \in [0,1]$.

1) Demostrar que ϕ es estrictamente creciente sobre $[0,1]$ y que es además un homeomorfismo del espacio topológico $[0,1]$ sobre el espacio topológico $[0,2]$.

2) Probar que cada intervalo retirado de $[0,1]$ para construir K es transportado por ϕ a $[0,2]$ en un intervalo de igual longitud. Deducir que la medida de Lebesgue de $\phi(K)$ es igual a 1.

   La función ϕ es entonces un ejemplo de aplicación que transforma un conjunto de medida nula en un conjunto de medida positiva.

3) Sea D un conjunto no medible–Lebesgue, contenido en $\phi(K)$. Probar que $\phi^{-1}(D)$ es un conjunto Lebesgue–medible, de medida nula.

4) Probar, finalmente, que $\phi^{-1}(D)$ no es boreliano.

FIGURA 1. Constantin Carathéodory, 1873 – 1950

Capítulo 4

Definición de la integral y propiedades elementales

A lo largo de este capítulo supondremos dado un espacio de medida $(\Omega, \mathcal{F}, \mu)$ cualquiera. Dado un elemento $A \in \mathcal{F}$, él puede ser asociado biunívocamente con una función a valores en $\{0,1\}$, a saber, la función característica 1_A. Y la medida $\mu(A)$ puede ser considerada como el valor de la integral de 1_A con respecto a μ. Es la idea esencial que maduró lentamente a través de siglos para unir y extender el estudio del cálculo de áreas de figuras planas, la suma de series, la integral de Riemann. En el capítulo anterior usamos un método de construcción gradual de la medida, partiendo de funciones de conjunto definidas sobre semi-álgebras y extendiéndola luego a la tribu generada. Asimismo, ahora comenzaremos por definir la integral para una clase de funciones fáciles de manejar (las funciones simples) y luego nos concentraremos en su extensión a una clase más vasta.

1. La Integral de una Función Simple

Introduzcamos algunas notaciones adicionales sobre conjuntos y espacios de funciones. Si $f : \Omega \to \mathbb{R}$ y es $\mathcal{F}$–medible, escribimos: $f \in \mathcal{F}$ o bien $f \in \mathcal{L}(\Omega, \mathcal{F}, \mu)$. $\mathcal{L}(\Omega, \mathcal{F}, \mu)$ tiene estructura de espacio vectorial real. El conjunto de las funciones escalonadas introducido en el capítulo 2 se designa siempre por $\mathcal{E}(\mathcal{F})$; la familia de sus elementos positivos es $\mathcal{E}^+(\mathcal{F})$. Además

$$\mathcal{F}^+ \;:=\; \{f \in \mathcal{F} : f \geq 0\} = \mathcal{L}^+(\Omega, \mathcal{F}, \mu)$$

$$\mathcal{F}^- \;:=\; \{f \in \mathcal{F} : f \leq 0\} = \mathcal{L}^-(\Omega, \mathcal{F}, \mu)$$

$$\mathcal{F}_b \;:=\; \{f \in \mathcal{F} : f \text{ es acotada }\} = \mathcal{L}_b(\Omega, \mathcal{F}, \mu)$$

Definimos finalmente, $L(\Omega, \mathcal{F}, \mu) := \mathcal{L}(\Omega, \mathcal{F}, \mu)/\doteq$, donde $\doteq$ denota la igualdad μ–c.t.p. Es decir, $L(\Omega, \mathcal{F}, \mu)$, designa el espacio vectorial de todas las clases de equivalencia de funciones medibles para la relación de equivalencia de la igualdad μ–casi en todas partes.

Comenzamos analizando la convergencia μ–c.t.p. sobre $L(\Omega, \mathcal{F}, \mu)$ en la proposición siguiente.

> **PROPOSICIÓN 4.1.** *Sea $(u_n)_{n\in\mathbb{N}}$ una sucesión de elementos del espacio $L(\Omega, \mathcal{F}, \mu)$ que converge μ–casi en todas partes hacia u.*
>
> *Entonces existen $f, f_n \in \mathcal{L}(\Omega, \mathcal{F}, \mu)$, $(n \in \mathbb{N})$, tales que $f_n \in u_n$; $f \in u$ y $(f_n)_{n\in\mathbb{N}}$ converge hacia f, μ–c.t.p.*

Demostración. Basta ver que, por definición, existe $f_n \in \mathcal{L}(\Omega, \mathcal{F}, \mu)$ tal que $f_n \in u_n$, $(n \in \mathbb{N})$.

Por hipótesis existe $D_1 \in \mathcal{D}_\mu$ tal que la sucesión de representantes (f_n) converge simplemente fuera de D_1, hacia una cierta función g. Como D_1 es despreciable, existe $F \in \mathcal{F} \cap \mathcal{D}_\mu$ tal que $D_1 \subset F$. Sea $f = g1_{F^c} + c1_F$ donde c es una constante arbitraria. Es claro que $f \doteq g$ y su clase de equivalencia en $L(\Omega, \mathcal{F}, \mu)$ es límite μ–c.t.p. de las clases (u_n), luego coincide con u. En consecuencia, $f \doteq u$ y $f_n \overset{\mu-c.t.p.}{\longrightarrow} f$.

La proposición siguiente nos permite definir la integral de una función simple positiva.

> **PROPOSICIÓN 4.2.** *Sea $f = \sum_{i\in I} a_i 1_{A_i}$ una función simple positiva, $\mathcal{F}$–medible, donde I es un conjunto finito cualquiera. Entonces la expresión*
>
> $$(4.1) \qquad \sum_{i\in I} a_i \mu(A_i),$$
>
> *no depende de la descomposición de f.*

Definimos entonces la *integral de f con respecto a μ*, como la suma (4.1) y la denotamos $\int_\Omega f d\mu$.

Demostración. Supongamos que $\sum_{j\in J} b_j 1_{B_j}$ sea otra descomposición de f. Entonces,

$$
\begin{aligned}
\sum_{i\in I} a_i \mu(A_i) &= \sum_{(i,j)\in I\times J} a_i \mu(A_i \cap B_j) \\
&= \sum_{(i,j)\in I\times J} b_j \mu(A_i \cap B_j) \\
&= \sum_{j\in J} b_j \mu(B_j).
\end{aligned}
$$

☺

Notaciones. Otras notaciones usadas para la integral:

$$
\int f d\mu = \int_\Omega f(\omega) d\mu(\omega) = \mu(f) = \langle \mu, f \rangle.
$$

Si $B \in \mathcal{F}$, entonces la integral sobre B es

$$
\int_B f d\mu := \int_\Omega f 1_B d\mu.
$$

DEFINICIÓN 4.1. Si f es una función simple no necesariamente positiva, podemos extender la definición anterior aprovechando la descomposición $f = f^+ - f^-$. Sin embargo, debemos tomar la precaución de evitar la indefinición que se generaría en el caso de tener $\int f^+ d\mu = \int f^- d\mu = +\infty$. Por tal motivo, diremos que $f \in \mathcal{E}(\mathcal{F})$ es *semi–integrable* si $\text{ínf}(\int f^+ d\mu, \int f^- d\mu) < \infty$ y en ese caso definimos

$$
(4.2) \qquad \int f d\mu := \int f^+ d\mu - \int f^- d\mu.
$$

Si $\sup(\int f^+ d\mu, \int f^- d\mu) < \infty$, decimos que f es *integrable*. La condición de integrabilidad es equivalente a exigir que $\int |f| d\mu$ sea finita. Esta propiedad es consecuencia de la siguiente proposición elememental cuya demostración se deja como ejercicio al lector.

PROPOSICIÓN 4.3. *Sean $f, g \in \mathcal{E}^+(\mathcal{F})$ y $a, b \in \overline{\mathbb{R}}_+$, entonces*

$$
(4.3) \qquad \int_\Omega (af + bg) d\mu = a \int_\Omega f d\mu + b \int_\Omega g d\mu.
$$

Además, si $f \le g$, entonces $\int f d\mu \le \int g d\mu$. (Vale decir, la integral es una forma lineal creciente sobre el cono $\mathcal{E}^+(\mathcal{F})$).

> COROLARIO 4.1. *El conjunto de las funciones simples integrables es un espacio vectorial sobre $\mathbb{R}$ y la integral es una forma lineal creciente sobre él.*

2. Integral de funciones medibles positivas

Recordemos que cada función $f \in \mathcal{F}^+$ es límite de una sucesión creciente de funciones simples. Nuestro propósito es definir $\int f d\mu$ como límite de la sucesión $(\int f_n d\mu)_n$, pero para ello necesitamos probar que la expresión límite que se obtiene no depende de la sucesión $(f_n)_n$ escogida para aproximar f. Es el propósito del siguiente lema.

> LEMA 4.1. *Sea $(f_n)_n \subset \mathcal{E}^+(\mathcal{F})$ tal que $f_n \uparrow f$, si $n \to \infty$, para una función $f \in \mathcal{F}^+$ dada. Si $g \in \mathcal{E}^+(\mathcal{F})$ es tal que $f \geq g$, entonces:*
>
> $$(4.4) \qquad \lim_n \int f_n d\mu \geq \int g d\mu.$$

Demostración. Demostraremos la propiedad en cuatro etapas. Para esto sean

$$m := \inf g \quad M := \sup g,$$

que siempre existen en $\overline{\mathbb{R}}_+$.

Primer caso: suponemos $m > 0$, $M < \infty$ y $\mu(\Omega) < \infty$. Sea $0 < \epsilon < m$; definimos

$$(4.5) \qquad A_n := \{f_n \geq g - \epsilon\}, \quad (n \in \mathbb{N}).$$

La sucesión $(A_n)_n$ crece hacia Ω en virtud de las hipótesis del lema. En consecuencia:

$$(4.6) \qquad \int f_n d\mu \geq \int f_n 1_{A_n} d\mu \geq \int_{A_n} (g - \epsilon) d\mu.$$

Pero,

$$\begin{aligned}
\int_{A_n} (g - \epsilon) d\mu &= \int_\Omega g d\mu - \int_{A_n^c} g d\mu - \int_{A_n} \epsilon d\mu \\
&\geq \int_\Omega g d\mu - M\mu(A_n^c) - \epsilon\mu(A_n).
\end{aligned}$$

Luego,

$$\text{(4.7)} \qquad \lim_n \int f_n d\mu \geq \int g d\mu - \epsilon\mu(\Omega),$$

y como ϵ es arbitrario, se tiene la desigualdad buscada.

Segundo caso: Supongamos $m > 0$, $M < \infty$ y $\mu(\Omega) = \infty$.

En este caso, como $m\mu(\Omega) \leq \int g d\mu \leq M\mu(\Omega)$, se tiene $\int g d\mu = \infty$.

Ahora bien,

$$\text{(4.8)} \qquad \int f_n d\mu \geq \int_{A_n} (g - \epsilon)d\mu \geq (m - \epsilon)\mu(A_n).$$

Pero, $\mu(A_n) \uparrow \mu(\Omega) = \infty$, luego

$$\text{(4.9)} \qquad \lim_n \int f_n d\mu = \infty = \int g d\mu.$$

Tercer caso: Suponemos $m > 0$. Definamos:

$$\text{(4.10)} \qquad g_r := g 1_{\{g<\infty\}} + r 1_{\{g=\infty\}} \quad (r \in \mathbb{R}_+).$$

Es claro que cada $g_r \in \mathcal{E}^+(\mathcal{F})$ y que $g_r \uparrow g$ si $r \to \infty$.

Tenemos, para cada $r \in \mathbb{R}_+$,

$$\text{(4.11)} \qquad f \geq g_r \quad \text{y} \quad \sup g_r < \infty,$$

luego, por el segundo caso estudiado, se tiene:

$$\text{(4.12)} \qquad \lim_n \int f_n d\mu \geq \int g_r d\mu \quad (r \geq 0).$$

Pero,

$$\text{(4.13)} \qquad \int g_r d\mu = \int_{\{g<\infty\}} g\,d\mu + r\mu(\{g = \infty\})).$$

Dado que (4.12) se verifica para todo $r \geq 0$, pasamos al límite en r y se tiene en $\overline{\mathbb{R}}$,

$$\lim_n \int f_n d\mu \geq \int_{\{g<\infty\}} g d\mu + \infty\mu(\{g = \infty\}).$$

Luego,

$$\text{(4.14)} \qquad \lim_n \int f_n d\mu \geq \int g d\mu.$$

Cuarto caso: En el caso general introducimos:

$$
\begin{aligned}
\Omega' &:= \{g > \epsilon\} \qquad (\epsilon > 0 \text{ arbitrario})\\[4pt]
f_n' &:= f_n|_{\Omega'}\\[4pt]
g' &:= g|_{\Omega'}\\[4pt]
\mathcal{F}' &:= \mathcal{F} \cap \Omega'\\[4pt]
\mu' &:= \mu|_{\mathcal{F}'}.
\end{aligned}
$$

Sobre $(\Omega', \mathcal{F}', \mu')$ el lema ya está demostrado. Pero,

$$
\lim_n \int_\Omega f_n d\mu \geq \lim_n \int_{\Omega'} f_n' d\mu \geq \int_{\Omega'} g' d\mu = \int_{\Omega'} g d\mu.
$$

Vale decir

$$
\lim_n \int_\Omega f_n d\mu \geq \int_\Omega g d\mu - \epsilon\mu(\Omega'^c)
$$

Haciendo tender ϵ a cero, obtenemos entonces la desigualdad buscada, observando que si g no es idénticamente nula, entonces existe algún $\epsilon_0 > 0$ tal que $\mu(\{g \leq \epsilon_0\})$ sea finita (incluso nula) ya que g es simple. Obviamente, si g es idénticamente nula, la argumentación es innecesaria puesto que en ese caso la desigualdad del lema se verifica trivialmente.

☺

OBSERVACIÓN 4.1. La proposición anterior implica que si tomamos dos distintas sucesiones $(f_n)_n$ y $(g_n)_n$ de funciones simples positivas, crecientes, cuyo límite sea $f \in \mathcal{F}^+$, entonces

$$
(4.15) \qquad \lim_n \int f_n d\mu = \lim_n \int g_n d\mu.
$$

En efecto, para todo $k \in \mathbb{N}$, $f \geq g_k$, (respectivamente, para todo $m \in \mathbb{N}$, $f \geq f_m$). El Lema 4.1 implica entonces

$$
(4.16) \qquad \lim_n \int f_n d\mu \geq \int g_k d\mu \ (k \in \mathbb{N}),
$$

(respectivamente, $\lim_n g_n d\mu \geq \int f_m d\mu \ (m \in \mathbb{N})$).

Pasando al límite en k y m, se obtiene la igualdad postulada.

DEFINICIÓN 4.2. Dada una función f medible positiva, se define su *integral con respecto a μ* mediante la expresión,

$$(4.17) \qquad \int f d\mu := \lim_n \int f_n d\mu,$$

donde la sucesión $(f_n)_n$ es cualquiera de las sucesiones crecientes de elementos de $\mathcal{E}^+(\mathcal{F})$ cuyo límite sea f.

Dada una parte $A \in \mathcal{F}$, la integral sobre A se define como

$$(4.18) \qquad \int_A f d\mu := \int f 1_A d\mu.$$

Extendemos a este caso todas las notaciones introducidas en el caso de funciones simples.

PROPOSICIÓN 4.4. *La integral de funciones medibles positivas es una forma lineal creciente sobre $\mathcal{F}^+$.*

Demostración. Sean $f, g \in \mathcal{F}^+$ y consideremos dos sucesiones de funciones simples positivas $(f_n)_n$, $(g_n)_n$ tales que $f_n \uparrow f$ y $g_n \uparrow g$ si $n \to \infty$.

Dados $\alpha, \beta \in \mathbb{R}_+$, $\alpha f_n + \beta g_n$ es una función simple para cada n; más aún, esta sucesión de funciones converge a $\alpha f + \beta g$.

La linealidad del paso al límite y de la integral sobre $\mathcal{E}^+(\mathcal{F})$, permiten obtener:

$$(4.19) \qquad \int (\alpha f + \beta g) d\mu = \alpha \int f d\mu + \beta \int g d\mu.$$

Por otra parte, si $f \geq g$, entonces $f \geq g_n$ para todo n. Luego

$$\lim_n \int f_n d\mu \geq \lim_n \int g_n d\mu,$$

$$(4.20) \qquad \int f d\mu \geq \int g d\mu.$$

3. Definición general de la integral

DEFINICIÓN 4.3. Dada una función medible numérica f, diremos que ella es *integrable con respecto a μ* si $\sup(\int f^+ d\mu, \int f^- d\mu) < \infty$. Diremos que

f es *semi–integrable* si sólo cumple $\inf(\int f^+ d\mu, \int f^- d\mu) < \infty$. En cualquiera de estos dos casos se define la integral de f mediante la expresión

$$(4.21) \qquad \int_\Omega f d\mu := \int_\Omega f^+ d\mu - \int_\Omega f^- d\mu$$

El conjunto de todas las funciones integrables con respecto a μ se designa por el símbolo $\mathcal{L}^1(\Omega, \mathcal{F}, \mu)$ o simplemente $\mathcal{L}^1$ cuando el espacio $(\Omega, \mathcal{F}, \mu)$ sea claramente determinado.

PROPOSICIÓN 4.5. *$\mathcal{L}^1$ es un espacio vectorial real y la integral es una forma lineal creciente sobre él.*

Demostración. Sean $f, g \in \mathcal{L}^1$, entonces:

$$f + g = (f+g)^+ - (f+g)^-$$

$$f^+ - f^- + g^+ - g^- = (f+g)^+ - (f+g)^-.$$

$$\int f d\mu = \int f^+ d\mu - \int f^- d\mu$$

$$\int g d\mu = \int g^+ d\mu - \int g^- d\mu,$$

$$\int (f+g) d\mu = \int (f+g)^+ d\mu - \int (f+g)^- d\mu,$$

$$\int f^+ d\mu + \int g^+ d\mu + \int (f+g)^- d\mu = \int (f+g)^+ d\mu - \int f^- d\mu + \int g^- d\mu.$$

Luego $\int (f+g)^+ d\mu < \infty$ si y sólo si $\int (f+g)^- d\mu < \infty$, pero como $(f+g)^+ \leq f^+ + g^+$, resulta que $\int (f+g)^+ d\mu$ e $\int (f+g)^- d\mu$ son finitas.

Por lo tanto, $\mathcal{L}^1$ es cerrado para la suma, y además:

$$(4.22) \qquad \int (f+g) d\mu = \int f d\mu + \int g d\mu.$$

Por otra parte,

$$\text{Si } \alpha \in \mathbb{R} \quad : \quad \alpha f = (\alpha f)^+ - (\alpha f)^-$$

$$\text{Si } \alpha \geq 0 \quad : \quad \alpha f = \alpha f^+ - \alpha f^- \in \mathcal{L}^1$$

$$\text{Si } \alpha < 0 \quad : \quad \alpha f = \alpha f^- - \alpha f^+ \in \mathcal{L}^1.$$

En consecuencia, $\mathcal{L}^1$ es espacio vectorial, y se tiene que:

$$(4.23) \qquad \int \alpha f d\mu = \alpha \int f d\mu.$$

Finalmente, si $f \geq 0$ entonces $f^- = 0$ y $\int f d\mu = \int f^+ d\mu \geq 0$, lo que prueba que la integral es positiva y como es forma lineal esto equivale a que sea creciente sobre $\mathcal{L}^1$.

PROPOSICIÓN 4.6. *Sea f una función numérica medible. Entonces:*

1. *$f \in \mathcal{L}^1$ si y sólo si $\int_\Omega |f| d\mu < \infty$.*

2. *Si $g \in \mathcal{L}^1$ es tal que $f \doteq g$ entonces $f \in \mathcal{L}^1$ y $\int f d\mu = \int g d\mu$.*

3. *Si $g \in \mathcal{L}^1$ es una función positiva y $|f| \leq g$ μ–c.t.p., entonces $f \in \mathcal{L}^1$.*

4. *Si $f \in \mathcal{L}^1$, entonces f es finita μ–c.t.p.*

Demostración.

1. Que f pertenezca a $\mathcal{L}^1$, equivale a tener $\int f^+ d\mu < \infty$, $\int f^- d\mu < \infty$, vale decir, $\int (f^+ f^-) d\mu < \infty$, pero esta última expresión corresponde a $\int |f| d\mu < \infty$.

2. Demostremos, en forma equivalente, que si h es una función medible nula μ–c.t.p., entonces su integral es cero. Para esto basta tomar $h \geq 0$, $h \doteq 0$, entonces

$$h \leq \infty 1_{\{h>0\}}, \quad \mu(\{h > 0\}) = 0$$

   Luego, según la convención adoptada para el producto $0 \cdot \infty$ en $\overline{\mathbb{R}}$, se tiene

$$\int h d\mu \leq \infty \mu(\{h > 0\}) = \infty \cdot 0 = 0.$$

3. Observar que la hipótesis supuesta implica:

$$\begin{aligned}
\int |f| d\mu &= \int_{\{|f| \leq g\}} |f| d\mu + \int_{\{|f| > g\}} |f| d\mu \\
&\leq \int_{\{|f| \leq g\}} |f| d\mu + 0 \\
&\leq \int g d\mu \\
&< \infty.
\end{aligned}$$

4. Finalmente, $|f| \geq |f| 1_{\{|f|=\infty\}} = \infty 1_{\{|f|=\infty\}}$, y $\int |f| d\mu \geq \infty \mu(\{|f| = \infty\})$.

Pero si $\int |f| d\mu < \infty$, la única posibilidad para que el producto $\infty \mu(\{|f| = \infty\})$ sea finito es que $\mu(\{|f| = \infty\}) = 0$. Luego, $|f| < \infty$, μ–c.t.p.

😊

PROPOSICIÓN 4.7. *Sean $A, B \in \mathcal{F}$, $A \cap B = \phi$ y sea f una función numérica medible tal que $f 1_{A+B} \in \mathcal{L}^1$. Entonces $f 1_A$, $f 1_B \in \mathcal{L}^1$ y se tiene:*

$$(4.24) \qquad \int_{A+B} f d\mu = \int_A f d\mu + \int_B f d\mu$$

La demostración se deja como ejercicio al lector.

PROPOSICIÓN 4.8. *Sea f una función numérica integrable tal que para todo $F \in \mathcal{F}$ verifique*

$$(4.25) \qquad \int_F f d\mu \geq 0$$

Entonces f es positiva μ–c.t.p.

Demostración.   Consideramos los conjuntos $A = \{f < 0\}$ y $A_n := \{f < -1/n\}$ $n \in \mathbb{N}^*$. Entonces,

$$0 \leq \int_{A_n} f d\mu \leq -1/n \mu(A_n)$$

De aquí deducimos que necesariamente $\mu(A_n) = 0$ para cada $n \geq 1$, pero $A_n \uparrow A$, luego $\mu(A) = 0$.

😊

COROLARIO 4.2. *Si $f \in \mathcal{L}^1$ es tal que $\int_F f d\mu = 0$ para todo $F \in \mathcal{F}$, entonces f es nula μ–c.t.p.*

Demostración.   Basta aplicar la proposición anterior a f y $-f$.

😊

DEFINICIÓN 4.4. Una función $f : \Omega \to \overline{\mathbb{R}}$ es *despreciable* (relativamente a μ) si $\{x : f(x) \neq 0\}$ es un conjunto despreciable. Escribimos $f \doteq 0$.

Llamamos $L^1 = L^1(\Omega, \mathcal{F}, \mu)$ al conjunto de las clases de equivalencia de funciones de $\mathcal{L}^1$ para la relación de igualdad μ–c.t.p. Vale decir, la clase de $h \in \mathcal{L}^1$ está constituida por todas las funciones g tales que $h - g$ sea despreciable.

Dada una clase $f \in \mathcal{L}^1$ se define:

$$(4.26) \qquad \int_\Omega f d\mu := \int_\Omega f^\circ d\mu,$$

donde f° es cualquier representante en $\mathcal{L}^1$ de la clase f.

Esta definición tiene sentido porque para todo $h \in \mathcal{L}^1$ despreciable su integral es nula.

L^1 resulta ser un espacio vectorial y la integral que hemos definido, una forma lineal creciente. Sobre L^1 definimos una *norma* (se estudiará en un capítulo ulterior), mediante la expresión:

$$(4.27) \qquad \|f\|_1 := \int_\Omega |f| d\mu, \qquad (f \in \mathcal{L}^1)$$

4. Integración de funciones complejas

Como se sabe, $\mathbb{C}$ es homeomorfo a $\mathbb{R}^2$, lo que determina que, en tanto espacios medibles, $(\mathbb{C}, \mathcal{B}(\mathbb{C}))$ es isomorfo a $(\mathbb{R}^2, \mathcal{B}(\mathbb{R}^2))$.

Así entonces, si $(\Omega, \mathcal{F})$ es un espacio medible cualquiera y $f : \Omega \to \mathbb{C}$ es una función compleja arbitraria, ella es medible si y sólo si su parte real $\Re f$ y su parte imaginaria $\Im f$ son funciones medibles reales.

Denotamos $\mathcal{L}_\mathbb{C}$ (ó $\mathcal{F}_\mathbb{C}$) el conjunto de las funciones medibles con valores complejos.

DEFINICIÓN 4.5. Decimos que una función $f : \Omega \to \mathbb{C}$ es *μ–integrable* o *integrable* si $\Re f$ e $\Im f$ pertenecen a $\mathcal{L}^1$; en forma equivalente, si $|f|$ es una función real integrable, y definimos

$$(4.28) \qquad \int_\Omega f d\mu := \int_\Omega \Re f d\mu + i \int_\Omega \Im f d\mu,$$

$$(4.29) \qquad \int_F f d\mu := \int_\Omega f 1_F d\mu \qquad \text{(para todo } F \in \mathcal{F}).$$

Llamamos $\mathcal{L}_\mathbb{C}^1 = \mathcal{L}_\mathbb{C}^1(\Omega, \mathcal{F}, \mu)$ al conjunto de las funciones μ–integrables con valores complejos.

PROPOSICIÓN 4.9. *$\mathcal{L}_\mathbb{C}^1$ es un espacio vectorial sobre el cuerpo $\mathbb{C}$ y la integral es una forma lineal sobre él.*

Se deja la demostración como un ejercicio para el lector.

> **LEMA 4.2.** *Sea D un convexo cerrado contenido en $\mathbb{C}$, y $f \in \mathcal{L}^1_{\mathbb{C}}$.*
> *Tomamos $F := f^{-1}(D)$. Si $0 < \mu(F) < \infty$ entonces:*
> $$\frac{1}{\mu(F)} \int_F f\,d\mu \in D$$

Demostración.

Primero consideramos una función simple con valores complejos, $f = \sum_{i \in I} a_i 1_{A_i}$, I finito, $a_i \in \mathbb{C}$, $A_i \in \mathcal{F}$, para todo $i \in I$.

Entonces:

$$\int_F f\,d\mu \;=\; \sum_{i \in I} a_i \mu(A_i \cap F)$$

$$\frac{1}{\mu(F)} \int_F f\,d\mu \;=\; \sum_{i \in I} a_i \frac{\mu(A_i \cap F)}{\mu(F)}$$

Llamando $\lambda_i = \frac{\mu(A_i \cap F)}{\mu(F)} \geq 0$, $(i \in I)$, se observa que $\sum_i \lambda_i = 1$ y $\sum_i a_i \lambda_i \in D$ porque D es convexo.

En segundo lugar, sea $f \in \mathcal{L}^1_{\mathbb{C}}$ tal que $\Im f$ y $\Re f \geq 0$. Entonces es posible elegir una sucesión $(f_n)_n$ de funciones simples con valores complejos tal que $\Re f_n \uparrow \Re f$, $\Im f_n \uparrow \Im f$. Entonces por definición de la integral se cumple:

$$(4.30) \qquad \frac{1}{\mu(F)} \int_F f_n d\mu \to \frac{1}{\mu(F)} \int_F f\,d\mu, \text{ si } n \to \infty.$$

Y como $\frac{1}{\mu(F)} \int_F f_n d\mu \in D$ para cada n y D es cerrado, se tiene $\frac{1}{\mu(F)} \int_F f\,d\mu \in D$.

Para el caso general, se debe descomponer las partes real e imaginaria en las respectivas partes positivas y negativas, usando luego el caso anterior... Se deja la redacción como ejercicio al lector.

> **PROPOSICIÓN 4.10.** *Sea $(\Omega, \mathcal{F}, \mu)$ un espacio de medida σ–finita y $h \in \mathcal{L}^1_{\mathbb{C}}$.*
>
> *Si para todo $F \in \mathcal{F}$*
> $$\left| \int_F h\,d\mu \right| \leq \mu(F),$$
> *entonces $|h| \leq 1$, μ–c.t.p.*

Demostración.

Sea D un disco cerrado de $\mathbb{C}$ tal que $D \cap U = \varnothing$, donde U es el disco unitario de $\mathbb{C}$.

Sea $F := h^{-1}(D)$. Si $\mu(F) > 0$, entonces según el lema anterior, se tendría también $\frac{1}{\mu(F)} \int_F h d\mu \in D$, de donde:

$$\frac{1}{\mu(F)} \left| \int_F h d\mu \right| > 1,$$

lo que contradice la hipótesis.

En consecuencia, $\mu(h^{-1}(D)) = 0$ para todo disco D cerrado que no contenga a U.

Como U^c es reunión numerable de discos D del tipo anterior, resulta

$$\mu(\{|h| > 1\}) = 0$$

OBSERVACIÓN 4.2. La proposición recíproca de la anterior es válida en forma evidente a partir de la desigualdad:

$$(4.31) \qquad \left| \int h d\mu \right| \leq \int |h| d\mu \quad (h \in \mathcal{L}^1_{\mathbb{C}}),$$

que resulta directamente de la definición de la integral.

Notación. Denotaremos $L^1_{\mathbb{C}}(\Omega, \mathcal{F}, \mu)$ ó $L^1_{\mathbb{C}}$ el cuociente de $\mathcal{L}^1_{\mathbb{C}}$ por la relación de equivalencia igualdad definida por la igualdad c.t.p., que escribimos $\doteq$.

5. La integral de Lebesgue

Consideramos ahora los espacios $(\mathbb{R}, \mathcal{B}(\mathbb{R}), \lambda)$ y $(\mathbb{R}, \overline{\mathcal{B}(\mathbb{R})}^\lambda, \lambda))$, de Borel y Lebesgue, respectivamente.

DEFINICIÓN 4.6. Una función real f $\mathcal{B}(\mathbb{R})$–medible (respectivamente $\overline{\mathcal{B}(\mathbb{R})}^\lambda$–medible) es *integrable en el sentido de Lebesgue* si $f \in \mathcal{L}^1(\mathbb{R}, \mathcal{B}(\mathbb{R}), \lambda)$ (resp. $f \in \mathcal{L}^1(\mathbb{R}, \overline{\mathcal{B}(\mathbb{R})}^\lambda, \lambda))$.

Usaremos habitualmente las notaciones siguientes:

$$\int_{\mathbb{R}} f(t) dt \;=\; \int_{\mathbb{R}} f d\lambda$$

$$\int_a^b f(t)\,dt = \begin{cases} \int_{[a,b]} f\,d\lambda & \text{si } a \le b \\[2mm] -\int_{[a,b]} f\,d\lambda & \text{si } a \ge b, \end{cases}$$

Llamamos $\mathcal{C} = \mathcal{C}(\mathbb{R})$ las funciones reales continuas de $\mathbb{R}$ en $\mathbb{R}$.

OBSERVACIÓN 4.3. Las funciones continuas son integrables sobre cada intervalo finito $[a,b] \subset \mathbb{R}$ $(a < b)$.

En efecto,

$$\int_{[a,b]} |f(t)|\,dt \le \sup_{t \in [a,b]} |f(t)| \ \ (b-a) < \infty,$$

para cada $f \in \mathcal{C}$.

DEFINICIÓN 4.7. Llamamos espacio de las *funciones localmente integrables* sobre $(\mathbb{R}, \mathcal{B}(\mathbb{R}))$ al conjunto

$$\mathcal{L}^{1,loc} := \{f \in \mathcal{L} : f|_I \in \mathcal{L}^1 \text{ para todo intervalo real finito } I\}$$

Así entonces, $\mathcal{C}(\mathbb{R}) \subset \mathcal{L}^{1,loc}$. Todo esto se extiende de manera evidente a las funciones con valores complejos.

PROPOSICIÓN 4.11. *Sea U un intervalo abierto no vacío de $\mathbb{R}$.*

Sea $f : U \to \mathbb{C}$ continua y $a \in U$. Entonces la función $F : U \to \mathbb{R}$ definida por:

(4.32)
$$F(x) := \int_a^x f(t)\,dt, \quad (x \in U),$$

es una primitiva de f y es la única que se anula en a.

Demostración. Sea $x \in U$. Sea $h \in \mathbb{R}$ con $h \ne 0$ tal que $x + h \in U$.

$$\frac{F(x+h) - F(x)}{h} = \frac{1}{h} \int_x^{x+h} f(t)\,dt$$

$$\left| \frac{F(x+h) - F(x)}{h} - f(x) \right| = \frac{1}{|h|} \left| \int_x^{x+h} [f(t) - f(x)]\,dt \right|$$

$$\le \sup_{0 \le \theta \le 1} |f(x + \theta h) - f(x)|,$$

y el segundo miembro tiende a cero si $|h| \to 0$, por continuidad de f.

Por lo tanto, la derivada de F en x existe y es igual a $f(x)$. Es claro también que $F(a) = 0$ y es la única primitiva que cumple esta propiedad.

6. Familias Sumables

DEFINICIÓN 4.8. Sea I un conjunto de índices cualquiera; ν la medida de conteo definida sobre $(I, \mathcal{P}(I))$. Una familia $u = (u_i)_{i \in I}$ de números complejos se dice *sumable* si $u \in \mathcal{L}^1_{\mathbb{C}}(I, \mathcal{P}(I), \nu)$.

Para una tal familia se define:

$$\sum_{i \in I} u_i := \int_I u \, d\nu$$

Claramente u es sumable si y sólo si $|u|$ es sumable y esto equivale a $\sum_{i \in I} \|u_i\| < \infty$, teniendo entonces la desigualdad

$$\left| \sum_{i \in I} u_i \right| \leq \sum_{i \in I} |u_i|$$

PROPOSICIÓN 4.12. *Sea* $u = (u_i)_{i \in I}$ *una familia sumable de números complejos. Entonces existe un conjunto numerable* $D \subset I$ *tal que:*

$$u_i = 0 \qquad \textit{para todo } i \in D^c.$$

Demostración. Si $v = (v_i)_{i \in I} \in \mathcal{E}^+(\mathcal{P}(I))$ la condición $\sum_{i \in I} v_i < \infty$ implica la existencia de una parte $D(v)$ finita tal que:

$$v_i = 0 \qquad \text{si } i \notin D(v)$$

Si $u \in \mathcal{L}^+(I, p(I), \nu)$ entonces existe $(v_i^n) \in \mathcal{E}^+$ tal que $v^n \uparrow u$ y para todo n, $v_i^n = 0$ si $i \neq D(v^n)$. Como $\sum_I v_i^n \uparrow \sum_I u_i < \infty$, se tiene que:

$$u_i = 0 \quad \text{si} \quad i \neq \cup_{\mathbb{N}} D(v^n).$$

Para el caso general basta descomponer $\Re f$, $\Im f$, en sus partes positivas y negativas aplicándoles lo anteriormente probado.

7. Comentarios

En este capítulo hemos visto la forma general de definir un objeto matemático que incluye los anteriores de suma, serie, cálculo de áreas, integral de Riemann e integral de Lebesgue. Las obras de Lebesgue [28], [29], [30], [31], inspiraron los progresos posteriores de la teoría durante el siglo XX. En particular, su libro [28] contiene la primera síntesis de su obra en forma de texto para la enseñanza universitaria, exponiendo sus famosos resultados sobre la convergencia de integrales, que trataremos en el próximo capítulo.

8. Ejercicios propuestos

1. Sea f una función integrable positiva definida sobre un espacio de medida $(\Omega, \mathcal{F}, \mu)$, con valores en $\overline{\mathbb{R}}$. Probar que

$$(4.33) \qquad \int_{\Omega} f d\mu = \sup\{ \int_{\Omega} \varphi d\mu : \varphi \in \mathcal{E}^+(\mathcal{F}),\ 0 \le \varphi \le f\}.$$

2. Sea $(\Omega, \mathcal{F}, \mu)$ un espacio de medida y f un elemento de $\mathcal{L}^1(\Omega, \mathcal{F}, \mu)$. Sean a, b dos números reales, E un elemento de $\mathcal{F}$ tales que $a \le f \le b$ casi en todas partes sobre E. Probar que

$$(4.34) \qquad a\mu(E) \le \int_{E} f d\mu \le b\mu(E).$$

3. Sea $(\Omega, \mathcal{F}, \mu)$ un espacio de medida y f una función numérica definida sobre Ω positiva y simple. Se considera una sucesión creciente $(\Omega_n)_n$ de subconjuntos medibles de Ω, que convergen hacia Ω.

   Probar que se tiene la igualdad siguiente en $\overline{\mathbb{R}}_+$:

$$(4.35) \qquad \int_{\Omega} f d\mu = \lim_{n} \int_{\Omega_n} f d\mu.$$

4. Sobre el espacio de medida $([0,1], \mathcal{B}([0,1]), \lambda)$, se considera la función h definida de la manera siguiente:

$$(4.36) \qquad h(x) = \begin{cases} 0 & \text{si } x \in K, \text{ conjunto de Cantor} \\ n & \text{si } x \text{ pertenece a alguno de los intervalos} \\ & \text{de longitud } 3^{-n} \text{ contenidos en } K^c. \end{cases}$$

   Probar que h es integrable y que su integral vale:

$$(4.37) \qquad \int_{[0,1]} h d\lambda = 3.$$

5. Sea $(\Omega, \mathcal{F}, \mu)$ un espacio de medida finito.

a) Sea f una función definida sobre Ω, con valores reales, positiva, acotada y medible. Denotamos:

$$\alpha = \inf_{\omega \in \Omega} f(\omega) \ , \ \beta = \sup_{\omega \in \Omega} f(\omega).$$

Sea $n \in \mathbb{N}$, $j = 1, \ldots, n-1$; definimos,

$$A_j = \{\omega \in \Omega : \alpha + \frac{(j-1)(\beta - \alpha)}{n} \le f(\omega) < \alpha + \frac{j(\beta - \alpha)}{n}\},$$

$$A_n = \{\omega \in \Omega : \alpha + \frac{(n-1)(\beta - \alpha)}{n} \le f(\omega) < \beta\}.$$

Las *sumas de Lebesgue* se definen por:

$$(4.38) \qquad S_n = \sum_{j=1}^{n} (\alpha + \frac{(j-1)(\beta - \alpha)}{n})\mu(A_j).$$

Probar que $(S_n)_n$ es una sucesión convergente de límite $\int_\Omega f d\mu$.

b) Sea f una función de Ω en $\mathbb{R}$, acotada y medible. Demostrar que la sucesión de sumas de Lebesgue definida en (4.38) es convergente de límite $\int_\Omega f d\mu$.

FIGURA 1. Henri Lebesgue, 1875 – 1941

Capítulo 5

Teoremas de Convergencia de las Integrales

Dado un espacio de medida $(\Omega, \mathcal{F}, \mu)$, nos interesamos ahora en las propiedades topológicas de la integral. Es decir, quremos saber, por ejemplo, bajo qué hipótesis de convergencia de una sucesión de funciones, sus integrales respectivas convergen. En el caso de la integral de Riemann, esa propiedad se cumple bajo una hipótesis muy fuerte sobre el tipo de convergencia requerido a la sucesión de funciones (convergencia uniforme de la sucesión). La teoría que hemos desarrollado nos permitirá debilitar ahora las hipótesis de convergencia impuestas a las sucesiones de funciones para obtener convergencia de sus integrales. Veremos, en primer lugar, el caso de las sucesiones monótonas de funciones que se integran con respecto a la medida μ.

1. Teoremas de Convergencia Monótona

> TEOREMA 5.1 (Beppo Levi). *Sea $(f_n)_n$ una sucesión de funciones medibles positivas casi en todas partes y tal que $f_n \uparrow f$ μ–c.t.p. Entonces*
>
> (5.1) $$\int f d\mu = \lim_n \uparrow \int f_n d\mu$$

Demostración. Suponemos que $f_n \geq 0$ $(n \in \mathbb{N})$ y que $f_n \uparrow f$ en todas partes, modificando, si es necesario, las funciones sobre un conjunto de medida nula.

En el caso en que las funciones f_n sean simples, el resultado enunciado equivale a la propia definición de la integral de funciones medibles positivas; en el caso general, $f_n \geq 0$ y medibles $(n \in \mathbb{N})$, para cada $n \in \mathbb{N}$ existe una sucesión $(f_{n_j})_{j \in \mathbb{N}}$ de funciones simples que crece hacia f_n.

Sea

$$(5.2) \qquad g_j := \sup(f_{11}, \ldots, f_{jj}) \in \mathcal{E}^+(\mathcal{F}) \quad (j \in \mathbb{N})$$

Se tiene,

$$f_{n,j} \leq g_j \leq f_j \quad \text{si } n \leq j$$

y entonces

$$\int f_{n,j}\, d\mu \leq \int g_j\, d\mu \leq \int f_j\, d\mu$$

Tomando el límite en j, concluimos:

$$\int f_n\, d\mu = \lim_j \int f_{n,j}\, d\mu \leq \lim_j \int g_j\, d\mu = \int f\, d\mu \leq \lim_j \int f_j\, d\mu$$

para todo $n \in \mathbb{N}$. Luego $\int f\, d\mu = \lim_n \int f_n\, d\mu$.

COROLARIO 5.1. *Si $(f_n)_n$ es una sucesión de funciones medibles, positivas μ–c.t.p., tales que $f_n \uparrow f$ μ–c.t.p. y si la sucesión $(\int f_n d\mu)_n$ es acotada, entonces f pertenece a $\mathcal{L}^1$.*

PROPOSICIÓN 5.1 (Lema de Fatou). *Sea (f_n) una sucesión de funciones medibles positivas. Entonces*

$$(5.3) \qquad \int \underline{\lim} f_n\, d\mu \leq \underline{\lim} \int f_n\, d\mu$$

Demostración. Sea $g_n := \inf_{k \geq n} f_k \geq 0 \ (n \in \mathbb{N})$. $g_n \uparrow \underline{\lim} f_n$. Aplicando el Teorema 1, se tiene:

$$(5.4) \qquad \lim \int g_n\, d\mu = \int \underline{\lim} f_n\, d\mu \, .$$

Pero,

$$(5.5) \qquad \int g_n\, d\mu \leq \inf_{k \geq n} \int f_k\, d\mu \, . \quad (n \in \mathbb{N})$$

Luego, pasando al límite en n en (5.5) y aplicando (5.4) se concluye:

$$(5.6) \qquad \int \underline{\lim} f_n\, d\mu \leq \underline{\lim} \int f_n\, d\mu \, .$$

2. El Teorema de la Convergencia Dominada de Lebesgue

> **LEMA 5.1.** *Sea (f_n) una sucesión de $\mathcal{L}^1$ y $g \in \mathcal{L}^1$.*
>
> 1. *Si $f_n \geq g$ μ–c.t.p. $(n \in \mathbb{N})$, entonces:*
>
> $$\int \underline{\lim} f_n d\mu \leq \underline{\lim} \int f_n d\mu$$
>
> 2. *Si $f_n \leq g$ μ–c.t.p. $(n \in \mathbb{N})$, entonces:*
>
> $$\int \overline{\lim} f_n d\mu \geq \overline{\lim} \int f_n d\mu$$

Demostración. Si $g \doteq 0$, el Lema coincide, en su parte (1), con el Lema de Fatou.

En el caso general, definir $h_n := f_n - g$ $(n \in \mathbb{N})$ y aplicar el Lema de Fatou para obtener la desigualdad de (1). Para (2), definir $k_n := g - f_n$ $(n \in \mathbb{N})$.

☺

> **TEOREMA 5.2 (Lebesgue).** *Sea $(f_n)_n$ una sucesión de funciones medibles, numéricas o complejas, tal que:*
>
> 1. $f_n \overset{c.t.p.}{\underset{n}{\to}} f$
> 2. $|f_n| \leq g$, μ–c.t.p., *para todo $n \in \mathbb{N}$, donde g es una función integrable positiva.*
>
> *Entonces f es integrable y*
>
> $$\int f d\mu = \lim_n \int f_n d\mu.$$

Demostración. Estudiemos el caso de funciones numéricas medibles:

$$(5.7) \qquad -g \doteq\leq f_n \doteq\leq g \quad (n \in \mathbb{N})$$

Por el Lema 5.1, se tiene

$$\int f d\mu = \int \underline{\lim} f_n d\mu \leq \underline{\lim} \int f_n d\mu \leq \overline{\lim} \int f_n d\mu \leq \int \overline{\lim} f_n d\mu = \int f d\mu$$

Claramente f es integrable puesto que $|f| \doteq\leq g$ y $g \in \mathcal{L}^1$.

Si $(f_n)_n$ es una sucesión de funciones medibles con valores complejos, basta aplicar el caso anterior a las respectivas partes reales e imaginarias.

☺

3. Integrabilidad uniforme

A lo largo de esta sección, supondremos dado $(\Omega, \mathcal{F}, \mu)$ un espacio de medida σ–finita. La propiedad de uniforme integrabilidad permite dar una versión un poco más general del Teorema de Convergencia Dominada de Lebesgue.

Sea f una función compleja integrable definida sobre $(\Omega, \mathcal{F}, \mu)$. Entonces $|f| 1_{\{|f|>c\}}$ converge en forma decreciente a 0 μ-c.t.p., si $c \uparrow \infty$, dado que $|f| < \infty$ μ-c.t.p. pues f es integrable.

DEFINICIÓN 5.1. Una familia $\mathcal{U}$ de funciones medibles con valores complejos es *uniformemente integrable* o *equi–integrable* si se cumplen las dos condiciones siguientes:

$$(5.8) \qquad \sup_{u \in \mathcal{U}} \int_{\Omega} |u| \, d\mu \;<\; \infty$$

$$(5.9) \qquad \limsup_{c \uparrow \infty} \sup_{u \in \mathcal{U}} \int_{\{|u|>c\}} |u| \, d\mu \;=\; 0.$$

OBSERVACIÓN 5.1.

1. En la definición anterior, la condición (5.9) es equivalente a la siguiente:

$$(5.10) \qquad (\forall \epsilon > 0)(\exists \delta > 0, A \in \mathcal{F}) \; \mu(A) < \delta \implies \sup_{u \in \mathcal{U}} \int_{A} |u| \, d\mu < \epsilon.$$

En efecto, supongamos primero (5.10), entonces, sea $\epsilon > 0$ y consideremos δ dado por esa condición. Para todo $c > 0$ la condición de integrabilidad (5.8) implica

$$(5.11) \qquad \sup_{u \in \mathcal{U}} \mu(\{|u| > c\}) \leq \frac{1}{c} \sup_{u \in \mathcal{U}} \int_{\Omega} |u| \, d\mu,$$

entonces basta escoger $c > 0$ tal que el segundo miembro de (5.11) sea estrictamente menor que δ y de (5.10) se deduce

$$\sup_{u \in \mathcal{U}} \int_{\{|u|>c\}} |u| \, d\mu < \epsilon,$$

de donde resulta (5.9).

Recíprocamente, sea $\epsilon > 0$. Usando (5.9) escogemos $c > 0$ tal que $\sup_{u \in \mathcal{U}} \int_{\{|u|>c\}} |u| \, d\mu < \epsilon/2$. Sea $A \in \mathcal{F}$ tal que $\mu(A) < \delta$, donde $\delta > 0$

debe ser determinado para satisfacer (5.10). Descomponemos la integral $\int_A |u|\,d\mu$ como sigue:

$$\int_A |u|\,d\mu = \int_{A\cap\{|u|>c\}} |u|\,d\mu + \int_{A\cap\{|u|\leq c\}} |u|\,d\mu$$
$$\leq \frac{\epsilon}{2} + c\delta,$$

para toda $u \in \mathcal{U}$, luego, basta escoger $\delta < \epsilon/2c$ para tener la desigualdad buscada.

2. En el caso en que $\mu(\Omega) < \infty$, $\mathcal{U}$ es una familia uniformemente integrable de funciones si y sólo si se verifica (5.9). En efecto, en ese caso, (5.8) es consecuencia de (5.9). Supongamos (5.9). Si $\epsilon > 0$ es dado, existe $c_0 \in \mathbb{R}_+$ tal que

(5.12)
$$\sup_{u\in\mathcal{U}} \int_{\{|u|>c_0)\}} |u|d\mu < \epsilon$$

luego

$$\int_\Omega |u|d\mu = \int_{\{|u|\leq c_0\}} |u|d\mu + \int_{\{|u|>c_0\}} |u|d\mu$$
$$\leq c_0\mu(\Omega) + \epsilon < \infty,$$

para toda $u \in \mathcal{U}$.

3. Si $\mathcal{U}$ es una familia de funciones medibles con valores complejos y si existe $v \in \mathcal{L}^{1+}(\Omega, \mathcal{F}, \mu)$ tal que $|u| \leq v$, μ - c.t.p., para toda $u \in \mathcal{U}$, entonces $\mathcal{U}$ es uniformemente integrable.

En efecto,

$$\sup_{u\in\mathcal{U}} \int_{\{|u|>c\}} |u|d\mu \leq \int_{\{v>c\}} vd\mu$$

Pero el segundo miembro decrece hacia cero si c crece hacia infinito puesto que por el Teorema de la Convergencia Monótona y como $v1_{\{v\leq c\}} \uparrow v$ si $c \uparrow \infty$, se tiene

$$\int_{\{v\leq c\}} vd\mu \uparrow \int_\Omega vd\mu$$

y en consecuencia,

$$\int_{\{v>c\}} vd\mu = \int vd\mu - \int_{\{v\leq c\}} vd\mu$$

tiende a 0, siendo todas las integrales finitas ya que $v \in \mathcal{L}^1$.

> **TEOREMA 5.3.** *Sea $(\Omega, \mathcal{F}, \mu)$ un espacio de medida σ-finita y $(f_n)_n$ una sucesión de funciones medibles con valores complejos, uniformemente integrable. Si $(f_n)_n$ converge μ–c.t.p. hacia f, entonces f es integrable con respecto a μ y*
>
> $$\int_\Omega f \, d\mu = \lim_n \int_\Omega f_n \, d\mu.$$

Demostración.

En primer lugar, notar que f es integrable, pues el Lema de Fatou implica

$$(5.13) \qquad \int_\Omega |f| \, d\mu \leq \liminf_n \int_\Omega |f_n| \, d\mu \leq \sup_n \int_\Omega |f_n| \, d\mu < \infty.$$

Sea $\epsilon > 0$ y fijemos $\delta > 0$, tal que si $A \in \mathcal{F}$ tiene medida $\mu(A) < \delta$ se tenga (ver (5.10))

$$(5.14) \qquad \sup_n \int_A |f_n| \, d\mu < \epsilon/2.$$

A causa de la hipótesis de convergencia c.t.p., para el valor $\delta > 0$ determinado por la uniforme integrabilidad, existe $n_0 \geq 1$ tal que el conjunto $A_n = \{|f_n| > |f|\}$ verifique $\mu(A_n) < \delta$ para todo $n \geq n_0$. Éste cumple además

$$(5.15) \qquad \begin{cases} \lim_n f_n 1_{A_n^c} = f, \mu\text{-c.t.p.} \\ \left| f_n 1_{A_n^c} \right| \leq |f|. \end{cases}$$

Por el Teorema de Convergencia Dominada,

$$\lim_n \int_{A_n^c} f_n \, d\mu = \int_\Omega f \, d\mu.$$

Escogemos $n_1 \geq 1$ tal que para todo $n \geq n_1$ se tenga

$$(5.16) \qquad \left| \int_{A_n^c} f_n \, d\mu - \int_\Omega f \, d\mu \right| < \epsilon/2.$$

Entonces, si $n \geq n_0 \vee n_1$,

$$\int_\Omega f_n \, d\mu - \int_\Omega f \, d\mu = \int_{A_n} f_n \, d\mu + \int_{A_n^c} f_n \, d\mu - \int_\Omega f \, d\mu$$

$$\left| \int_\Omega f_n \, d\mu - \int_\Omega f \, d\mu \right| \leq \sup_n \int_{A_n} |f_n| \, d\mu + \left| \int_{A_n^c} f_n \, d\mu - \int_\Omega f \, d\mu \right|$$

$$< \frac{\epsilon}{2} + \frac{\epsilon}{2} = \epsilon,$$

lo que concluye la demostración.

He aquí una recíproca parcial a la proposición anterior. Nótese que ella se refiere a *funciones positivas*.

PROPOSICIÓN 5.2. *Sea $(f_n)_n$ una sucesión de funciones integrables positivas, y f otra función positiva integrable, tales que*

(5.17) $$\mu - c.t.p. \;\; \lim_n f_n = f$$

(5.18) $$\lim_n \int_\Omega f_n d\mu = \int_\Omega f d\mu$$

Entonces $(f_n)_n$ es uniformemente integrable.

Demostración. La relación (5.18) determina que $\limsup_n \int_\Omega f_n d\mu = \int_\Omega f d\mu$. Como f es integrable y familias finitas de funciones integrables son uniformemente integrables, se obtiene

$$\sup_n \int_\Omega f_n d\mu < \infty.$$

Considerar ahora las funciones $f_n \wedge f$. Esta sucesión converge μ-c.t.p. a f. Dado un conjunto A de la tribu, se tiene $(f_n \wedge f)1_A \to f1_A$ y además $(f_n \wedge f)1_A \leq f1_A \leq f$. Por el Teorema de Convergencia Dominada de Lebesgue se tiene entonces

$$\lim_n \int_A f_n \wedge f d\mu = \int_A f d\mu$$

En particular $\int_\Omega f_n \wedge f d\mu \to \int_\Omega f d\mu$. Notar que $f_n - f_n \wedge f \geq 0$ y de (5.18) se deduce que

$$\int_\Omega (f_n - f_n \wedge f) d\mu \to 0$$

Luego,

$$
\begin{aligned}
\int_A f_n d\mu &= \int_A f_n \wedge f d\mu + \int_A f_n d\mu + \int_A (f_n - f_n \wedge f) d\mu \\
&\leq \int_A f_n \wedge f d\mu + \int_\Omega (f_n - f_n \wedge f) d\mu \\
&\leq \int_A f d\mu + \int_\Omega (f_n - f_n \wedge f) d\mu.
\end{aligned}
$$

Sea $\epsilon > 0$, escogemos $n_0 \geq 1$ tal que para $n \geq n_0$,

$$\int_\Omega (f_n - f_n \wedge f) d\mu < \epsilon/2$$

y $\delta > 0$ tal que si $\mu(A) < \delta$ implique $\int_A f d\mu < \epsilon/2$.

Entonces,

$$\sup_{n \geq n_0} \int_A f_n d\mu < \epsilon.$$

Para concluir, basta notar que la familia finita $f_0, \ldots, f_{n_0-1}$ de funciones integrables es uniformemente integrable: cada una de ellas está dominada por $\sup(f_0, \ldots, f_{N-1})$ que es integrable.

Introduciremos ahora una noción de convergencia más débil para las funciones medibles.

DEFINICIÓN 5.2. Sea $(\Omega, \mathcal{F}, \mu)$ un espacio de medida arbitrario y $(f_n)_n$ una sucesión de funciones medibles, reales o complejas. Decimos que (f_n) *converge en medida* hacia una función medible f si para cada $\epsilon > 0$, $\mu(\{|f_n - f| > \epsilon$ tiende a cero si $n \uparrow \infty$.

Escribimos entonces $f_n \overset{\mu}{\underset{n}{\to}} f$.

El Lema siguiente precisa la relación entre la convergencia μ–c.t.p. y la convergencia en medida.

LEMA 5.2. *Sea $(\Omega, \mathcal{F}, \mu)$ un espacio de medida positiva finita. Sea (f_n) una sucesión de funciones medibles reales o complejas; f otra función medible.*

1. *Si $f_n \overset{c.t.p.}{\underset{n}{\to}} f$, entonces $f_n \overset{\mu}{\underset{n}{\to}} f$.*

2. *Si $f_n \overset{\mu}{\underset{n}{\to}} f$, entonces existe una subsucesión f_{n_k} de (f_n) que converge a f, μ–c.t.p.*

Demostración.

1. Para cada $\epsilon > 0$

$$\mu(\{|f_n - f| > \epsilon\}) = \mu(\{|f_n - f| > \epsilon\} \cap D^c)$$

$$+ \mu(\{|f_n - f| > \epsilon\} \cap D)$$

donde $D := f\{\limsup_n |f_n - f| \neq 0\}$ es despreciable por hipótesis. Luego

$$\mu(\{|f_n - f| > \epsilon\}) = \mu(\{|f_n 1_{D^c} - f 1_{D^c}| > \epsilon\}),$$

pero $(f_n 1_{D^c})$ converge en todo punto a $f 1_{D^c}$. Por lo tanto, $\lim_n \mu(\{|f_n - f| > \epsilon\}) = 0$ $\mu(\limsup_n \{|f_n 1_{D^c} - f 1_{D^c}| > \epsilon\}) = 0$. Nótese el papel que en esta igualdad juega la hipótesis de que $\mu(\Omega)$ sea finita.

2. Llamemos $h_n := |f_n - f|$ $(n \in \mathbb{N})$ y probemos que existe una subsucesión (h_{n_k}) tal que $\overline{\lim}_k h_{n_k} \doteq 0$.

Como $\mu(\{h_n > \epsilon\}) \underset{n}{\to} 0$ para cada $\epsilon > 0$, dado $k \in \mathbb{N}$, existe $n_k \in \mathbb{N}$ tal que

$$\mu(\{h_{n_k} > 3^{-k}\}) < 2^{-k}$$

Entonces,

$$\sum_{k \in \mathbb{N}} \mu(\{h_{n_k} > 3^{-k}\}) < \sum_{k \in \mathbb{N}} 2^{-k} = 2 < \infty$$

Aplicando el Lema de Borel–Cantelli, resulta

$$\mu(\overline{\lim_k}\{h_{n_k} > 3^{-k}\}) = 0$$

Sea $D := \overline{\lim_k}\{h_{n_k} > 3^{-k}\}$.

Para todo $\omega \notin D$ y dado $\epsilon > 0$ arbitrario, existe $N \in \mathbb{N}$ tal que $3^{-N} < \epsilon$ y se tiene, para todo $k \geq N$ la desigualdad

$$h_{n_k}(\omega) < \epsilon$$

Por lo tanto, $\limsup_k h_{n_k}(\omega) = 0$ si $\omega \notin D$ y según lo anterior, D es despreciable.

Veamos cómo se generaliza el Teorema de Convergencia de integrales en este contexto.

> **PROPOSICIÓN 5.3.** *Sean* $(\Omega, \mathcal{F}, \mu)$ *un espacio de medida finita y* $(f_n)_n$, *una sucesión de funciones medibles reales o complejas.*
>
> *Si* $(f_n)_n$ *es uniformemente integrable y converge en medida hacia* f, *entonces*
> $$\int f_n d\mu \underset{n}{\to} \int f d\mu$$

Demostración. Dada una sucesión de complejos $(a_n)_n$, ella converge hacia un elemento a de $\mathbb{C}$ si y sólo si de cada subsucesión (a_{n_k}) se puede extraer una subsucesión $(a_{n_{kl}})$ que converja hacia a. Usando este resultado, aprovechamos el Lema 5.2 para probar nuestra tesis.

Supongamos primero f_n, f positivas $(n \in \mathbb{N})$. Sean $a_n := \int f_n d\mu$ $(n \in \mathbb{N})$; $a := \int f d\mu$.

Consideramos una subsucesión arbitraria (a_{n_k}) de (a_n). Según Lema anterior, existe una subsucesión $(f_{n_{kl}})$ que converge hacia f μ–c.t.p. De esta propiedad y de la integrabilidad uniforme resulta que $a_{nkl} \underset{l}{\to} a$ en virtud del Teorema 5.3.

Por lo tanto, $a_n \underset{n}{\to} a$.

Si f_n, f son complejas, aplicamos primero el caso anterior a $|f_n|$, $|f|$ obteniendo la integrabilidad de f. Enseguida se definen a_n, a como aquí arriba y se concluye del mismo modo.

Terminamos este párrafo con un espacio de funciones cuya utilidad ha quedado en evidencia con los desarrollos más recientes del Análisis Estocástico.

DEFINICIÓN 5.3. Sea $(\Omega, \mathcal{F}, \mu)$ un espacio de medida finita. Llamamos $\mathcal{L}^0_{\mathbb{C}}(\Omega, \mathcal{F}, \mu)$ (resp. $\mathcal{L}^0(\Omega, \mathcal{F}, \mu)$) al conjunto de las funciones complejas (resp. reales) de módulo finito y medibles. Como es habitual en la generación de nuestras notaciones, designamos por $L^0_{\mathbb{C}}(\Omega, \mathcal{F}, \mu)$ (resp. $L^0(\Omega, \mathcal{F}, \mu)$) el cuociente de $\mathcal{L}^0_{\mathbb{C}}$ (resp. $\mathcal{L}^0$) por la relación de equivalencia de la igualdad μ–c.t.p.

Para cada par de funciones (o clases de equivalencia) f, g del tipo antes señalado, definimos

$$(5.19) \qquad \rho(f, g) := \int |f - g| \wedge 1 d\mu$$

> PROPOSICIÓN 5.4. $(L^0_{\mathbb{C}}, \rho)$ *es un espacio métrico completo. La métrica ρ es compatible con la convergencia en medida.*

Demostración. En primer lugar, $d(x, y) := |x - y| \wedge 1$ $(x, y \in \mathbb{C})$ es una métrica equivalente a la usual sobre $\mathbb{C}$, cumpliendo además la propiedad de ser acotada por 1. En consecuencia, ρ toma valores en los reales positivos ya que $0 \le \rho(f,g) \le \mu(\Omega) < \infty$ ($f,g \in \mathcal{L}_{\mathbb{C}}^{0}$); además cumple las propiedades de simetría y de desigualdad triangular porque d las satisface y $\rho(f,g) = 0$ si y sólo si $f \doteq g$, pero dado que f,g son clases de equivalencia se tiene que $\rho(f,g)$ se anula si y sólo si f y g coinciden. Luego $(L_{\mathbb{C}}^{0}, \rho)$ es un espacio métrico.

En segundo lugar, ρ es compatible con la convergencia en medida. En efecto, supongamos $f_n \overset{\mu}{\underset{n}{\to}} f$, $(f_n) \subset L_{\mathbb{C}}^{0}$. Entonces $d(f_n, f) \overset{\mu}{\underset{n}{\to}} 0$ y como la sucesión $(d(f_n, f))$ está uniformemente acotada por 1, resulta de la Proposición 5.3 que $\int d(f_n, f)d\mu \underset{n}{\to} 0$. Recíprocamente, si $\rho(f_n, f) \underset{n}{\to} 0$, dado $\epsilon > 0$ se tiene:

$$(1 \wedge \epsilon)\mu(\{|f_n - f| > \epsilon\}) \le \int_{\{|f_n-f|>\epsilon\}} d(f_n, f)d\mu \le \rho(f_n, f)$$

Luego, $\mu(\{|f_n - f| > \epsilon\}) \underset{n}{\to} 0$.

Finalmente, examinemos la completitud del espacio. Sea $(f_n) \subset L_{\mathbb{C}}^{0}$ una sucesión de Cauchy según ρ, vale decir, en medida. Entonces, para cada $k \in \mathbb{N}$, existe $n_k \in \mathbb{N}$ tal que

$$(5.20) \qquad \mu(\{|f_{n_k} - f_{n_k+1}| > 3^{-k}\}) \le 2^{-k}$$

Entonces,

$$(5.21) \qquad \sum_{k=0}^{\infty} |f_{n_k+1} - f_{n_k}| < \infty \qquad \mu - c.t.p.$$

En efecto, porque si $D := \limsup_k \{|f_{n_k} - f_{n_k+1}| > 3^{-k}\}$ y $\omega \notin D$, la serie de término general $|f_{n_k}(\omega) - f_{n_k+1}(\omega)|$ es dominada, a partir de un cierto rango, por aquella de término general 3^{-k} que converge. Además la desigualdad (10.1) y una aplicación directa del Lema de Borel–Cantelli permiten concluir que $\mu(D) = 0$, de donde se obtiene (10.2).

En consecuencia, definamos

$$(5.22) \qquad f := f_{n_0} + \sum_{k=0}^{\infty} (f_{n_k+1} - f_{n_k})$$

que es una clase de $L_{\mathbb{C}}^{0}$.

Demostremos finalmente que $f_n \overset{\mu}{\underset{n}{\to}} f$.

$$|f - f_n| \le |f - f_{n_l}| + |f_{n_l} - f_n|$$

Como (f_n) es de Cauchy en medida, dados $\epsilon > 0$, $\eta > 0$, existe $n_l \in \mathbb{N}$ que verifica (10.1) con $k = l$ y además $\mu(\{|f_n - f_{n_l}| > \epsilon/2\}) < \eta/2$ si $n \geq n_l$.

Por otro lado, como $f - f_{n_j} = \sum_{k=j}^{\infty}(f_{n_k+1} - f_{n_k})$ y la serie es absolutamente convergente μ–c.t.p., existe un índice j tal que $\mu(\{|f - f_{n_j}| > \epsilon/2\}) < \eta/2$.

Escogiendo ahora $N = j_j \vee n_l$, se tiene que si $n \geq N$,

$$\mu(\{|f - f_n| > \epsilon\}) \quad \leq \quad \mu(\{|f - f_N| > \epsilon/2\}) + \mu(\{|f_N - f_n| > \epsilon/2\})$$

$$< \quad \eta$$

☺

OBSERVACIÓN 5.2. Una métrica equivalente con la anterior es la que se define mediante la relación

$$(5.23) \qquad r(f,g), := \int \frac{|f - g|}{1 + |f - g|} d\mu \qquad (f, g \in L_{\mathbb{C}}^0)$$

4. Aplicaciones de los teoremas de convergencia

Consideremos ahora un espacio de medida cualquiera $(\Omega, \mathcal{F}, \mu)$.

PROPOSICIÓN 5.5. *Si* $f \in \mathcal{L}_{\mathbb{C}}^1$ *y si* $(A_n)_n$ *es una sucesión de elementos de* $\mathcal{F}$ *tal que* $\mu(A_n) \underset{n}{\to} 0$, *entonces*

$$\int_{A_n} f d\mu \underset{n}{\to} 0.$$

Demostración. Primero supongamos f positiva y sea $g_m := f \wedge m$. Claramente $g_n \uparrow f$ si $m \uparrow \infty$. En consecuencia, el Teorema de la Convergencia Monótona implica:

$$\int_{A_n} f \wedge m \, d\mu \quad \uparrow \quad \int_{A_n} f \, d\mu \qquad (\text{para cada } n \in \mathbb{N})$$

si $m \uparrow \infty$.

Pero, $0 \leq \int_{A_n} f \wedge m \, d\mu \leq m\mu(A_n)$, luego

$$\lim_n \int_{A_n} f \wedge m d\mu = 0 \quad (\text{para cada } m \in \mathbb{N})$$

Como $f \in \mathcal{L}^1$, f es finita μ–c.t.p.

En consecuencia,

$$\int_{A_n} f d\mu \;=\; \int_{A_n \cap \{f < \infty\}} f d\mu \le \sum_m \int_{\{f < m\} \cap A_n} f d\mu$$

$$\le \sum_m \int_{\{f < m\} \cap A_n} f \wedge m \, d\mu$$

$$\lim_n \int_{A_n} f d\mu \le \sum_m \lim_n \int_{\{f < m\} \cap A_n} f \wedge m \, d\mu.$$

luego $\lim_n \int_{A_n} f d\mu = 0$.

Finalmente, si $f \in \mathcal{L}^1_{\mathbb{C}}$, aplicamos el caso anterior a $|f|$: se obtiene así que $\int_{A_n} |f| d\mu \to 0$, de donde $\int_{A_n} f d\mu \to 0$.

> **PROPOSICIÓN 5.6.** *Sea $(f_n)_n$ una sucesión de funciones medibles positivas, entonces:*
>
> (5.24)
> $$\int \Big(\sum_n f_n\Big) d\mu = \sum_n \int f_n d\mu.$$
>
> *Si las funciones f_n son complejas, la igualdad (5.24) se tiene si $\sum_n |f_n| \in \mathcal{L}^1$.*

Demostración. Consideremos $f_n \in \mathcal{F}^+$ $(n \in \mathbb{N})$. Entonces

$$\sum_{n \le m} f_n \uparrow \sum_{n \in \mathbb{N}} f_n \qquad \text{si } m \uparrow \infty$$

Aplicando el Teorema de la Convergencia Monótona, se tiene

$$\int \sum_{n \le m} f_n \, d\mu \uparrow \int \sum_n f_n \, d\mu$$

Pero,

$$\int \Big(\sum_{n \le m} f_n\Big) d\mu = \sum_{n \le m} \int f_n d\mu \uparrow \sum_{n \in \mathbb{N}} \int f_n d\mu$$

Luego,

$$\sum_{n \in \mathbb{N}} \int f_n d\mu = \int \sum_n f_n d\mu$$

En el segundo caso, si $f_n \in \mathcal{L}^1_{\mathbb{C}}$ $(n \in \mathbb{N})$, la función $g := \sum_n |f_n| \in \mathcal{L}^1$ por hipótesis y ella mayora la sucesión de sumas parciales, en módulo, vale decir,

$$\Big| \sum_{n \le m} f_n \Big| \le g \qquad (m \in \mathbb{N})$$

y además,

$$\sum_{n \le m} f_n \xrightarrow[m]{} \sum_{n \in \mathbb{N}} f_n$$

El Teorema de la Convergencia Dominada de Lebesgue implica entonces

$$\int \sum_{n \le m} f_n \, d\mu \xrightarrow[m]{} \int \sum_n f_n d\mu$$

Intercambiando $\sum_{n \le m}$ e integral en la expresión de la izquierda, se tiene finalmente

$$\sum_n \int f_n d\mu = \int \sum_n f_n d\mu$$

☺

COROLARIO 5.2. *Sea $f \in \mathcal{F}^+$ ó $f \in \mathcal{L}_{\mathbb{C}}^1$. Sea (Ω_n) una partición medible y numerable de Ω.*

Entonces,

$$\int_\Omega f d\mu = \sum_n \int_{\Omega_n} f d\mu.$$

Demostración. Aplicar la Proposición anterior a la sucesión $(f 1_{\Omega_n})$.

☺

OBSERVACIÓN 5.3. Nótese que en el corolario anterior no basta que f sea integrable sobre cada Ω_n cuando no tiene signo constante. En efecto, consideremos por ejemplo $f(t) := \operatorname{sen} t$ $(t \in \mathbb{R}^+)$, que no es integrable en el sentido de Lebesgue sobre $\mathbb{R}^+$. Sea $\Omega_n := [2n\pi, 2(n+1)\pi]$ $(n \in \mathbb{N})$.

Entonces,

$$\int_{\Omega_n} f d\lambda = 0 \qquad (n \in \mathbb{N})$$

Luego $\sum_n \int_{\Omega_n} f d\lambda = 0$, pero $\int_{\mathbb{R}^+} f d\lambda$ no existe.

DEFINICIÓN 5.4. Sea f una función real medible con respecto a la tribu de Lebesgue de $\mathbb{R}$. Sea $a \in \mathbb{R}$. Si existe el límite de $(\int_a^b f(t)dt)_b$ cuando $b \uparrow \infty$, definimos

$$(5.25) \qquad \int_a^{\to \infty} f(t)dt := \lim_{b \uparrow \infty} \int_a^b f(t)dt$$

Dicho límite se conoce con el nombre de *integral impropia de f*. En forma similar se puede definir $\int_{\to -\infty}^b$, $\int_{\to -\infty}^{\to \infty}$.

Nótese que si $f \in \mathcal{L}^1$ entonces $\int_a^{\to\infty} f(t)dt$ existe y

$$\int_a^{\to\infty} f(t)dt = \int_{[a,\infty[} f d\lambda$$

Si $f \notin \mathcal{L}^1$ podría existir $\int_a^{\to\infty} f(t)dt$, aunque este objeto no satisfaga las propiedades de una integral.

EJEMPLO 5.1. Se puede demostrar que $\int_0^{\to\infty} \frac{\operatorname{sen}\pi t}{t} dt$ existe; sin embargo,

$$\int_0^a |\frac{\operatorname{sen}\pi t}{t}| dt \geq \sum_{k=1}^n \int_{[k-1,k]} \frac{|\operatorname{sen}\pi t|}{k} dt = \frac{1}{\pi} \sum_{k=1}^n \frac{1}{k}$$

Entonces

$$\int_0^\infty |\frac{\operatorname{sen}\pi t}{t}| dt = \lim_n \int_0^n |\frac{\operatorname{sen}\pi t}{t}| dt \geq \frac{1}{k} \sum_n \frac{1}{n}$$

Luego $\int_0^\infty |\frac{\operatorname{sen}\pi t}{t}| dt = \infty$.

4.1. Integrales dependientes de un parámetro.

Consideremos T un espacio topológico; nos damos funciones $f(\cdot,t) : \Omega \to \overline{\mathbb{R}}$ $(t \in T)$ (i.e. un proceso sobre $(\Omega, \mathcal{F}, \mu)$).

TEOREMA 5.4. *Sea* $f : \Omega \times T \to \overline{\mathbb{R}}$ *una función tal que para cada* $\omega \in \Omega$ *la función* $f(\omega, \cdot)$ *sea continua en un punto* $t_0 \in T$. *Supongamos que para cada* $t \in T$, $f(\cdot,t)$ *sea integrable y que existe una vecindad* V *de* t_0 *y una función* g *en* $\mathcal{L}^{1+}$ *tal que* $|f(\omega,t)| \leq g(\omega)$ μ–*c.t.p. para todo* $t \in V$ *entonces la función* $F : T \to \mathbb{R}$ *definida por:*

$$F(t) := \int_\Omega f(\cdot,t)d\mu \quad (t \in T)$$

es continua en t_0.

Demostración. Por continuidad, $f(\omega,t)$ tiende a $f(\omega,t_0)$ cuando t tiende a t_0.

Dado $\epsilon > 0$, escogemos una vecindad $V_0 \subset V$ de modo que:

$$|F(t) - F(t_0)| = |\int_\Omega f(\omega,t)d\mu - \int_\Omega f(\omega,t_0)d\mu| < \epsilon$$

para todo $t \in V_0$. Esto es posible porque del Teorema de Convergencia Dominada se deduce:

$$\int f(\omega,t)d\mu \to \int f(\omega,t_0)d\mu, \text{ si } t \to t_0 \text{ en } V.$$

> **TEOREMA 5.5.** *Sea T un intervalo real abierto, $(\Omega, \mathcal{F}, \mu)$ espacio de medida. Sea $f : \Omega \times T \to \mathbb{C}$ que satisface:*
>
> 1. *$f(\omega, \cdot)$ es derivable μ–c.t.p.;*
> 2. *$f(\cdot, t)$ es medible para todo $t \in T$ y existe t_0 tal que $f(\cdot, t_0) \in \mathcal{L}^1$;*
> 3. *Existe $g \in \mathcal{L}^{1+}$ tal que $\left|\frac{\partial f}{\partial t}(\omega, t)\right| \leq g(\omega)$ para todo $t \in T$ y casi todo $\omega \in \Omega$.*
>
> *Entonces para todo $t \in T$: $f(\cdot, t) \in \mathcal{L}^1$ y:*
>
> $$F(t) := \int_{\Omega} f(\omega, t) d\mu(\omega) \quad (t \in T)$$
>
> *define una función F derivable cuya derivada se calcula mediante la expresión:*
>
> $$\frac{dF(t)}{dt} = \int_{\Omega} \frac{\partial f}{\partial t}(\omega, t) d\mu(\omega)$$

Demostración. Sea $t \in T$. Para casi todo $\omega \in \Omega$, $t \in T$:

$$f(\omega, t) = f(\omega, t_0) + (t - t_0)\frac{\partial f}{\partial t}(\omega, t_0 \theta(t - t_0))$$

con $0 < \theta < 1$ (por teorema de incrementos finitos).

Luego, $|f(\omega, t)| \leq |f(\omega, t_0)| + |t - t_0| g(\omega \;\; \forall t \in T$.

Como $f(\cdot, t_0)$ y $g \in \mathcal{L}^1$ deducimos que $f(\cdot, t) \in \mathcal{L}^1$ para cada $t \in T$.

Sea $h \in \mathbb{R}$ no nulo, $t \in T$ fijo:

$$\frac{F(t + h) - F(t)}{h} = \frac{1}{h}\int [f(\omega, t + h) - f(\omega, t)] d\mu(\omega)$$

$$= \int \frac{f(\omega, t + h) - f(\omega, t)}{h} d\mu(\omega)$$

Por lo tanto,

(5.26)
$$\left|\frac{F(t + h) - F(t)}{h} - \int \frac{\partial f}{\partial t}(\omega, t) d\mu(\omega)\right| \leq \int \left|\frac{f(\omega, t + h) - f(\omega, t)}{h} - \frac{\partial f}{\partial t}(\omega, t)\right| d\mu(\omega)$$

Sea $D_h(\omega) = \left|\frac{f(\omega, t+h) - f(\omega, t)}{h} - \frac{\partial f}{\partial t}(\omega, t)\right|$, la expresión que aparece en el integrando del segundo miembro de (5.26). Debemos probar que la integral del segundo miembro de (5.26) tiende a cero si h tiende a 0.

Como $f(\omega, \cdot)$ es derivable μ–c.t.p., si $h \to 0$ se cumple

(5.27)
$$D_h(\omega) \to 0 \quad (\mu - \text{c.t.p.})$$

Por otro lado:

$$f(\omega, t+h) - f(\omega, t) = h\frac{\partial f}{\partial t}(\omega, t+\theta h)$$

con $0 < \theta < 1$.

Entonces:

(5.28)
$$|D_h(\omega)| \leq 2g(\omega)$$

Luego, por el Teorema de Lebesgue de la convergencia dominada, (5.27) y (5.28) implican que:

$$\int_\Omega |D_h(\omega)|d\mu \to 0, \text{ si } h \to 0.$$

COROLARIO 5.3. *Sea T un abierto convexo en $\mathbb{R}^n$ y $f : \Omega \times T \to \mathbb{C}$. Supongamos que:*

1. *$f(\omega, \cdot)$ es de clase C^∞ μ–c.t.p.;*

2. *$f(\cdot, t) \in \mathcal{L}$ para todo $t \in T$;*

3. *Para cada $(k_1, \ldots, k_n) \in \mathbb{N}^N$ existe $g_{k_1, \ldots, k_n} \in \mathcal{L}^{1+}$ tal que:*

$$\left|\frac{\partial^{k_1 + \cdots + k_n}}{\partial t_1^{k_1}, \ldots, \partial_n^{k_n}} f(\omega, t)\right| \leq g_{k_1, \ldots, k_n}^{(\omega)} \quad (\forall t \in T)$$

Entonces la función F definida por:

$$F(t) := \int_\Omega f(\omega, t)d\mu(\omega) \quad (t \in T)$$

es de clase C^∞ y:

$$\frac{\partial^{k_1 + \cdots + k_n}}{\partial t_1^{k_1}, \ldots, \partial t_n^{k_n}} F(t) = \int_\Omega \frac{\partial^{k_1 + \cdots + k_n}}{\partial t_1^{k_1, \ldots}, \partial t_n^{k_n}} f(\omega, t)d\mu(t).$$

4.2. Aplicaciones a las familias sumables. Estudiemos ahora el caso de las familias sumables. Consideremos I, conjunto de índices, con la medida ν introducida en la sección 6. Traducimos a continuación los principales resultados de este capítulo al lenguaje de familias sumables.

TEOREMA 5.6. **1.** *(Convergencia monótona). Sea $(a_i^n)_{i \in I, n \in \mathbb{N}}$ una doble familia de números positivos. Si para todo $i \in I : a_i^n \uparrow a_i$ entonces:*

$$\sum_{i \in I} a_i^n \uparrow \sum_{i \in I} a_i$$

2. *(Convergencia dominada). Supongamos que $(a_i^n)_{i \in I, n \in \mathbb{N}}$ es una familia de números en $\overline{\mathbb{R}}$ ó $\mathbb{C}$ tal que:*

a) $\lim_n a_i^n = a_i$ *para todo $i \in I$.*

b) Existe una familia sumable positiva $(g_i)_{i \in I}$ tal que: $|a_i^n| \le g_i$ para todos $i \in I, n \in \mathbb{N}$ entonces (a_i) es sumable y

$$\sum_{i \in I} a_i = \lim_n \sum_{i \in I} a_i^n$$

TEOREMA 5.7. *Sea $(a_i)_{i \in I}$ una familia de funciones complejas definidas sobre T: intervalo abierto de $\mathbb{R}$.*

1. *Supongamos que cada a_i sea continua en $t_0 \in T$ y que $|a_i(t)| \le g_i$ $\forall i \in I, \forall t \in T$ donde $(g_i)_{i \in I}$ es familia sumable. Entonces:*

$$S(t) := \sum_{i \in I} a_i(t) \quad (t \in T)$$

define una familia continua en t_0.

2. *Si cada a_i es derivable en t_0 y*

$$\left| \frac{da_i(t)}{dt} \right| \le h_i \quad \forall i, \forall t$$

donde (h_i) es sumable, entonces S es derivable y:

$$\frac{ds(t)}{dt} = \sum_{i \in I} \frac{d}{dt} a_i(t)$$

5. El Teorema de Daniell

Consideremos un espacio de Riesz $\mathcal{V}$ de funciones reales acotadas, definidas sobre un conjunto $\Omega \neq \varnothing$ que contiene las constantes, como en el ejercicio 2.9.8. Es decir, $\mathcal{V}$ es un espacio vectorial de funciones reales acotadas, definidas sobre un conjunto Ω, que satisface las siguientes propiedades:

(i) La función constante $\mathbf{1} : x \mapsto 1$ pertenece a $\mathcal{V}$;

(ii) Si $f, g \in \mathcal{V}$, entonces $f \vee g \in \mathcal{V}$;

(iii) Si $(f_n)_n$ es una sucesión creciente uniformemente acotada de elementos de $\mathcal{V}$, entonces $\lim_n \uparrow f_n \in \mathcal{V}$.

Llamamos $\mathcal{F}$ la tribu generada por $\mathcal{V}$, que se escribe:

$$(5.29) \qquad \mathcal{F} = \{F \in \mathcal{P}(\Omega) : 1_F \in \mathcal{V}\}$$

Y como se ha visto en el mencionado ejercicio 2.9.8, $\mathcal{V}$ contiene todas las funciones acotadas $\mathcal{F}$–medibles.

TEOREMA 5.8. *Sea I un funcional lineal definido sobre $\mathcal{V}$ y con valores reales, tal que*

(H1) *Para toda $f \in \mathcal{V}$ positiva, se tiene $I(f) \geq 0$;*

(H2) *Para toda sucesión $(f_n)_{n \in \mathbb{N}}$ de elementos positivos de $\mathcal{V}$ tal que $f_n \downarrow 0$, se tiene $I(f_n) \downarrow 0$.*

Entonces, existe una única medida finita μ sobre $(\Omega, \mathcal{F})$ tal que

$$(5.30) \qquad I(f) = \int_\Omega f \, d\mu,$$

para toda $f \in \mathcal{V}$.

Demostración. Para todo conjunto $F \in \mathcal{F}$ se define

$$(5.31) \qquad \mu(F) := I(1_F).$$

La linealidad del funcional I implica que μ es una aplicación de conjunto, finita, aditiva, positiva, y también $\mu(\varnothing) = I(0) = 0$. Además, si $F_n \downarrow \varnothing$, donde cada $F_n \in \mathcal{F}$, dado que se tiene $1_{F_n} \downarrow 0$, la hipótesis (H2) implica que $\mu(F_n) = I(1_{F_n}) \downarrow 0$. Luego, μ es σ–aditiva, es decir, es medida.

Enseguida, si $f = \sum_{i=1}^m a_i 1_{F_i}$ es una función simple, $f \in \mathcal{V}$ y se tiene

$$\begin{aligned} I(f) &= \sum_{i=1}^m a_i I(1_{F_i}) \\ &= \sum_{i=1}^m \mu(F_i) \\ &= \int_\Omega f \, d\mu. \end{aligned}$$

Se tiene entonces la representación (5.30) para las funciones simples. Luego, dada una función f positiva y $\mathcal{F}$–medible, ella pertenece a $\mathcal{V}$ y es aproximable puntualmente por una sucesión creciente $(f_n)_{n\in\mathbb{N}}$ de funciones simples. Se tiene entonces, por una parte, que $I(f) - I(f_n) = I(f - f_n) \downarrow 0$ pues $f - f_n \downarrow 0$. Y, por otro lado, usando la definición de la integral para funciones medibles positivas, se tiene $\int_\Omega f d\mu = \lim_n \int_\Omega f_n d\mu = \lim_n I(f_n) = I(f)$.

Finalmente, si $f \in \mathcal{V}$ es de signo cualquiera, $f = f^+ - f^-$ y la representación resulta por linealidad de I y de la integral, es decir, $I(f) = I(f^+) - I(f^-) = \int_\Omega f^+ d\mu - \int_\Omega f^- d\mu = \int_\Omega f d\mu$.

☺

6. Comentarios

Esta versión simple del Teorema de Daniell nos muestra otro camino para desarrollar la teoría. En efecto, en [6] Daniell definió integrales en general, haciendo el camino inverso al seguido en estas notas. Es decir, si se hace primero una teoría consistente de integrales, las medidas -y sus propiedades- se pueden obtener a partir de las primeras, como se ha visto en la prueba del teorema anterior.

Luego de ver las nociones básicas de espacios de Banach, volveremos sobre este resultado, conectándolo con otro célebre teorema de representación integral, el Teorema de Riesz.

7. Ejercicios propuestos

1. Momentos y funciones características de una probabilidad.

   Sea $(\Omega, \mathcal{F}, \mathbb{P})$ un espacio de probabilidad.

   Sea $X : \Omega \to \mathbb{R}$ medible

$$F(x) = \mathbb{P}(X^{-1}(] - \infty, x])) = \mathbb{P}(X \le x)$$

   Se llama *función de distribución* de X.

   a) Probar que la función:

(5.32) $$G(t) := \int_\Omega e^{itx} d\mathbb{P} \quad (t \in \mathbb{R})$$

está bien definida. Ella es la *función característica* o *transformada de Fourier* de X (o de F).

b) Probar que G es derivable si y sólo si X es integrable. Calcular la expresión de la derivada de G en tal caso.

2. Sobre el espacio de medida de Lebesgue se considera la sucesión de funciones $(f_n)_n$ siguiente:

$$(5.33) \qquad f_n = \begin{cases} 1_{]1,2[} & \text{si } n \text{ es par;} \\ 1_{[0,1]} & \text{si } n \text{ es impar.} \end{cases}$$

Probar que se tiene la desigualdad estricta en el Lema de Fatou.

3. Sea $(\Omega, \mathcal{F}, \mu)$ un espacio de medida. Sea g una función integrable positiva y sea $(f_n)_n$ una sucesión de funciones numéricas medibles tales que $|f_n| \leq g$ para todo n, μ–c.t.p. Probar que

$$(5.34) \qquad \limsup_n \int f_n d\mu \leq \int \limsup_n f_n d\mu.$$

4. Sea $(\Omega, \mathcal{F}, \mu)$ un espacio de medida y sea f un elemento de $\mathcal{L}^1$, con valores positivos

a) Se define una sucesión de funciones $(f_n)_n$ por la expresión:

$$(5.35) \qquad f_n(x) = \begin{cases} f(x) & \text{si } f(x) \leq n \\ 0 & \text{si } f(x) > n. \end{cases}$$

Probar que

$$(5.36) \qquad \int f d\mu = \lim_n \int f_n d\mu.$$

b) Probar que (5.36) no es válida si f es sólo positiva, pero que es aún cierta si f es finita casi en todas partes sobre Ω.

5. Sea $(\Omega, \mathcal{F}, \mu)$ un espacio de medida y $(f_n)_n$ una sucesión de funciones de $\mathcal{L}^1$ que converge uniformemente a una función f.

a) Mostrar mediante un contraejemplo que f puede no ser integrable.

b) Probar que si además se hace la hipótesis adicional

$$\int |f_n| d\mu \leq M \quad (n \in \mathbb{N}),$$

entonces f es integrable.

c) Probar que, aún en el caso anterior, no se tiene necesariamente

$$\int f d\mu = \lim_n \int f_n d\mu.$$

6. Sea $(\Omega, \mathcal{F}, \mu)$ un espacio de medida y sea f un elemento de $\mathcal{L}^1$. Para todo entero $n > 0$ se considera:

(5.37) $$F_n = \{\omega \in \Omega : |f(\omega)| \leq n\}.$$

Probar que la función

(5.38) $$g = \sum_{n=1}^{\infty} \frac{1}{n^2} 1_{F_n} f^2,$$

es integrable. Deducir además que la serie

(5.39) $$\sum_{n=1}^{\infty} \frac{1}{n^2} \int_{F_n} f^2 d\mu,$$

es convergente.

7. Sea (x_n) una sucesión de puntos en el intervalo $[0,1]$. Para toda función f real, continua salvo quizás en un número finito de puntos, se define:

(5.40) $$I_n(f) = \frac{f(x_1) + \ldots + f(x_n)}{n},$$

para todo $n \geq 1$.

Por otra parte, para todo sub–intervalo $[a,b]$ de $[0,1]$, se define $\nu_n([a,b])$ como el cardinal del conjunto $[a,b] \cap \{x_1, \ldots, x_n\}$.

Probar que las dos propiedades siguientes son equivalentes:

(i) Para todo sub–intervalo $[a,b]$ se cumple que:

(5.41) $$\lim_{n \to \infty} \frac{\nu_n([a,b])}{n} = b - a.$$

(ii) Cualquiera sea la función real f continua salvo quizás en un número finito de puntos, se tiene:

(5.42) $$\lim_{n \to \infty} I_n(f) = \int_0^1 f(t) dt$$

(En cualquiera de los dos casos anteriores se dice que la sucesión (x_n) está *uniformemente distribuida* sobre $[0,1]$).

110

8. Nuestro propósito en este problema es calcular la integral impropia

$$\int_0^{\to\infty} \frac{\operatorname{sen} x}{x}\, dx = \lim_{b\to\infty} \int_0^b \frac{\operatorname{sen} x}{x}\, dx. \tag{5.43}$$

a) Encontrar la suma de la serie geométrica finita:

$$\sum_{k=-n}^{n} \exp(ikt) \tag{5.44}$$

Utilizar este resultado para demostrar que:

$$\frac{\operatorname{sen}(n+\frac{1}{2})t}{2\operatorname{sen}\frac{t}{2}} = \frac{1}{2} + \cos t + \cos 2t + \ldots + \cos nt, \tag{5.45}$$

para $t \in \,]0, 2\pi[$.

b) Demostrar que, para $0 < x < 2\pi$, se tiene

$$\int_0^{x/2} \frac{\operatorname{sen}(2n+1)t}{\operatorname{sen} t}\, dt = \frac{1}{2}x + \operatorname{sen} x + \frac{1}{2}\operatorname{sen} 2x + \ldots + \frac{1}{n}\operatorname{sen} nx. \tag{5.46}$$

c) Sea $g : [0, x/2] \to \mathbb{R}$ definida por:

$$g(0) \;=\; 0,$$
$$g(t) \;=\; \frac{1}{\operatorname{sen} t} - \frac{1}{t},$$

para $t \in\,]0, x/2]$. La función g tiene una derivada continua sobre $[0, x/2]$. Integrando por partes, probar que:

$$\lim_{k\to\infty} \int_0^{x/2} g(t)\operatorname{sen} kt\, dt = 0, \tag{5.47}$$

y esta convergencia es uniforme en $x \in [0, 2\pi]$.

d) Probar que para $x \in\,]0, 2\pi[$, la expresión (5.46) tiene un límite cuando $n \to \infty$ si y sólo si

$$\int_0^{x/2} \frac{\operatorname{sen}(2n+1)t}{t}\, dt, \tag{5.48}$$

tiene un límite y estos límites coinciden.

e) Usando un cambio de variables probar que

$$\lim_{n\to\infty} \int_0^{x/2} \frac{\operatorname{sen}(2n+1)t}{t}\, dt = \int_0^{\to\infty} \frac{\operatorname{sen} u}{u}\, du, \tag{5.49}$$

y llamamos α este límite, para todo $x \in\,]0, 2\pi[$. Probar además que

$$\sum_{n=1}^{\infty} \frac{\operatorname{sen} nx}{n} = \alpha - \frac{x}{2}. \tag{5.50}$$

111

f) Colocando $x = \pi/2$ en (5.49),(5.50), deducir:

(5.51)
$$\alpha = \frac{\pi}{2},$$

(5.52)
$$\sum_{n=1}^{\infty} \frac{\operatorname{sen} nx}{n} = \frac{1}{2}(\pi - x),$$

si $x \in]0, 2\pi[$.

9. Sea $(\Omega, \mathcal{F}, \mu)$ un espacio de medida, tal que $\mu(\Omega) = 1$.

    a) Probar que para todo número complejo z se cumple la propiedad:

(5.53)
$$\Re z = \lim_{t \to 0; t \neq 0} \frac{|1 + tz| - 1}{t}.$$

    b) Demostrar que para toda función f definida sobre Ω con valores complejos e integrable, la familia de funciones $(\frac{|1+tf|-1}{t}; \ t \in \mathbb{R}\backslash\{0\})$ es integrable y verifica:

(5.54)
$$\int \Re f d\mu = \lim_{t \to 0; t \neq 0} \int \frac{|1 + tf| - 1}{t} d\mu.$$

    c) Deducir que, si para todo número complejo z,

$$\int |1 + zf| d\mu \geq 1,$$

entonces,

$$\int f d\mu = 0.$$

10. Sea $\overline{\mathbb{R}}_+$ provisto de la tribu y de la medida de Lebesgue.

    a) Considerar las funciones F y G definidas sobre $\mathbb{R}_+$ por las expresiones:

(5.55)
$$F(x) = \left(\int_0^x \exp(-t^2) dt \right)^2,$$

(5.56)
$$G(x) = \int_0^1 \frac{\exp(-x^2(1 + t^2))}{1 + t^2} dt.$$

Probar que la derivada de la función $F + G$ es nula sobre $\mathbb{R}_+$ y que $F(x) + G(x) = \frac{\pi}{4}$ para todo $x \in \mathbb{R}_+$. Deducir que

(5.57)
$$\int_0^{\infty} \exp(-x^2) dx = \frac{\sqrt{\pi}}{2}.$$

b) Sea $a > 0$ un número real fijo. Probar que la integral de Laplace:

$$(5.58) \qquad L(t) = \int_0^\infty \exp(-ax^2)\cos(2tx)dx, \ (t \in \mathbb{R}),$$

está bien definida, es continua y derivable sobre $\mathbb{R}$ y verifica la ecuación:

$$(5.59) \qquad \frac{dL}{dt}(t) = -\frac{2}{a}\, t\, L(t).$$

Deducir que:

$$(5.60) \qquad L(t) = \frac{1}{2}\sqrt{\frac{\pi}{a}}\exp(-\frac{t^2}{a}).$$

c) Probar también que

$$(5.61) \qquad H(t) = \int_0^\infty \exp(-ax^2)\mathrm{sen}\,(2tx)dx, \ (t \in \mathbb{R}),$$

es una función bien definida, continua y derivable sobre $\mathbb{R}$, que satisface la ecuación:

$$(5.62) \qquad \frac{dH}{dt}(t) + 2\,\frac{t}{a}\,H(t) = \frac{1}{a}.$$

Deducir que

$$(5.63) \qquad H(t) = \frac{1}{a}\exp(-\frac{t^2}{a})\int_0^t \exp(\frac{s^2}{a})ds.$$

11. **La función Gama**. Sean Γ y Γ_n las funciones definidas para $x > 0$ por las expresiones:

$$(5.64) \qquad \Gamma(x) = \int_0^\infty e^{-t}t^{x-1}dt\,,\ \Gamma_n(x) = \int_0^n (1 - \frac{t}{n})^n t^{x-1}dt\,,\ (n \geq 1).$$

a) Probar que la función Γ está bien definida por (5.64) y que es continua y derivable sobre cada $x > 0$.

b) Probar que Γ_n está bien definida para cada $x > 0$.

c) Probar que para cada $x > 0$, la sucesión $(\Gamma_n(x))_n$ tiende hacia $\Gamma(x)$ cuando $n \to \infty$.

d) Calcular $\Gamma_n(x)$ integrando n veces por partes.

e) Probar que la función $\log\Gamma_n$ es convexa sobre $]0,\infty[$ y deducir que $\log\Gamma$ también lo es.

12. Para cada $z = x + iy$, donde x e y son números reales, se define

$$(5.65) \qquad \Gamma(z) = \int_0^\infty e^{-t}t^{z-1}dt.$$

a) Probar que la integral anterior existe para $x > 0$ y que la función así definida, llamada *función gama*, es holomorfa en el semi–plano complejo $x > 0$. [Se probará que Γ admite derivadas de cualquier orden con respecto a z en el semi–plano $x > 0$].

b) Probar que, sobre el semi–plano $x > 0$, la función Γ verifica las relaciones:

$$\Gamma(z+1) \;=\; z\Gamma(z),$$

$$\Gamma(1) \;=\; 1,$$

$$\Gamma(n) \;=\; (n-1)!$$

c) Sea $z = x + iy \in \mathbb{C}\backslash\mathbb{Z}_-$, donde $\mathbb{Z}_-$ es el conjunto de los enteros negativos. Probar que el número complejo

(5.66)
$$\frac{\Gamma(z+n)}{(z+n-1)(z+n-2)\ldots(z+1)z},$$

definido para todo entero suficientemente grande $(n > x^-)$, no depende más que del entero n que satisface esta condición, y es igual a $\Gamma(z)$ si $x > 0$.

d) Se define, para todo $z = x + iy \in D = \mathbb{C}\backslash\mathbb{Z}_-$, tal que $x < 0$,

$$\frac{\Gamma(z+n)}{(z+n-1)(z+n-2)\ldots(z+1)z},$$

donde n es un entero cualquiera tal que $x + n > 0$.

Probar que la función Γ extendida así al dominio D, verifica aún

$$\Gamma(z+1) = z\Gamma(z).$$

Demostrar que Γ es holomorfa sobre el dominio D, que los puntos enteros negativos son polos simples de Γ y que el residuo de Γ en el polo $-n$ es $\frac{(-1)^n}{n!}$.

FIGURA 1. Beppo Levi, 1875 – 1961

FIGURA 2. Percy John Daniell, 1889 – 1946

Capítulo 6

Integración en un espacio producto

En este capítulo construiremos medidas e integrales en un producto de espacios medibles. La construcción de las medidas se consigue aplicando el Teorema de Carathéodory; el principal resultado para el cálculo de integrales viene dado por el Teorema de Fubini, que permite calcular integrales múltiples en forma iterada.

1. Producto de medidas

El principal resultado de esta sección es el teorema siguiente

---

TEOREMA 6.1. *Dados dos espacios de medida* $(\Omega_i, \mathcal{F}_i, \mu_i)$ $i = 1, 2,$ *sea* $\Omega = \Omega_1 \times \Omega_2$ *y* $\mathcal{F} = \mathcal{F}_1 \otimes \mathcal{F}_2.$

  1. *Existe una medida* μ *sobre* $(\Omega, \mathcal{F})$ *tal que para todo cilindro medible* $A_1 \times A_2$ *se tenga*

$$(6.1) \qquad \mu(A_1 \times A_2) = \mu_1(A_1)\mu_2(A_2).$$

  2. *Si las medidas* μ_1 *y* μ_2 *son* σ*–finitas, entonces la medida* μ *es única, se llama* producto tensorial *de* μ_1 *y* μ_2*, y se denota* $\mu_1 \otimes \mu_2.$

Demostración. Se define μ sobre $\mathcal{F}_1 \times \mathcal{F}_2 = \{A_1 \times A_2 : A_i \in \mathcal{F}_i\}$ según:

$$(6.2) \qquad \mu(A_1 \times A_2) := \mu_1(A_1)\mu_2(A_2).$$

Basta probar que sobre la semi–álgebra $\mathcal{F}_1 \times \mathcal{F}_2$ la función μ es σ–aditiva. Entonces, por el teorema de Carathéodory, existe una extensión a la tribu $\mathcal{F}_1 \otimes \mathcal{F}_2$ generada por la semi–álgebra. En el caso en que las medidas μ_i $(i = 1, 2)$ son σ–finitas, tal propiedad es heredada de manera evidente por μ, y dicha extensión es única (como consecuencia del mismo teorema citado), llevando a término la demostración.

Demostremos entonces la propiedad de σ–aditividad sobre $\mathcal{F}_1 \times \mathcal{F}_2$. Supongamos que el cilindro $A = A_1 \times A_2$ sea reunión disjunta de una sucesión $(A^n)_n$ de cilindros medibles disjuntos, $A^n = A_1^n \times A_2^n$, $(n \in \mathbb{N})$. Entonces, para cada $(\omega_1, \omega_2) \in \Omega$, se tiene

$$(6.3) \qquad 1_{A_1}(\omega_1)1_{A_2}(\omega_2) = \sum_n 1_{A_1^n}(\omega_1)1_{A_2^n}(\omega_2).$$

Integrando con respecto a μ_2 sobre todo el espacio Ω_2, se obtiene para cada $\omega_1 \in \Omega_1$:

$$1_{A_1}(\omega_1)\mu_2(A_2) = \sum_n 1_{A_1^n}(\omega_1)\mu_2(A_2^n),$$

luego, integrando con respecto a μ_1:

$$(6.4) \qquad \mu(A) = \mu_1(A_1)\mu_2(A_2) = \sum_n \mu_1(A_1^n)\mu_2(A_2^n).$$

lo que concluye la demostración.

☺

Notaciones. Convendremos entonces en definir el *producto de espacios de medida*, en el caso σ–finito, en la forma:

$$(6.5) \qquad (\Omega_1, \mathcal{F}_1, \mu_1) \otimes (\Omega_2, \mathcal{F}_2, \mu_2) = (\Omega_1 \times \Omega_2, \mathcal{F}_1 \otimes \mathcal{F}_2, \mu_1 \otimes \mu_2).$$

Si $(\Omega_i, \mathcal{F}_i, \mu_i)_{i \in I}$ es una colección finita de espacios de medida σ–finita, lo anterior se extiende de manera evidente: el espacio producto es $(\prod_i \Omega_i, \otimes_i \mathcal{F}_i, \otimes \mu_i)$.

Como caso particular de lo anterior tenemos el producto:

$$(6.6) \qquad (\Omega, \mathcal{F}, \mu)^{\otimes n} = (\Omega^n, \mathcal{F}^{\otimes n}, \mu^{\otimes n}), \, (n \geq 1).$$

si μ es σ–finita. Los espacios más usados en Análisis son: $(\mathbb{R}, \mathcal{B}(\mathbb{R}), \lambda)^{\otimes n}$, llamado *espacio de Borel producto*; $(\mathbb{R}, \overline{\mathcal{B}(\mathbb{R})}^{\lambda}, \lambda)^{\otimes n}$, el *espacio de Lebesgue producto*.

2. El Teorema de Fubini

Comencemos por introducir una notación:

DEFINICIÓN 6.1. Sea A una parte del producto de dos conjuntos, $A \subset \Omega \times X$. Dado un elemento $x \in X$ (respectivamente, $\omega \in \Omega$), la sección de A

por x, (resp. por ω) es el conjunto

$$A(\cdot,x) \ :=\ \{\omega \in \Omega : (\omega,x) \in A\},$$

$$(\text{resp. } A(\omega,\cdot) \ :=\ \{x \in X : (\omega,x) \in A\}).$$

LEMA 6.1. *Sean* $(\Omega,\mathcal{F},\mu)$ *y* $(X,\mathcal{X},\nu)$ *dos espacios de medida* σ-*finitas. Entonces para todo* $A \in \mathcal{F} \otimes \mathcal{X}$ *la aplicación* $x \mapsto \mu(A(\cdot,x))$ *es* $\mathcal{X}$*-medible y se tiene:*

$$(6.7) \qquad \mu \otimes \nu(A) = \int_X \mu(A(\cdot,x))\nu(dx).$$

Demostración. Supongamos primero que μ, ν son medidas finitas. Sea $\mathcal{M}$ la clase de todos los conjuntos $A \in \mathcal{F} \otimes \mathcal{X}$ para los cuales se verifica (6.7). Si $A := A_1 \times A_2 \in \mathcal{F} \times \mathcal{X}$ entonces:

$$A(\cdot,x) = \begin{cases} A_1 & \text{si } x \in A_2 \\[2mm] \varnothing & \text{si } x \notin A_2. \end{cases}$$

De este modo,

$$(\mu \otimes \nu)(A) = \mu(A_1)\mu(A_2) = \int_X \mu(A(\cdot,x))\nu(dx).$$

Entonces $\mathcal{M} \supset \mathcal{F} \times \mathcal{X}$ y además $\mathcal{M}$ es estable para reuniones finitas. Por lo tanto

$$\alpha(\mathcal{F} \times \mathcal{X}) \subset \mathcal{M}.$$

Por otra parte $\mathcal{M}$ es estable para límites monótonos:

Sea $(A_n)_n$ una sucesión creciente de elementos de $\mathcal{M}$ de límite A entonces $A_n(\cdot,x) \uparrow A(\cdot,x)$ para todo $x \in X$. De estas convergencias deducimos que $\mu \otimes \nu(A_n) \uparrow \mu \otimes \nu(A)$ y también $\mu(A_n(\cdot,x)) \uparrow \mu(A(\cdot,x))$ para todo $x \in X$. Aplicando el teorema de la convergencia monótona de integrales, se obtiene

$$\int_X \mu(A_n(\cdot,x))\nu(dx) \uparrow \int_X \mu(A(\cdot,x)\nu(dx),$$

entonces $A \in \mathcal{M}$.

En el caso $A_n \downarrow A$ interviene la hipótesis de finitud de μ y ν. Se tiene también $A \in \mathcal{M}$. Por lo tanto, $\mathcal{M}$ es clase monótona.

Por el teorema de las clases monótonas, $\mathcal{F} \otimes \mathcal{X} = \mathcal{M}$ y la fórmula (6.7) es válida sobre toda la tribu producto.

Si μ, ν son sólo σ–finitas, descomponemos Ω y X en particiones medibles con elementos de medida finita: $\Omega = \sum_n \Omega_n$, $X = \sum_m X_m$. Además, sean

$$A_{p,q} \; := \; A \cap (\Omega_p \times X_q),$$

$$g_{p,q} \; := \; \mu(A_{p,q}(\cdot, x)), \; p, q \in \mathbb{N}, \; x \in X$$

Se tiene entonces que para cada $(p, q) \in \mathbb{N} \times \mathbb{N}$, las funciones $g_{p,q}$ son integrables, positivas, y $\mu \otimes \nu(A_{pq}) = \int_X g_{p,q} d\nu$. Si $g(x) := \mu(A(\cdot, x))$, entonces $g(x) = \sum_{p,q} g_{p,q}(x)$, g es medible positiva. Además

$$\int_x g d\nu = \sum_{p,q} \int g_{p,q} d\nu = \sum_{p,q} \mu \otimes \nu(A_{p,q}) = \mu \otimes \nu(A).$$

☺

TEOREMA 6.2. *(Fubini) Sean $(\Omega, \mathcal{F}, \mu)$, $(X, \mathcal{X}, \nu)$ espacios de medida σ–finitos. Sea f una función medible de $\Omega \times X$ en $\overline{\mathbb{R}}$ o $\mathbb{C}$.*

1. *Si f es positiva, entonces la función:*

$$x \mapsto \int_\Omega f(\omega, x) \mu(d\omega) \;\; es \; \mathcal{X}\text{–medible}$$

(respectivamente $\omega \mapsto \int_X f(\omega, x) \nu(dx)$ es $\mathcal{F}$–medible) es positiva y:

$$(6.8) \qquad \int_{\Omega \times X} f d(\mu \otimes \nu) \;=\; \int_X \left(\int_\Omega f(\omega, x) \mu(d\omega) \right) \nu(dx)$$

$$(6.9) \qquad \qquad\qquad =\; \int_\Omega \left(\int_X f(\omega, x) \nu(dx) \right) \mu(d\omega)$$

2. *Una función f, numérica o compleja, pertenece a $\mathcal{L}^1(\Omega \times X, \mathcal{F} \otimes \mathcal{X}, \mu \otimes \nu)$ si y sólo si*

$$\int_\Omega |f(\omega, x)| \mu(d\omega) < \infty$$

ó

$$\int_\Omega \int_X |f(\omega, x)| \nu(dx) \mu(d\omega) < \infty$$

y en este caso se tiene la igualdad entre integrales de 1.

Demostración.

1. Si $A \in \mathcal{F} \times X$ y $f := 1_A$, la función

$$x \mapsto \int f(\omega, x)\mu(d\omega) = \mu(A(\cdot, x))$$

es $\mathcal{X}$ medible en virtud del lema 6.1 y se tiene también que

$$\omega \mapsto \nu(A(\omega, \cdot))$$

es $\mathcal{F}$–medible. Luego:

$$\begin{aligned}
\int_{\Omega \times X} 1_A d(\mu \otimes \nu) &= \mu \otimes \nu(A) \\
&= \int_X \mu(A\cdot, x)\nu(dx) \\
&= \int_X \left(\int_\Omega 1_A(\omega, x)\mu(d\omega) \right)\nu(dx) \\
&= \int_\Omega \left(\int_X 1_A(\omega, x)\nu(dx) \right)\mu(d\omega)
\end{aligned}$$

La propiedad es entonces válida para funciones características. Por linealidad lo es también para funciones simples. Para funciones positivas cualesquiera, la conclusión se obtiene por paso al límite (monótono).

2. Sea, en primer lugar, f función numérica. Entonces $f \in \mathcal{L}^1(\Omega \times X, \mathcal{F} \otimes \mathcal{X}, \mu \otimes \nu)$ si y sólo si $\int_{\Omega \times X} |f| d(\mu \otimes \nu) < \infty$. Ahora bien, puesto que $|f|$ es positiva podemos aplicar la primera parte del teorema y su integral se calcula:

$$\begin{aligned}
\int_{\Omega \times X} |f| d(\mu \otimes \nu) &= \int_\Omega \int_X |f(\omega, x)|\nu(dx)\mu(d\omega) \\
&= \int_X \int_\Omega |f(\omega, x)|\mu(d\omega)\nu(dx).
\end{aligned}$$

Luego $\int |f| d(\mu \otimes \nu) < \infty$ si y sólo si $\int_\Omega \int_X |f(\omega, x)|\nu(dx)\mu(d\omega) < \infty$ lo que a su vez equivale a $\int_X \int_\Omega |f(\omega, x)|\mu(d\omega)\nu(dx) < \infty$.

Supongamos satisfecha la condición de integrabilidad. De ella resulta que la función $\omega \mapsto \int_X |f(\omega, x)|\nu(dx)$ es μ–c.t.p. finita y medible (respectivamente $x \mapsto \int_\Omega |f(\omega, x)|\mu(d\omega)$ es ν–c.t.p. finita y medible). Similares conclusiones son válidas si se reemplaza $|f|$ por

f^+ ó f^-. Entonces, por la primera parte tenemos

$$\int_{\Omega\times X} f^+ d(\mu\otimes\nu) = \int_\Omega(\int_X f^+ d\nu)d\mu < \infty$$

$$\int_{\Omega\times X} f^- d(\mu\otimes\nu) = \int_\Omega(\int_X f^- d\nu)d\mu < \infty$$

Por linealidad se obtiene entonces

$$\int_{\Omega\times X} f d(\mu\otimes\nu) = \int_\Omega(\int_X f d\nu)d\mu = \int_X(\int_\Omega f d\mu)d\nu$$

En el caso complejo, separamos en parte real y parte imaginaria aplicándoles a ellas los casos ya demostrados.

OBSERVACIÓN 6.1. La segunda parte del teorema 6.2 nos dice que si

$$f \in \mathcal{L}^1(\Omega\times X, \mathcal{F}\otimes\mathcal{X}, \mu\otimes\nu)$$

entonces

$$\int_X f(\cdot, x)\nu(dx) \in \mathcal{L}^1(\Omega, \mathcal{F}, \mu)$$

μ–c.t.p.

3. Comentarios

Guido Fubini expuso su célebre teorema en la Universidad de Princeton el año 1942. Había emigrado a Estados Unidos en 1939 huyendo del régimen fascista de Mussolini. En 1950, siete años después de su muerte, el resultado de su teorema fue publicado póstumamente en [**17**].

4. Ejercicios propuestos

1. Sea $f(x,y) = \frac{x^2-y^2}{(x^2-y^2)^2}$ para $(x,y) \in \mathbb{R}^2\setminus\{(0,0)\}$ y $f(0,0) = 0$. Probar que se tiene

$$\int_0^1 \int_0^1 f(x,y)dydx = \frac{\pi}{4},$$

$$\int_0^1 \int_0^1 f(x,y)dxdy = -\frac{\pi}{4}$$

   concluir que f no es integrable sobre $[0,1]^2$.

2. Traducir al lenguaje de familias sumables el teorema de Fubini.

3. Sea $(\Omega, \mathcal{F}, \mathbb{P})$ espacio de probabilidad y $X : \Omega \to \mathbb{R}_+$ medible. Probar que si X es integrable positiva, entonces

$$(6.10) \qquad \int_\Omega X \, d\mathbb{P} = \int_0^\infty \mathbb{P}(X > x) \, dx.$$

4. Consideremos dos espacios de medida σ–finita, $(\Omega_i, \mathcal{F}_i, \mu_i)$, $(i = 1, 2)$.

   a) Supongamos que existe una parte no vacía $A \subset \Omega_1$ tal que $A \notin \mathcal{F}_1$ y que existe una parte no vacía $B \in \mathcal{F}_2$ tal que $\mu_2(B) = 0$. Probar que el espacio de medida $(\Omega_1 \times \Omega_2, \mathcal{F}_1 \otimes \mathcal{F}_2, \mu_1 \otimes \mu_2)$ no es completo.

   b) Probar que el espacio de Lebesgue producto $(\mathbb{R}^2, \overline{\mathcal{B}}_\lambda(\mathbb{R})^{\otimes 2}, \lambda^{\otimes 2})$ no es completo.

5. Sean $X_1 = X_2 = \mathbb{R}$, $\mathcal{X}_1 = \mathcal{X}_2 = \mathcal{B}(\mathbb{R})$, $\mu_1(A) = \lambda(A)$, $\mu_2(A)$ es el cardinal de A, para todo boreliano A.

   Considerar el conjunto diagonal,

   $$D = \{(x_1, x_2) \in X_1 \times X_2 : x_1 = x_2\} \in \mathcal{X}_1 \otimes \mathcal{X}_2.$$

   Probar que:

$$(6.11) \qquad \int_{X_1} \left(\int_{X_2} 1_D \, d\mu_2 \right) d\mu_1 \;=\; \infty,$$

$$(6.12) \qquad \int_{X_2} \left(\int_{X_1} 1_D \, d\mu_1 \right) d\mu_2 \;=\; 0.$$

   Comparar con el teorema de Fubini.

6. Aplicando el Teorema de Fubini (justificando porqué) a la función $(x, y) \mapsto y \exp -(1 + x^2)y^2$, probar que

$$(6.13) \qquad \int_0^\infty e^{-x^2} \, dx = \frac{\sqrt{\pi}}{2}.$$

7. Sea $(\Omega, \mathcal{F}, \mu)$ un espacio de medida σ–finito y f una función medible definida sobre Ω, con valores reales. Sea $\Phi : \mathbb{R}_+ \to \mathbb{R}_+$ una función creciente y derivable, tal que $\Phi(0) = 0$.

   Para todo $t > 0$ se define el conjunto $\Omega_t = \{\omega \in \Omega : |f(\omega)| > t\}$ y denotamos $\theta(t) = \mu(\Omega_t)$. Para $t = 0$ convendremos en colocar $\Omega_0 = \Omega$ y $\theta(0) = \mu(\Omega)$.

   a) Probar que la función $(t, \omega) \mapsto \Phi'(t) 1_{\Omega_t}(\omega)$ es positiva y $\mathcal{B}(\mathbb{R}_+) \otimes \mathcal{F}$–medible.

b) Demostrar, aplicando el Teorema de Fubini, que:

$$\int_\Omega \Phi \circ |f| d\mu = \int_0^\infty \theta(t)\Phi'(t)dt.$$

c) Deducir de lo anterior que para todo $p \geq 1$,

$$\int_\Omega |f|^p d\mu = p \int_0^\infty \theta(t)t^{p-1}dt.$$

8. Desarrollando en serie $\frac{1}{1-xy}$, (donde $(x,y) \in [0,1]^2$), probar que:

(6.14)
$$\int_{[0,1]^2} \frac{dxdy}{1-xy} = \sum_{n\geq 0} \int_{[0,1]^2} x^n y^n dxdy = \sum_{n\geq 1} \frac{1}{n^2}.$$

Efectuando en la primera integral el cambio de variables $x = \frac{1}{\sqrt{2}}(u-v)$, $y = \frac{1}{\sqrt{2}}(u+v)$, probar la igualdad:

$$\sum_{n\geq 1} \frac{1}{n^2} = \frac{\pi^2}{6}.$$

FIGURA 1. Guido Fubini, 1879 – 1943

Capítulo 7

Cambio de variables en la integral

En este capítulo analizaremos el significado del método llamado de "cambio de variables" en la integral, que ha sido un útil muy importante para el cálculo de integrales de Riemann. Comenzaremos por analizar el caso de medidas cualesquiera y luego nos concentraremos en la integral de Lebesgue en $\mathbb{R}^d$.

1. Imagen de una medida por una aplicación medible

DEFINICIÓN 7.1. Sea $(\Omega, \mathcal{F}, \mu)$ un espacio de medida, $(X, \mathcal{X})$ espacio medible, y $u : \Omega \to X$ una aplicación medible. Se define $u[\mu]$, la *medida imagen por u de μ* sobre $(X, \mathcal{X})$ por:

$$(7.1) \qquad u[\mu](A) := \mu(u^{-1}(A)), (A \in \mathcal{X}).$$

PROPOSICIÓN 7.1. *Sea $(\Omega, \mathcal{F}, \mu)$ espacio de medida, $(X, \mathcal{X})$ espacio medible y $u : \Omega \to X$ aplicación medible. Entonces:*

1. Para todo $g \in \mathcal{L}^+(X, \mathcal{X})$ se tiene:

$$(7.2) \qquad \int_X g\, du[\mu] = \int_\Omega g \circ u\, d\mu$$

2. $g \in \mathcal{L}^1_{\mathbb{C}}(X, \mathcal{X}, u[\mu])$ si y sólo si $g \circ u \in \mathcal{L}^1_{\mathbb{C}}(\Omega, \mathcal{F}, \mu)$ y se tiene la igualdad entre las integrales de (7.2).

Demostración.

125

1. Sea $A \in \mathcal{X}$ y $g = 1_A$, entonces (7.2) corresponde a la definición de la medida imagen, ya que:

$$\int_X g\, du[\mu] \;=\; u[\mu](A)$$
$$=\; \mu(u^{-1}(A))$$
$$=\; \int_\Omega 1_{u^{-1}(A)}\, d\mu$$
$$=\; \int_\Omega 1_A \circ u\, d\mu$$

Por linealidad (7.2) vale para funciones simples, y por paso al límite, para toda función medible positiva g.

2. Dada una función medible g con valores complejos, $g \in \mathcal{L}_{\mathbb{C}}^1(X, \mathcal{X}, u[\mu])$ si y sólo si $\int_X |g|\, du[\mu] < \infty$ pero

$$\int_X |g|\, du[\mu] = \int_\Omega |g \circ u|\, d\mu,$$

luego, $g \in \mathcal{L}_{\mathbb{C}}^1(X, \mathcal{X}, u[\mu])$ si y sólo si $g \circ u \in \mathcal{L}_{\mathbb{C}}^1(\Omega, \mathcal{F}, \mu)$.

$\odot$

Sean μ, ν dos medidas sobre $(\Omega, \mathcal{F})$ espacios medibles. Decimos que μ *admite densidad* ς $(\varsigma \in \mathcal{L}^+(\Omega, \mathcal{F}))$ *con respecto a* ν si se tiene:

$$\mu(A) = \int_A \varsigma\, d\nu, \qquad (A \in \mathcal{F})$$

y escribimos $u = \varsigma \cdot \nu$.

OBSERVACIÓN 7.1.   1. Observar que ς es única ν–c.t.p. ya que si ς' es otra densidad de μ con respecto a ν se tiene:

$$\int_A \varsigma\, d\nu = \int_A \varsigma'\, d\nu,$$

para todo $A \in \mathcal{F}$. Esto implica que $\varsigma = \varsigma'$, nu–c.t.p.

2. Si $A \in \mathcal{F}$ es tal que $\nu(A) = 0$ entonces:

$$\varsigma \cdot \nu(A) = 0$$

luego $\mu(A) = 0$. Se dice que μ es *absolutamente continua* con respecto a ν.

2. Aplicación: Convolución de medidas

Dado un espacio topológico X, hemos visto que la tribu de Borel $\mathcal{B}(X)$ queda definida por $\mathcal{B}(X) = \sigma(\mathcal{G})$ donde $\mathcal{G}$ es la topología de X. Llamamos $C = C(X, \mathbb{R})$ al conjunto de las funciones continuas de X en $\mathbb{R}$.

Se llama *tribu de Baire* sobre X, $\mathcal{B}_a(X)$, a la tribu generada por C, i.e. $\mathcal{B}_a(X) = \sigma(C)$, y se tiene $\mathcal{B}_a(X) \subset \mathcal{B}(X)$.

En los espacios localmente compactos numerables (l.c.n.), el lema de Urysohn nos dice que dado un cerrado F del espacio, existe una función continua ς tal que

$$F = \{x : \varsigma(x) = 1\}$$

En este caso, la familia $\mathcal{F}$ de los cerrados verifica: $\mathcal{F} \subset \mathcal{B}_a(X)$ y por lo tanto $\mathcal{B}(X) = \sigma(\mathcal{F}) \subset \mathcal{B}_a(X)$.

En consecuencia si X es l.c.n. las tribus de Baire y de Borel coinciden: $\mathcal{B}(X) = \mathcal{B}_a(X)$.

Sea G un grupo topológico l.c.n., $\mathcal{B}(G)$ su tribu boreliana, μ, ν dos medidas σ–finitas sobre $(G, \mathcal{B}(G))$, llamamos $+$ la operación del grupo, y además escribimos $s(x, y) = x + y$, $(x, y \in G)$. La *convolución de* μ, ν o el *producto de convolución* es una medida $\mu * \nu$ sobre $(G, \mathcal{B}(G))$ definida como la imagen por s de la medida producto $\mu \otimes \nu$, vale decir:

$$\mu * \nu := s[\mu \otimes \nu]$$

Notar que $\mu * \nu = \nu * \mu$ y $*$ es operación asociativa pero no posee elemento neutro.

PROPOSICIÓN 7.2. *Bajo las condiciones anteriores, tenemos:*

1. *Para toda* $g \in \mathcal{L}^+(G, \mathcal{B}(G))$

(7.3)
$$\int_G g \, d(\mu * \nu) = \int_{G \times G} g \circ s \, d(\mu \otimes \nu)$$

2. *Si g es una función medible con valores complejos, ella es integrable con respecto a $\mu * \nu$ si y sólo si $g \circ s \in \mathcal{L}_{\mathbb{C}}^1(G \times G, \mathcal{B}(G \times G), \mu \otimes \nu)$, y en este caso la fórmula de cambio de variables (7.3) es también válida.*

Demostración. Es una simple aplicación de la proposición 7.1.

127

Nota. Supongamos $\mu = \varsigma \cdot \eta$ y $\nu = \psi \cdot \eta$, donde μ, ν, η son medidas definidas sobre $(G, \mathcal{B}(G))$. Entonces,

$$
\begin{aligned}
\mu \otimes \nu(A_1 \times A_2) &= \mu(A_1)\nu(A_2) \\
&= \int_{A_1} \varsigma d\eta \int_{A_2} \psi d\eta \\
&= \int_{A_1 \times A_2} \varsigma(y)\eta(dx)\eta(dy) \\
&= \int_{A_1 \times A_2} \varsigma\psi d\eta^{\otimes 2},
\end{aligned}
$$

para todo A_1, A_2 en $\mathcal{F}$.

luego $\quad \mu \otimes \nu = \varsigma\psi \cdot \eta^{\otimes 2}$. De aquí resulta:

$\mu * \nu = s[\varsigma\psi \cdot \eta^{\otimes 2}]$

$$
\int_G g d(\mu * \nu) = \int_{G \times G} g \circ s d(\varsigma\psi \cdot \eta^{\otimes 2}).
$$

Pero si $f \in \mathcal{L}^+(G, \mathcal{B}(G, \mathcal{B}(G)))$, entonces $\int f d\mu = \int f\varsigma d\eta$. Luego,

$$
\begin{aligned}
\int_{G \times G} g \circ s d(\varsigma\psi \cdot \eta^{\otimes 2}) &= \int_{G \times G} g \circ s \varsigma\psi d\eta^{\otimes 2} \\
&= \int_G \int_G g(x + y)\varsigma(x)\psi(y)\eta(dx)\eta(dy)
\end{aligned}
$$

Introduzcamos la notación $\varsigma * \psi(u) := \int_G \varsigma(x)\psi(u - x)\eta(dx)$. Con esto se obtiene

$$
\begin{aligned}
\int_G g d(\mu * \nu) &= \int_G \int_G g(u)\varsigma(x)\psi(u - x)\eta(dx)\eta(du) \\
&= \int_G g(u)\left(\int_G \varsigma(x)\psi(u - x)\eta(dx)\right)\eta(du) \\
\int_G g d(\mu * \nu) &= \int_G g(u)\varsigma * \psi(u)\eta(du),
\end{aligned}
$$

luego $\quad \mu * \nu = \varsigma * \psi \cdot \eta$ si η es medida invariante por traslaciones sobre G (i.e. $\eta(E + x) = \eta(E) \quad \forall E \in \mathcal{B}(G), \forall x \in G$).

Casos particulares: Convolución de medidas definidas sobre $(\mathbb{R}^n, \mathcal{B}(\mathbb{R}^n))$ y convolución de funciones (tomando η como la medida de Lebesgue).

2.1. Transformación de Fourier de medidas finitas. Sea $(\Omega, \mathcal{F})$ espacio medible, $\mathcal{M}^+(\Omega, \mathcal{F})$: conjunto de las medidas positivas finitas sobre $(\Omega, \mathcal{F})$.

Definimos la *transformación de Fourier* de $\mu \in \mathcal{M}^+(\Omega, \mathcal{F})$ por:

$$(7.4) \qquad \varphi_\mu(t) := \int_\Omega e^{itx} \mu(dx) \quad (t \in \mathbb{R}).$$

La función φ_μ está bien definida ya que $|e^{itx}| = 1$ y $\mu(\Omega) < \infty$. Por otra parte para todo intervalo I acotado en $\mathbb{R}$:

$$\begin{aligned}
\int_I |\varphi_\mu(t)| dt &= \int_I |\int_\Omega e^{itx} \mu(dx)| dt \\
&\leq \int_I \int_\Omega |e^{itx}| \mu(dx) dt \\
&\leq \mu(\Omega) \lambda(I) < \infty
\end{aligned}$$

luego $\quad \varphi_\mu \in \mathcal{L}^1(I, \mathcal{B}(I), \lambda|_{\mathcal{B}(I)})$.

Vale decir, $\varphi_\mu \in \mathcal{L}^{1,loc}(\mathbb{R}, \mathcal{B}(\mathbb{R}), \lambda)$. φ_μ satisface las siguientes propiedades:

1. $\varphi_\mu(t) \leq \varphi_\mu(0)$ y $\frac{1}{\mu(\Omega)} \varphi_\mu = 1$;
2. φ_μ es continua en cero (demostrarlo);
3. Sean $t_1, \ldots, t_n \in \mathbb{R}$; $a_1, \ldots, a_n \in \mathbb{C}$

$$\begin{aligned}
\sum_{k,j=1}^n a_k \overline{a_j} \varphi_\mu(t_k - t_j) &= \sum_{k=1,\,j=1}^n \int_\Omega a_k e^{itk^x} \overline{a_j} e^{-itj^x} \mu(dx) \\
&= \int_\Omega (\sum_{k=1}^n a_k e^{it_k x})(\overline{\sum_{j=1}^n a_j e^{it_j x}}) \mu(dx) \\
&= \int_\Omega |z(x)|^2 \mu(dx) \geq 0,
\end{aligned}$$

donde $z(x) = \sum_{k=1}^n a_k e^{it_k x}$, luego φ_μ es una función *de tipo positiva*.

El teorema de Bochner asegura que, dada φ función compleja que satisface 1, 2 y 3, con $\mu(\Omega) = 1$, entonces existe una única medida μ–finita tal que $\varphi = \varphi_\mu$. Llamemos **F** tal clase de funciones complejas φ. Este conjunto satisface $\mathbf{F} \subset \mathcal{L}_\mathbb{C}^{1,\mathbf{loc}}(\mathbb{R}, \mathcal{B}, (\mathbb{R}), \lambda)\}$ y la transformación de Fourier pone en correspondencia biunívoca a $\mathcal{M}^+(\Omega, \mathcal{F})$ con **F**.

Sea G un grupo topológico l.c.n. (localmente compacto numerable). Sean $\mu, \nu \in \mathcal{M}^+(G, \mathcal{B}(G))$

$$
\begin{aligned}
\varphi_{\mu*\nu}(t) &= \int_G e^{itx} \mu * \nu(dx) \\
&= \int_{G \times G} e^{it(x+y)} \mu(dx)\nu(dy) \\
&= \int_G e^{itx} \mu(dx) \int_G e^{ity} \mu(dy)
\end{aligned}
$$

luego $\quad \varphi_{\mu*\nu} = \varphi_\mu(t)\varphi_\nu(t)$.

En particular por inducción se obtiene para todo $n \in \mathbb{N}$ que:

$$(7.5) \qquad\qquad\qquad \varphi_{\mu^{*n}} = [\varphi_\mu]^n$$

EJERCICIO 7.1. Sea $(\Omega, \mathcal{F}, \mathbb{P})$ un espacio de probabilidad. Y, X: variables aleatorias reales. Se dice que X *es independiente de* Y (y se anota $X \amalg Y$) si:

$$\mathbb{P}(x \in A, Y \in B) = \mathbb{P}(X \in A)\mathbb{P}(Y \in B) \qquad (A, B \in \mathcal{F})$$

Llamamos

$$
\begin{aligned}
F_X(x) &= \mathbb{P}(X \leq x) \\
F_Y(y) &= \mathbb{P}(Y \leq y)
\end{aligned}
$$

llamamos a $F_X(dx)$ la *función de distribución* de X sobre $(\mathbb{R}, \mathcal{B}(\mathbb{R}))$. Notar que en este caso particular:

$$
\begin{aligned}
\mathbb{P}(X \in A, Y \in B) &= \mathbb{P}((X,Y) \in A \times B) \\
&= (X,Y)[\mathbb{P}](A \times B)
\end{aligned}
$$

luego $F_{(X,Y)}(x,y) = \mathbb{P}(X \leq x, Y \leq y)$ y $F_{(X,Y)}(x,y) = F_X(x)F_Y(y)$

Probar que $F_{X+Y} = F_x * F_y$ si X es independiente de Y.

En términos de las transformadas de Fourier (funciones características), determinadas por las imágenes de $\mathbb{P}$ por $X + Y$, X, Y, probar que $\varphi_{X+Y} = \varphi_X \varphi_Y$.

Si $(X_n)_{n \in \mathbb{N}}$ es una sucesión de variables aleatorias independientes y definimos $S_n := \sum_{k \leq n} X_k$ tenemos que:

$$\varphi_{S_n} = \prod_{k \leq n} \varphi_{X_k};$$

si los X_k tienen todas las mismas distribuciones F de función característica φ, entonces:

$$\varphi_{S_n} = \varphi^n$$

Un caso particular de la situación analizada se tiene si $X_1, \ldots, X_n$ son variables aleatorias de Bernoulli independientes de parámetro p en $[0, 1]$.

$$\mathbb{P}(X_k = 1) = p \quad \forall k$$

$$\mathbb{P}(X_k = 0) = 1 - p = q$$

$$\begin{aligned}
\varphi_{X_k}(t) &= \int_\Omega e^{itx_k} d\mathbb{P} \\
&= e^{it \cdot 1} \mathbb{P}(x_k = 1) + e^{it0} \mathbb{P}(x_k = 0)
\end{aligned}$$

luego $\quad \varphi_{X_k} = pe^{it} + q$

Entonces

$$\varphi_{S_n}(t) = (pe^i t + q)^n$$

donde $S_n = X_1 + \cdots + X_n$, y en este caso:

$$\mathbb{E}(S_n) = \sum_{k \leq n} \mathbb{E}(x_k) = np$$

$$\mathbb{E}((S_n - np)^2) = \mathbb{E}(S_n^2) - n^2 p^2 = npq$$

Sea $Z_n = \dfrac{S_n - np}{\sqrt{npq}}$

$$\begin{aligned}
\varphi_{Z_n}(t) &= \int_\Omega e^{it \frac{S_n - np}{\sqrt{npq}}} d\mathbb{P} \\
&= e^{-i \frac{np}{\sqrt{npq}}} \int_\Omega e^{\frac{itS_n}{\sqrt{npq}}} d\mathbb{P} \\
&= e^{-it \frac{np}{\sqrt{npq}}} \varphi_{S_n}\left(\frac{t}{\sqrt{npq}}\right) \\
&= e^{-it \frac{np}{\sqrt{npq}}} (pe^{it/\sqrt{npq}} + q)^n
\end{aligned}$$

¿Qué pasa si $n \to \infty$? Calcular φ_Z para Z una variable aleatoria cuya función de distribución sea:

$$\Phi(x) = \frac{1}{\sqrt{2\pi}} \int_{-\infty}^x e^{-t^2/2} dt$$

Probar luego que $\varphi_{Z_n}(t) \to \varphi_Z(t)$, para todo $t \in \mathbb{R}$, si $n \to \infty$.

131

3. Cambio de variables en la integral de Lebesgue en $\mathbb{R}^n$

Comencemos por recordar algunos conceptos básicos de Cálculo Diferencial.

DEFINICIÓN 7.2. Sea X un abierto en $\mathbb{R}^p$, $\varphi : X \to \mathbb{R}^q$, se dice que φ es *diferenciable en* $a \in X$ si existen:

- Una transformación lineal $l : \mathbb{R}^p \to \mathbb{R}^q$,
- una vecindad $V(0)$ de 0 en $\mathbb{R}^p$ y
- una función $u : V(0) \to \mathbb{R}^q$ tales que:

$$(7.6) \qquad \varphi(a + x) = \varphi(a) + l(x) + u(x),$$

donde,

$$(7.7) \qquad \frac{u(x)}{|x|} \to 0, \text{ si } x \to 0,\ x \neq 0.$$

La aplicación l es única y se llama *aplicación lineal tangente en* a a φ. La denotamos $T_a\varphi$.

$T_a\varphi$ no depende de la norma sobre $\mathbb{R}^p$ y $\mathbb{R}^q$. Si ψ es una segunda aplicación definida en una vecindad de $\varphi(a)$ y diferenciable en ese punto, entonces:

$$(7.8) \qquad T_a(\psi \circ \varphi) = T_{\varphi(a)}\psi \circ T_a\varphi$$

Si denotamos por $x_1, \ldots, x_p$ las coordenadas de $\mathbb{R}^p$ entonces $T_a\varphi$ se representa por:

$$\left(\frac{\partial \varphi^i(a)}{\partial x_k} \right) \quad i = 1, \ldots q\ ;\ k = 1, \ldots, p$$

donde las funciones φ^i son las componentes de φ.

Esta matriz recibe el nombre de *matriz Jacobiana*.

Si $p = q$ el determinante de la matriz Jacobiana, $\det\left(\frac{\partial \varphi^i(a)}{\partial x_k} \right)$, se llama *Jacobiano de* φ en a, y lo denotamos $J_\varphi(a)$. Se tiene:

$$(7.9) \qquad J_{\psi \circ \varphi}(a) = J_\psi(\varphi(a)) J_\varphi(a).$$

Sea Y un segundo abierto de $\mathbb{R}^p$. $\varphi : X \to Y$ es un C^1–*difeomorfismo* si φ es biyección y φ, φ^{-1} son diferenciables en todo punto, con derivadas parciales continuas. En este caso:

$$T_{\varphi(a)}\varphi^{-1} = (T_a\varphi)^{-1}$$

luego, $J_{\varphi^{-1}}(\varphi(a)) = (J_\varphi(a))^{-1}$.

El Jacobiano de un difeomorfismo no se anula. Recíprocamente si φ es de clase C^1 con $J_\varphi \neq 0$ entonces φ es un C^1–difeomorfismo.

TEOREMA 7.1. *Sea φ un C^1–difeomorfismo de X en Y donde X, Y son abiertos de $\mathbb{R}^n$. Llamamos μ la medida sobre $(X, \mathcal{B}(X))$ definida por $\mu = |J_\varphi| \cdot \lambda_X$ donde λ_X es la medida de Lebesgue sobre X. Entonces $\lambda_Y = \varphi[\mu]$ vale decir, la medida de Lebesgue sobre $(Y, \mathcal{B}(Y))$ es la medida imagen de μ por φ.*

COROLARIO 7.1 (Teorema del cambio de variables en la integral múltiple). *Sean X, Y abiertos de $\mathbb{R}^n$, $\varphi : X \to Y$ un C^1–difeomorfismo. Entonces:*

    1. *Para todo $g \in \mathcal{L}^+(Y, \mathcal{B}(Y))$*

(7.10)
$$\int_Y g(y)dy = \int_X g(\varphi(x))|J_\varphi(x)|dx$$

    2. *Una función g boreliana, definida sobre Y y con valores complejos es integrable con respecto a la medida de Lebesgue sobre Y si y sólo si $g \circ \varphi)|J_\varphi|$ es Lebesgue–integrable sobre X. En este caso vale la igualdad entre integrales de la ecuación (7.10).*

Demostración.

Por Teorema 7.1 el corolario es válido para $g = 1_A$ con $A \in \mathcal{B}(Y)$. Luego, también se cumple para funciones simples por linealidad y para funciones medibles positivas por paso al límite, etc.

EJEMPLO 7.1. *Coordenadas polares en $\mathbb{R}^n$.*

Definamos

$$D = [0, \infty[\times]0, 2\pi[\times] - \pi/2, \pi/2[\times\cdots\times] - \pi/2, \pi/2[$$

y el C^1 difeomorfismo $\varphi : D \to \mathbb{R}^n \smallsetminus N$ (con N conjunto despreciable), $(r, \theta_1, \ldots, \theta_{n-1}) \mapsto \varphi(x_1, \ldots, x_n)$, dado por:

$$
\begin{aligned}
x_n &= r \operatorname{sen} \theta_{n-1} \\[4pt]
x_{n-1} &= r \cos \theta_{n-1} \operatorname{sen} \theta_{n-2} \\[4pt]
\cdots &\quad \ldots\ldots\ldots\ldots\ldots \\[4pt]
x_2 &= r \cos \theta_{n-1} \cos \theta_{n-1} \cdots \cos \theta_2 \operatorname{sen} \theta_1 \\[4pt]
x_1 &= r \cos \theta_{n-1} \cos \theta_{n-2} \cdots \cos \theta_2 \cos \theta_1 .
\end{aligned}
$$

El Jacobiano correspondiente tiene la forma:

$$(7.11) \qquad J_\varphi(r, \theta_1, \ldots, \theta_{n-1}) = (-1)^{n-1} r^{n-1} (\cos \theta_{n-1})^{n-2} (\cos \theta_{n-2})^{n-3} \cdots (\cos \theta_2)^1 .$$

Luego, para toda $g \in \mathcal{L}^+(\mathbb{R}^n, \mathcal{B}(\mathbb{R}^n))$ o bien $g \in \mathcal{L}^1_{\mathbb{C}}(\mathbb{R}^n, \mathcal{B}(\mathbb{R}^n), \lambda^{\otimes n})$, se tiene

$$(7.12) \qquad \int_{\mathbb{R}^n} g(x_1, \ldots, x_n) dx_1 \ldots dx_n =$$

$$\int_0^\infty dr \int_0^{2\pi} d\theta_1 \int_{-\pi/2}^{\pi/2} d\theta_2 \ldots \int_{-\pi/2}^{\pi/2} d\theta_{n-1} g(r, \theta_1, \theta_2, \ldots, \theta_{n-1}) r^{n-1} (\cos \theta_{n-1})^{n-2} \ldots (\cos \theta_2).$$

Introduzcamos

$$S_{n-1} = \int_{-\pi/2}^{\pi/2} (\cos \theta_{n-1})^{n-1} d\theta_{n-1} \cdots \int_{-\pi/2}^{\pi/2} \cos \theta_2 d\theta_2 \int_0^{2\pi} d\theta_1$$

que es el área de la esfera unidad en $\mathbb{R}^n$. Desarrollando la integral para n par o impar, se tiene:

$$(k \geq 1) \quad S_{2k-1} = \frac{(2\pi)^k}{(k-1)!} \, , \quad S_{2k} = \frac{2^{k+1} \pi^k}{1 \cdot 3 \cdot \ldots \cdot (2k-1)}$$

Considerando en particular $g(x) := G(|x|)$,

$$\int_{\mathbb{R}^n} G(|x|) dx = S_{n-1} \int_0^\infty g(r) r^{n-1} dr$$

Así, por ejemplo, si $g(x) = |x|^\alpha$ con $\alpha \in \mathbb{C}$ tenemos:

> **PROPOSICIÓN 7.3.** *Sea $\alpha \in \mathbb{C}$, B esfera de $\mathbb{R}^n$ de centro 0 y radio mayor que cero, entonces:*
>
> 1. *$\int_B |x|^\alpha dx < \infty$ si y sólo si $\Re(\alpha) > -n$*
> 2. *$\int_{B^c} |x|^\alpha dx < \infty$ si y sólo si $\Re(\alpha) < -n$*

Nos concentraremos ahora en la demostración del Teorema de Cambio de Variables.

Demostración. [del Teorema 7.1]

Como la tribu Boreliana de $\mathbb{R}^n$ es engendrada por los adoquines (o paralelepípedos) y como además $\mathbb{R}^n$ es localmente compacto numerable, dicha tribu es también generada por los adoquines compactos. En consecuencia, la demostración del teorema se reduce a probar que si A es un adoquín compacto de X, producto de n intervalos de $\mathbb{R}$, entonces se tiene:

$$\lambda_Y(\varphi(A)) = \int_A |J_\varphi|\,dx$$

Demostraremos esta propiedad por medio de dos lemas previos.

LEMA 7.1. *Sea l una transformación lineal de $\mathbb{R}^n$ y A un adoquín compacto de X, entonces:*

$$\lambda_Y(l(A)) = |\det(l)|\lambda_X(A)$$

Demostración.

Sean $v_1,\ldots,v_n \in \mathbb{R}^n$. Designamos por $[v_1,\ldots,v_n]$ el paralelepípedo engendrado por estos vectores entonces tenemos:

$$\lambda([v_1,\ldots,v_n]) = \det(v_1,\ldots,v_n)$$

En efecto, consideremos las aplicaciones multilineales

$$\phi(v_1,\ldots,v_n) = \det(v_1,\ldots,v_n)$$

$$\psi(v_1,\ldots,v_n) = \operatorname{signo}\det(v_1,\ldots,v_n)\lambda([v_1,\ldots,v_n]).$$

Se trata de formas multilineales alternadas tales que ambas valen 1 sobre la base canónica, en consecuencia, coinciden en $\mathbb{R}^n$.

Sea ahora A el adoquín determinado por vectores $a_1,\ldots,a_n$.

$$\begin{aligned}
\lambda_Y(l(A)) &= |\det(l(a_1),\ldots,l(a_n)| \\
&= |\det(l)|\lambda_X(A)
\end{aligned}$$

LEMA 7.2. *Sean $k, c > 0$ tales que $ck < 1$. Sea B una bola de $\mathbb{R}^n$ de centro 0 y radio mayor que cero. Sea l una transformación lineal de $\mathbb{R}^n$ tal que $\|l^{-1}\| \le c$ y sea u definida en una vecindad de B y con valores en $\mathbb{R}^n$ tal que: $|u(x)| \le k\|x\|$, para todo $x \in B$. Entonces:*

$$(1 - ck)l(B) \subset (l + u)(B) \subset (1 + ck)l(B)$$

y

$$\frac{\lambda((l + u)(B))}{(1 + ck)^n} \le |\det(l)|\lambda(B) \le \frac{\lambda((l + u)(B))}{(1 - ck)^n}.$$

Demostración. El hecho que l sea inversible implica que las conclusiones son equivalentes a:

(7.13) $$(1 - ck)B \quad \subset \quad (1 + l^{-1}u)(B)$$

(7.14) $$(1 + l^{-1}u)B \quad \subset \quad (1 + ck)B.$$

Podemos suponer B de radio 1, así (7.14) es equivalente a:

$$|x| \le 1 \Rightarrow |1 + l^{-1}u(x)| \le 1 + ck$$

lo que es obvio.

(7.13) por su parte significa que si $|y| \le 1 - ck$ entonces existe $x \in B$ ($|x| < 1$) tal que: $y = (1 + l^{-1}u)(x)$.

Para probar esto último, definamos

$$x := \sum_{j=0}^{\infty} (-1)^j (l^{-1}u)^j y$$

que tiene sentido pues el miembro derecho es una serie normalmente convergente dado que

$$|(l^{-1}u)^j y| \le (ck)^j \|y\|$$

y

$$
\begin{aligned}
|x| &\le \sum |(l^{-1}u)^j y| \\
&\le \sum (ck)^k |y| \\
&= \frac{|y|}{1 - ck} \\
&\le 1.
\end{aligned}
$$

Luego, un cálculo simple muestra que $(1 + l^{-1}u)(x) = y$.

☺

Continuación de la demostración del Teorema 7.1.

Sea φ un C^1–difeomorfismo, entonces $a \mapsto T_a\varphi$, $a \mapsto T_a\varphi^{-1}$ (T_a: tangente) son funciones continuas de X en el espacio de las aplicaciones lineales de $\mathbb{R}^n$ en $\mathbb{R}^n$ dotado de la norma usual.

Dicha continuidad y el hecho que A sea compacto implican que existe una constante $c > 0$ tal que:

$$\forall a \in A : |(T_a(\varphi)^{-1}| \le c$$

$\forall a \in A$, $\forall x \in \mathbb{R}^n$ suficientemente pequeño en norma, se tiene:

$$\varphi(a + x) - \varphi(a) = T_a\varphi(x) + \sum_{i=1}^{n}(T_{a+\theta_i x}\varphi_i - T_a\varphi_i)$$

con algún θ_i entre cero y uno para $i = 1, \ldots, n$, donde φ_i es la i–ésima aplicación coordenada de φ, en virtud del Teorema del Valor Medio del Cálculo Diferencial.

Como $T_a\varphi$ es continua, para todo $k > 0$ existe $\rho > 0$ tal que para todo $a \in A$ y todo $x \in \mathbb{R}^n$ que satisfaga $|x| \le \rho$ se tenga:

$$(7.15) \qquad \varphi(a + x) - \varphi(a) \;=\; T_a\varphi(x) + u_a(x)$$

$$(7.16) \qquad |u_a(x)| \;\le\; k|x|$$

Para todo $p \in \mathbb{N}^*$ sea π_p la proyección de A que se obtiene dividiendo cada arista en p–segmentos de igual longitud.

Mediante un eventual cambio de norma podemos suponer que A es una esfera y llamamos $B_p(\omega_p)$ las esferas de radio $1/p$ con centro en $\omega_p \in \pi_p$. Definimos,

$$F(p) := \sum_{\omega_p \in \pi_p} |J_\lambda(\omega_p)|\lambda_X(B_p(\omega_p))|$$

Para completar la demostración debemos verificar que $F(p)$ converge si $p \to \infty$ y que el límite se expresa según las dos ecuaciones siguientes:

$$(7.17) \qquad F(p) \to \int_A |J_\varphi(x)|dx$$

(7.18) $$F(p) \to \lambda_Y(\varphi)(A)).$$

Sea $\Phi_p(x) := |J_\varphi(\omega_p)|$ si $x \in B_p(\omega_p)$ para algún $\omega_p \in \pi_p$, luego $F(p) = \int \Phi_p(x)dx$, por otro lado, $\Phi_p(x) \to |J_\varphi(x)|$ para todo x si $p \to \infty$, y la convergencia es uniforme sobre cada compacto.

Como cada función Φ_p es simple, por la construcción de la integral tenemos (7.17).

Para probar (7.18) tomamos $k > 0$ tal que $ck < 1$. Sea $p_0 \in \mathbb{N}$ tal que $1/p_0 \le \rho$ para todo $p \ge p_0$, para todo $\omega_p \in \pi_p$ y para todo $x \in B_p(\omega_p)$ tenemos:

$$\varphi(\omega_p + x) - \varphi(\omega_p) = T_{\omega_p})\varphi(x) + u_{\omega_p}(x)$$

$$|u_{\omega_p}(x)| \le k|x|$$

Por lema 7.2 se tiene (con $B_p(\omega_p) = B_p$)

$$\frac{\lambda(\varphi(B_p))}{(1+ck)^n} \le |J_\varphi(\omega_p)|\lambda(B_p)$$

$$\le \frac{\lambda(\varphi(B_p))}{(1-ck)^n}.$$

Luego,

$$\sum_{\omega_p \in \pi_p} \frac{\lambda(\varphi(B_p))}{(1+ck)^n} \le \sum_{\omega_p \in \pi_p} |J_\varphi(\omega_p)|\lambda(B_p)$$

$$\le \sum_{\omega_p \in \pi_p} \frac{\lambda(\varphi(B_p))}{(1-ck)^n}$$

por ende, para todo $k > 0$ que cumpla $ck \le 1$ existe $p_0 \in \mathbb{N}$ tal que, si $p \ge p_0$, entonces:

$$\frac{\lambda(\varphi(A))}{(1+ck)^n} \le F(p) \le \frac{\lambda(\varphi(A))}{(1-ck)^n}$$

Luego,

$$F(p) \to \lambda(\varphi(A)), \text{ si } p \to \infty.$$

☺

4. Comentarios

El cambio de variables es una de las técnicas más usadas en el cálculo de integrales. Como se ha visto en la primera sección de este capítulo, corresponde a la idea de morfismos entre espacios de medida. Esta idea de cambiar una estructura por otra con similares características, abunda en Análisis, por ejemplo en los teoremas de representación de álgebras de operadores.

5. Ejercicios propuestos

1. Sea α un número real; se considera la función f_α definida sobre $\mathbb{R}^2 \backslash \{(0,0)\}$ por:

$$(7.19) \qquad f_\alpha(x,y) = \frac{1}{(x^2+y^2)^{\alpha/2}}, \ (x,y) \neq (0,0).$$

   a) Probar que la aplicación $\Phi : (r,\theta) \mapsto (r\cos\theta, r\sen\theta)$ es un difeomorfismo de $\Delta =]0, R[\times]0, 2\pi[$ sobre un abierto de $\mathbb{R}^2$ que se debe determinar.

   b) Utilizando el cambio de variable introducido en 1a, determinar los valores de α para los cuales f_α es integrable sobre el disco

$$(7.20) \qquad A_R = \{(x,y) \in \mathbb{R}^2 : x^2 + y^2 < R^2\}, \ (R > 0, \text{ fijo}).$$

2. Guardamos las mismas notaciones que en el ejercicio precedente. Usando un cambio de variable en coordenadas polares, dar los valores de α para los cuales f_α es integrable sobre el abierto

$$(7.21) \qquad B_R = \{(x,y) \in \mathbb{R}^2 : x^2 + y^2 > R^2\}.$$

3. Continuamos usando las mismas notaciones que en los ejercicios anteriores.

   a) Usando un cambio de variables en coordenadas polares, dar los valores de α para los cuales f_α es integrable sobre el abierto

$$(7.22) \qquad C_a = \{(x,y) \in \mathbb{R}^2 : y^2 - 2ax - a^2 < 0\},$$

donde a es un número real positivo dado.

b) Probar que la aplicación $\psi : (u,v) \mapsto (\frac{u-v}{2}, \sqrt{uv})$ es un difeomorfismo del cuarto de plano $X = \{(u,v) : u > 0, v > 0\}$ sobre el semi–plano $Y = \{(x,y) : y > 0\}$.

c) ¿Cuál es el abierto Δ incluido en X cuya imagen por ψ es el abierto

$$(7.23) \qquad C_a' = \{(x,y) \in \mathbb{R}^2 : y^2 - 2ax - a^2 < 0\},$$

incluido en Y?

d) Se supone α tal que f_α sea integrable sobre C_a. Calcular la integral de f_α sobre C_a transformándola en una integral doble sobre Δ.

4. Sea $0 < a \le 1$, y sea el abierto

$$(7.24) \qquad A = \{(x,y) \in \mathbb{R}^2 : 0 < x < \frac{\pi}{2} , \, 0 < y < \frac{\pi}{2} , \, \text{sen}\, y < a \cos x\}.$$

Sea φ la aplicación de A en $\mathbb{R}^2$ que a cada par (x,y) asocia el par (u,v) tal que:

$$(7.25) \qquad u(x,y) = \frac{\text{sen}\, y}{\cos x} , \, v(x,y) = \cos y.$$

Probar que φ aplica A sobre un abierto $\tilde{A}$ de $\mathbb{R}^2$. Expresar $\lambda^{\otimes 2}(A)$ como una integral sobre $\tilde{A}$ y desarrollar la integral en una serie de potencias de a.

5. **La función Beta**. Para p, q reales positivos, se define

$$(7.26) \qquad B(p,q) = \frac{\Gamma(p)\Gamma(q)}{\Gamma(p+q)},$$

donde Γ corresponde a la función definida en el capítulo V (5.64).

a) Probar que

$$(7.27) \qquad B(p,q) = 2 \int_0^{\pi/2} \cos^{2p-1}\theta \, \text{sen}^{2q-1}\theta d\theta.$$

[Se recomienda efectuar el cambio de variables $t = u^2$ en (5.64) y calcular $\Gamma(p)\Gamma(q)$ como integral doble expresada en coordenadas polares].

b) Probar que

$$(7.28) \qquad B(p,q) = \int_0^1 t^{p-1}(1-t)^{q-1}dt.$$

c) Mostrar que $\Gamma(\frac{1}{2}) = \sqrt{\pi} = \int_{\mathbb{R}} \exp(-\frac{t^2}{2})dt$.

d) Deducir que en consecuencia, para todo $n \geq 1$,

$$\Gamma(n + \frac{1}{2}) = \frac{(2n)!}{2^{2n}n!}\,\sqrt{\pi}.$$

e) Colocando $\frac{t^2}{1+t^2} = u$, probar que

(7.29)
$$\int_0^\infty \frac{t^\alpha}{(1+t^2)^\beta}dt = \frac{1}{2}\frac{\Gamma(\frac{\alpha+1}{2})\Gamma(\beta - \frac{\alpha+1}{2})}{\Gamma(\beta)}.$$

f) Demostrar que :

(7.30)
$$\int_0^1 \frac{dt}{\sqrt{t(1-t)}} = \pi.$$

FIGURA 1. Sonja Kowalewski, 1850 – 1891

Capítulo 8

Espacios de Banach y de Hilbert

En este capítulo sobrevolamos la teoría de espacios de Banach y de Hilbert, con el propósito de estudiar luego algunos casos particulares de ellos que se definen usando integrales. Ya conocemos desde los cursos de Cálculo, que los espacios de dimensión finita $\mathbb{R}^d$, $\mathbb{C}^d$ verifican propiedades topológicas importantes, a saber:

- Son espacios vectoriales;
- Sus topologías se definen por medio de **normas**, por ejemplo,

$$\|x\|_p = \left(\sum_{k=1}^{d} |x_k|^p \right)^{1/p}, \quad (x = (x_1, \ldots, x_d) \in \mathbb{C}^d),$$

  para $p = 1, 2$, pero también se puede considerar $p \in [1, \infty[$.
- Para las topologías definidas por normas, $\mathbb{R}^d$ y $\mathbb{C}^d$ son espacios topológicos completos.

Comenzamos el capítulo por el estudio de las semi–normas y normas que nos permiten introducir la noción de espacio normado. Luego veremos las propiedades de las aplicaciones lineales continuas sobre los espacios normados. Enseguida, nos concentraremos en la estructura de los espacios normados completos, llamados espacios de Banach en honor al matemático que los estudió por primera vez. Aprovecharemos en este contexto de estudiar un importante ejemplo de espacio de Banach: el constituido por las funciones continuas definidas sobre un compacto y que está íntimamente relacionado con otra presentación de la integral y de la medida. Estudiaremos luego los espacios dotados de un producto escalar, para desembocar en los espacios de Hilbert.

1. Semi–norma sobre un espacio vectorial

En lo que sigue, $\mathbb{K}$ designa un cuerpo que sólo puede ser $\mathbb{C}$ o $\mathbb{R}$.

143

DEFINICIÓN 8.1. Sea E un espacio vectorial sobre $\mathbb{K}$. Una *semi–norma* N sobre E es una aplicación $N : E \to \overline{\mathbb{R}}_+$ convexa y homogénea. Es decir,

(i) $N(f) \geq 0$ y para $f = 0$, se tiene $N(f) = 0$, $(f \in E)$;

(ii) La *homogeneidad* quiere decir que para todo $f \in E$, todo $\alpha \in \mathbb{K}$: $N(\alpha f) \leq |\alpha| N(f)$;

(iii) La *convexidad* significa que para todo par $f, g \in E : N(f+g) \leq N(f) + N(g)$.

Se dice que una semi–norma N es una *norma* si $N(f) = 0$ implica $f = 0$ i.e. su núcleo $Nu(N) := \{f : N(f) = 0\}$ se reduce a $\{0\}$. Un *espacio vectorial semi–normado* (respectivamente normado) es un par (E, N) donde E es espacio vectorial y N es una semi–norma (resp. una norma) sobre E. Habitualmente se usará el símbolo $\| \cdot \|$ para denotar una norma.

OBSERVACIÓN 8.1.

1. Para cada semi–norma podemos definir una *pseudo–distancia* o *separación*:

$$d(f,g) = N(f - g) \quad (f, g \in E)$$

Esto define una topología sobre E.

Para la topología inducida por una semi–norma, la suma

$$E \times E \;\to\; E$$
$$(f,g) \;\to\; f + g$$

y la operación externa

$$\mathbb{K} \times E \;\to\; E$$
$$(\alpha, f) \;\to\; \alpha f$$

son continuas.

2. Las proposiciones siguientes son equivalentes:

(a) d es distancia;

(b) N es norma;

(c) $Nu(N) = \{0\}$;

(d) (E, N) es espacio topológico separado.

3. Por otra parte, si N es una semi–norma cualquiera, $Nu(N)$ es espacio vectorial contenido en E y cerrado. Sea $\hat{E} := E/Nu(N)$ el espacio cuociente para la relación de equivalencia $x \sim y$ si y sólo si $x - y \in Nu(N)$. Sobre este espacio vectorial podemos definir: $\hat{N}(\hat{f}) := N(f)$ para todo $\hat{f} \in \hat{E}$ donde f es un representante cualquiera de la clase de equivalencia $\hat{f}$. Entonces $\hat{N}$ es norma sobre $\hat{E}$. Esto nos da un procedimiento para construir espacios normados a partir de semi–normas.

EJEMPLO 8.1. Dos viejos conocidos, sobre los espacios $\mathbb{R}^d$ y $\mathbb{C}^d$ las aplicaciones siguientes definen normas:

$$(8.1) \qquad \|x\|_p = \left(\sum_{k=1}^{d} |x_k|^p \right)^{1/p}, \ (x = (x_1, \ldots, x_d) \in \mathbb{R}^d \text{ respectivamente en } \mathbb{C}^d),$$

para $p \in [1, \infty[$, y para $p = \infty$ se define

$$(8.2) \qquad \|x\|_\infty = \sup_{1 \le k \le d} |x_k|.$$

Notar que si llamamos ν a la medida que cuenta puntos, la norma p de (8.1) se puede escribir también

$$\|x\|_p = \left(\int_\Omega |x(k)|^p \, d\nu(k) \right)^{1/p},$$

donde $\Omega = \{1, \ldots, d\}$, y consideramos la tribu $\mathcal{F} = \mathcal{P}(\Omega)$.

EJEMPLO 8.2. Sea $(\Omega, \mathcal{F}, \mu)$ un espacio de medida cualquiera. Sea

$$(8.3) \qquad \mathcal{L}_{\mathbb{K}}^p(\Omega, \mathcal{F}, \mu) := \left\{ f : \Omega \to \mathbb{K} : \int_\Omega |f|^p \, d\mu < \infty \right\}, \ (p \in [1, \infty[).$$

Y para toda $f \in \mathcal{L}_{\mathbb{K}}^p(\Omega, \mathcal{F}, \mu)$, se define

$$(8.4) \qquad N_p(f) := \left(\int_\Omega |f|^p d\mu \right)^{1/p},$$

que se demostrará que es una semi–norma en el capítulo 9. Siguiendo el procedimiento de la Observación precedente se construye el espacio normado

$$(8.5) \qquad L_{\mathbb{K}}^p(\Omega, \mathcal{F}, \mu) = \widehat{\mathcal{L}_{\mathbb{K}}^p}(\Omega, \mathcal{F}, \mu),$$

de las clases de equivalencia de funciones para la relación de igualdad μ-casi en todas partes, y la norma $\|\widehat{f}\|_p = \widehat{N_p}(\widehat{f}) = N_p(f)$ (f es cualquier representante de la clase $\widehat{f}$).

2. Aplicaciones lineales continuas

DEFINICIÓN 8.2. Sean E, F espacios vectoriales normados, para toda aplicación lineal $u : E \to F$ definimos:

$$(8.6) \qquad \|u\| = \sup\left\{\|u(x)\|_F : \|x\|_E \le 1\right\}.$$

Este es un número en $[0, \infty]$ en general. Llamaremos aplicación lineal acotada aquella u para la cual se tenga $\|u\| < \infty$. Esto equivale a que exista $M > 0$ tal que

$$\|u(x)\|_F \le M \|x\|_E \, ,$$

para todo $x \in E$.

PROPOSICIÓN 8.1. *Sean E, F espacios semi–normados. Las proposiciones siguientes son equivalentes, para toda $u : E \to F$ aplicación lineal*

1. *u es continua en el origen.*
2. *u es continua.*
3. *u es uniformemente continua.*
4. *u es acotada.*

Demostración.

Es obvio que $(3) \Rightarrow (2) \Rightarrow (1)$.

$(1) \Rightarrow (4)$ Existe $r > 0$ tal que si $\|g\| \le r$ entonces $\|u(g)\| \le 1$. Entonces para todo $f \neq 0$, el vector $r\dfrac{f}{\|f\|}$ tiene norma r. Luego

$$\left\| u\left(r\frac{f}{\|f\|} \right) \right\| \le 1,$$

y se tiene

$$\|u(f)\| \le M\|f\|,$$

con $M = 1/r$.

Finalmente, $(4) \Rightarrow (3)$ Para todo $f', f'' \in E$:

$\|u(f') - u(f")\| \leq \|u(f' - f")\| \leq \|u\| \|f' - f"\|$ con $\|u\| < \infty$ (es decir, satisface condición de Lipschitz). Lo que prueba la continuidad uniforme.

OBSERVACIÓN 8.2. Denotaremos $\mathcal{L}(E, F)$ el espacio vectorial de las aplicaciones lineales acotadas definidas en E y valores en F. A los elementos de este espacio se les llama también *operadores lineales acotados*. En Teoría de Operadores se acostumbra designarlos con letras mayúsculas S, T y se suprimen los paréntesis para denotar la imagen de un elemento $x \in E$: Tx denota $T(x)$.

La proposición siguiente se deja como ejercicio al lector. Su prueba resulta directamente de la definición de $\|u\|$ dada por (8.6).

PROPOSICIÓN 8.2. *Si E, F son semi–normados (respectivamente normados) el conjunto de las aplicaciones lineales continuas de E en F es un espacio vectorial y la aplicación $u \to \|u\|$ define una semi–norma (resp. una norma) sobre él.*

DEFINICIÓN 8.3.   (a) Se llama *dual topológico* de un espacio normado X al espacio $X^* := \mathcal{L}(X, \mathbb{K})$ de las formas lineales continuas con la norma:

$$\|u\| = \sup_{\substack{\|x\| \leq 1 \\ x \in K}} \|u(x)\|.$$

(b) Sean F, G espacios semi–normados. Una aplicación lineal $u : F \to G$ es un *isomorfismo* de espacios semi–normados si es un isomorfismo algebraico, es decir respeta las estructuras de espacio vectorial, y es además un homeomorfismo de espacios topológicos. De manera equivalente, u es isomorfismo si y sólo si existen constantes c, C mayores que cero tales que para todo $f \in F$:

(8.7) $$c\|f\|_F \leq \|u(f)\|_G \leq C\|f\|_F$$

La aplicación u es una *isometría* si $\|u(f)\|_G = \|f\|_F$, $(f \in F)$.

(c) Sea E un espacio vectorial y N, P dos semi–normas sobre E, N y P son equivalentes si la identidad es un isomorfismo de (E, N) en

(E, P). Esto es equivalente a que existan $c, C > 0$ cte. tales que:

$$cN(f) \le P(f) \le CN(f) \qquad \forall f \in E$$

3. Espacios normados de dimensión finita

> TEOREMA 8.1. *Sea X un $\mathbb{K}$–espacio vectorial normado de dimensión finita n. Proveemos $\mathbb{K}^n$ de la norma $N(x) = |x_1| + \cdots + |x_n|$ $(x = (x_1, \ldots, x_n) \in \mathbb{K}^n)$. Entonces, toda aplicación lineal u de X sobre $\mathbb{K}^n$ cuyo núcleo sea $\{0\}$ es un isomorfismo de espacios normados.*

Demostración. u es claramente una biyección. Sea P la norma obtenida sobre $\mathbb{K}^n$ transportando la norma $\|\cdot\|$ de X por u.

$$P(x) = \|u^{-1}(x)\|$$

u es así una isometría de $(X, \|\cdot\|)$ sobre $(\mathbb{K}^n, P)$.

Sea $e_1, \ldots, e_n$ la base canónica de $\mathbb{K}^n$. Para todo $x = (x_1, \ldots, x_n) \in \mathbb{K}^n$

$$P(x) \le |x_1| P(e_1) + \cdots + |x_n| P(e_n)$$

Sea $C := \sup_{1 \le i \in n}(P(e_i))$

luego, $P(x) \le CN(x)$

Además P toma valores estrictamente positivos sobre la cáscara de la esfera unidad S de $(\mathbb{K}^n, N)$.

P es continua sobre $(\mathbb{K}^n, N)$ y S es compacto en $(\mathbb{K}^n, N)$, luego existe $c = \text{mín}_{x \in S} P(x) > 0$.

luego, $c \le P(x)$ si $N(x) = 1$ y esto implica que

$$cN(x) \le P(x) \le CN(x) \qquad \forall x \in \mathbb{K}^n$$

De aquí se deduce que $(\mathbb{K}^n, N)$, $(\mathbb{K}^n, P)$ son equivalentes y como $(X, \|\cdot\|)$ es isométrica a $(\mathbb{K}^n, P)$ con u resulta que u es isomorfismo de $(X, \|\cdot\|)$ sobre $(\mathbb{K}^n, N)$.

☺

> COROLARIO 8.1. *Sobre un espacio vectorial de dimensión finita, todas las normas son equivalentes.*

> **COROLARIO 8.2.** *Todo sub–espacio $E \subset X$ de dimensión finita, de un espacio normado X cualquiera, es cerrado.*

Antes de enunciar otro corolario, analicemos una propiedad geométrica conocida como el "lema de Riesz".

> **LEMA 8.1.** *Sean dados $(X, \|\cdot\|)$ un espacio normado, Y un subconjunto cerrado de X, $0 < \alpha < 1$. Entonces, existe $x \in X$, tal que $\|x\| = 1$ que verifica $\|x - y\| > \alpha$, para todo $y \in Y$.*

Demostración. Sea $x_1 \in X \smallsetminus Y$ y $R = \inf_{y \in Y} \|y - x_1\| > 0$.

Para $\epsilon > 0$, sea $y_1 \in Y$ tal que

$$\|x_1 - y_1\| < R + \epsilon.$$

Sea ahora

$$x = \frac{x_1 - y_1}{\|x_1 - y_1\|},$$

entonces $\|x\| = 1$ y se tiene

$$
\begin{aligned}
\inf_{y \in Y} \|x - y\| &= \inf_{y \in Y} \left\| \frac{x_1}{\|x_1 - y_1\|} - \frac{y_1}{\|x_1 - y_1\|} - y \right\| \\
&= \frac{\inf_{y \in Y} \|x_1 - y\|}{\|x_1 - y_1\|} \\
&= \frac{R}{R + \epsilon},
\end{aligned}
$$

y basta escoger $\epsilon > 0$ de modo que $\dfrac{R}{R + \epsilon} > \alpha$.

> **COROLARIO 8.3.** *Sea $(X, \|\cdot\|)$ un espacio normado y*
>
> $$S = \{x \in X : \|x\| \leq 1\}$$
>
> *su esfera unitaria. Entonces S es compacta si y sólo si X es de dimensión finita.*

Demostración. Supongamos X de dimensión finita n y sea $u : \mathbb{K}^n \to X$ un isomorfismo. S es cerrado en X y además,

$$S \subset u\left(\{y \in \mathbb{K}^n : \|y\| \leq \|u^{-1}\|\}\right).$$

Como u es continua, y las esferas cerradas en $\mathbb{K}^n$ son compactas, su imagen por U también lo es, luego S, como subconjunto cerrado de un compacto, hereda esa propiedad.

Supongamos ahora que X es de dimensión infinita y que S sea compacta. Sea $0 < \alpha < 1$ dado. Consideremos $x_1 \in S$ y sea Y_1 el espacio vectorial que este vector engendra. Como es de dimensión 1, es cerrado en X y el lema de Riesz permite escoger $x_2 \in S$ tal que $\inf_{y \in Y_1} \|x_2 - y\| > \alpha$. Suponiendo construidos $x_1, \dots, x_n \in S$, sea Y_n el espacio vectorial engendrado por estos n vectores. Aplicando el lema de Riesz una vez más, escogemos $x_{n+1} \in S$ de modo que $\inf_{y \in Y_n} \|x_{n+1} - y\| > \alpha$.

Se tiene de este modo una sucesión $(x_n)_{n \in \mathbb{N}^*} \subset S$ que no contiene subsucesiones convergentes. Esto contradice la compacidad de S.

4. Espacios de Banach

DEFINICIÓN 8.4. Un *espacio de Banach* es un espacio normado y completo.

EJEMPLO 8.3.

1. $\mathbb{R}^d, \mathbb{C}^d$ son espacios de Banach con cualquier norma, en particular con las que hemos denotado $\|\cdot\|_p$, $(p \in [0, \infty])$.

2. Sea Ω un espacio topológico compacto, $C(\Omega, \mathbb{K})$ el espacio de las aplicaciones continuas de Ω sobre el cuerpo $\mathbb{K}$ y $\|f\|_\infty = \sup_{x \in \Omega} |f(x)|$ $(f \in C(\Omega, \mathbb{K}))$, que es la *norma uniforme*. $(C(\Omega, \mathbb{K}), \|\cdot\|_\infty)$ es espacio de Banach.

3. X conjunto cualquiera, $B(X, \mathbb{K})$ conjunto de las aplicaciones uniformemente acotadas de X en $\mathbb{K}$ $(B(X, \mathbb{K}), \|\cdot\|_\infty)$ es espacio de Banach.

4. Sea $X = \mathbb{N}$ en el ejemplo anterior, denotamos $\ell_{\mathbb{K}}^\infty(\mathbb{N}) = B(\mathbb{N}, \mathbb{K})$ el conjunto de las sucesiones acotadas $x = (x_n)_n$ y $\|x\|_\infty = \sup_n |x_n|$. Este es también un espacio de Banach.

5. De manera análoga, sea $\ell_{\mathbb{K}}^{p}(\mathbb{N})$ el espacio de las sucesiones $x = (x_n)_n$ de elementos de $\mathbb{K}$ tales que

$$(8.8) \qquad \|x\|_p = \left(\sum_{n \in \mathbb{N}} |x_n|^p \right) < \infty,$$

donde $p \in [1, \infty[$. Entonces, (8.8) define una norma y $(\ell_{\mathbb{K}}^{p}(\mathbb{N}), \|\cdot\|_p)$ es un espacio de Banach. Este resultado y el del ejemplo siguiente, serán demostrados de manera más general en el capítulo 9.

6. Dado un espacio de medida $(\Omega, \mathcal{F}, \mu)$ y $p \in [1, \infty[$, los espacios $(L_{\mathbb{K}}^{p}(\Omega, \mathcal{F}, \mu), \|\cdot\|_p)$, introducidos en el ejemplo 8.2, son de Banach, según se demostrará en el capítulo 9.

PROPOSICIÓN 8.3. *Sean X, Y espacios normados. Si Y es completo entonces $\mathcal{L}(X, Y)$ es espacio de Banach.*

Demostración.

Sea (u_n) sucesión de Cauchy en $\mathcal{L}(X, Y)$. Para todo $x \in X$ con $\|x\| \leq 1$, $\|u_n(x) - u_m(x)\|_{n,m} \leq \|u_n - u_m\| \to 0$ uniformemente. Entonces: $(u_n(x))_n$ es de Cauchy en Y, para todo x, tal que $\|x\| \leq 1$.

Luego, existe $u(x) = \lim_n u_n(x)$ en $\|\cdot\|_Y$ para todo $\|x\| \leq 1$.

Si $\|x\| > 1$, $u(x) = \|x\| u(\frac{x}{\|x\|}) = \lim_n u_n(x))$. Esto define $u(x)$ para todo $x \in X$.

Finalmente, notar que u es lineal y $\|u_n - u\| \leq \sup_{\|x\| \leq 1} \|u_n(x) - u(x)\|$ que tiende a cero. Luego, u es continua y es límite de la sucesión de Cauchy dada. Es decir, $\mathcal{L}(X, Y)$ es completo.

COROLARIO 8.4. *El dual topológico de un espacio normado es un espacio de Banach.*

DEFINICIÓN 8.5. Sea E un espacio vectorial sobre el cuerpo $\mathbb{K}$. Una *aplicación de Minkowski* sobre X es una función $m : X \to \mathbb{R}$ que satisface las propiedades siguientes:

(i) $m(x + y) \leq m(x) + m(y)$, para todos $x, y \in X$ (subaditividad o convexidad);

(ii) $m(tx) = tm(x)$, para todo real $t \geq 0$, y $x \in X$ (homogeneidad positiva).

Notar que una aplicación de Minkowski se parece a una semi–norma, salvo que la propiedad de homogeneidad se verifica sólo con escalares positivos.

LEMA 8.2 (Lema Fundamental de Minkowski). *Sea X un espacio vectorial sobre el cuerpo de los reales, Y un sub-espacio de X y u una aplicación lineal de Y en $\mathbb{R}$. Supongamos que existe una aplicación de Minkowski sobre X que domina u en Y, es decir, $u(y) \leq m(y)$ para todo $y \in Y$. Entonces existe una aplicación lineal $\bar{u}$ definida en X, dominada por m y tal que $\bar{u}|_Y = u$.*

Demostración. Consideremos primero $x \in X \smallsetminus Y$. Para extender u al espacio $Y + \mathbb{R}x$, escribamos

$$\bar{u}(y + \alpha x) = u(y) + \alpha\beta,$$

donde $y \in Y$, y $\alpha, \beta \in \mathbb{R}$ deben cumplir ciertas propiedades que pasamos a precisar. β debe ser tal que se tenga $u(y) + \alpha\beta \leq m(y + \alpha x)$. Escojamos $\alpha = \pm 1$. Entonces, para $y, z \in Y$: $u(y) + \beta \leq m(y + x)$ (si $\alpha = 1$); $u(z) - \beta \leq m(z - x)$, (si $\alpha = -1$). Es decir,

$$u(z) - m(z - x) \leq \beta \leq -u(y) + m(y + x).$$

De aquí se deduce que $-u(y) + m(y + x) - u(z) + m(z - x) \geq 0$, pero, mejor aún, $-u(y) - u(z) = -u(y + z)$ y como m es aplicación de Minkowski, $m(z - x) + m(y + x) \geq m(z + y)$, finalmente se tiene

$$-u(y) + m(y + x) - u(z) + m(z - x) \geq m(y + z) - u(y + z) \geq 0.$$

De modo que β puede escogerse como un número cualquiera en el intervalo cerrado no vacío determinado por los reales $\sup_z \{u(z) - m(z - x)\}$ e $\inf_y \{-u(y) + m(y + x)\}$. Se tiene así extendida u al espacio $Y + \mathbb{R}x$, donde $x \in X \smallsetminus Y$.

Consideremos ahora la familia $\mathfrak{F}$ de todos los pares (Z, v) donde Z es un sub-espacio de X que contiene a Y y v es una extensión de u a Z, dominada por m sobre este último espacio. Sobre $\mathfrak{F}$ se puede definir una relación de orden $(Z_1, v_1) \prec (Z_2, v_2)$ si y sólo si $Z_1 \subset Z_2$ y $v_2|_{Z_1} = v_1$. Dada una familia totalmente ordenada $(Z_\alpha, v_\alpha)_\alpha$ en $\mathfrak{F}$, existe un elemento mayorante de la cadena que se construye tomando $Z = \bigcup_\alpha Z_\alpha$ y definiendo $v(x) = v_\alpha(x)$ si $x \in Z_\alpha$. Z resulta ser un espacio vectorial que contiene a todos los Z_α y v una aplicación lineal que extiende a todas las v_α y está dominada por m sobre Z.

En consecuencia, el Lema de Zorn implica que $\mathfrak{F}$ posee un elemento maximal $(\overline{X}, \overline{u})$. Para terminar, basta notar que se debe tener $\overline{X} = X$. En caso contrario, si $\overline{X} \neq X$, podemos tomar $x \in X \smallsetminus \overline{X}$, y extender $\overline{u}$ al espacio $\overline{X} + \mathbb{R}x$, lo que contradice la maximalidad de $\overline{X}$. Por lo tanto $\overline{X} = X$, $\overline{u}$ extiende u a todo X, y $\overline{u}(x) \leq m(x)$, para todo $x \in X$.

☺

Este lema permite probar uno de los resultados más importantes para la construcción de funcionales con propiedades notables en los espacios normados. Nos referimos al célebre Teorema de Extensión probado por Hahn y Banach.

> TEOREMA 8.2 (Hahn-Banach). *Si N es una semi–norma sobre un espacio vectorial X sobre el cuerpo $\mathbb{K}$ y u es un funcional lineal sobre un sub-espacio Y de X, tal que $|u(y)| \leq N(y)$, para todo $y \in Y$, entonces existe un funcional lineal $\overline{u}$ sobre X tal que $|\overline{u}(x)| \leq N(x)$, para todo $x \in X$ y $\overline{u}|_Y = u$.*

Demostración. El caso $\mathbb{K} = \mathbb{R}$ es consecuencia directa del Lema 8.2, pues N es en particular una aplicación de Minkowski.

Si $\mathbb{K} = \mathbb{C}$, aplicamos primero el Lema 8.2 a la parte real $\Re u$ de u, en tanto funcional lineal sobre Y. Entonces, existe un funcional lineal v sobre X tal que $v|_Y = \Re u$ y $|v(x)| \leq N(x)$ para cada $x \in X$.

Sea $\overline{u} : X \to \mathbb{C}$ funcional lineal definido por $\overline{u}(x) = v(x) - iv(ix)$, $x \in X$. $\overline{u}$ es efectivamente un funcional con valores complejos: notar que $\overline{u}(ix) = i\overline{u}(x)$. Además, $\Re\overline{u}(y) = v(y) = \Re u(y)$, para todo $y \in Y$, lo que implica que $\overline{u}|_Y = u$, pues las partes reales de ambos funcionales coinciden. Finalmente, si $x \in X$, escogiendo un complejo α tal que $|\alpha| = 1$ y $\overline{u}(\alpha x) \geq 0$, se tiene

$$|\overline{u}(x)| = \overline{u}(\alpha x) = v(\alpha x) \leq N(\alpha x) = N(x),$$

lo que concluye la demostración.

COROLARIO 8.5. *Sea X un espacio normado. Entonces, para todo $x \neq 0$ en X, existe $u \in X^*$ tal que $\|u\| = 1$ y $u(x) = \|x\|$.*

Demostración. Considerar el sub–espacio vectorial $Y = \{\alpha x : \alpha \in \mathbb{K}\}$ y definir $u(\alpha x) = \alpha \|x\|$, para todo elemento de ese sub-espacio.

OBSERVACIÓN 8.3. Diremos que una serie de término general $x_n \in X$ en un espacio de Banach es normalmente convergente si:

$$\sum_{\mathbb{N}} \|x_n\| < \infty$$

En este caso $\sum_{\mathbb{N}} x_n$ existe en X como límite de sumas parciales ya que:

$$\left\| \sum_{n=p}^{p+q} x_n \right\| \leq \sum_{n=p}^{p+q} \|x_n\| \to 0, \text{ cuando } p, q \to \infty.$$

Luego su límite $\sum_n x_n$ existe y $\|\sum_n x_n\| \leq \sum_n \|x_n\|$ por paso al límite sobre sumas finitas.

PROPOSICIÓN 8.4. *Si X e Y son espacios de Banach y X_0 es un sub-espacio denso de X, entonces todo operador $T_0 \in \mathcal{L}(X_0, Y)$ tiene una única extensión en un operador $T \in \mathcal{L}(X, Y)$.*

Demostración. Para cada $x \in X$, existe una sucesión $(x_n)_{n \in \mathbb{N}}$ de X_0 que converge a x. Como T_0 es acotado e Y es espacio de Banach, la sucesión $T_0(x_n)$ converge en Y hacia un elemento $T(x)$. Por linealidad de T_0 y del paso al límite, T define una aplicación lineal. Es fácil verificar que $T(x)$ no depende de la sucesión $(x_n)_{n \in \mathbb{N}}$ escogida para aproximar x, y además T es acotada. Luego, la aplicación $x \mapsto T(x)$ extiende T_0 y es un elemento de $\mathcal{L}(X, Y)$.

Esta proposición se complementa ahora con una propiedad que llamaremos de *dilatación*.

> TEOREMA 8.3. *Para cada espacio normado X existe un espacio de Banach $\overline{X}$ que lo contiene como un sub-espacio denso. Este espacio $\overline{X}$ es único salvo isometría.*

Demostración. Analicemos primero la unicidad. Sean $\overline{X}_i$, $i = 1, 2$ dos extensiones posibles de X según el enunciado. Tenemos entonces inmersiones $T_i : X \to \overline{X}_i$, $i = 1, 2$ isométricas de X en cada una de las extensiones. Entonces $T_0 = T_2 T_i^{-1}$ es una isometría de $T_1(X)$ sobre $T_2(X)$. Como $T_2(X)$ es cerrado y denso en $\overline{X}_2$, aplicando la proposición anterior, T_0 se extiende en una aplicación isométrica de $\overline{X}_1$ sobre $\overline{X}_2$.

Probemos ahora la existencia. Para ello introducimos el *espacio bidual* de X como sigue. El dual X^* de X es espacio de Banach. El bidual es entonces el espacio de Banach $X^{**} = (X^*)^*$, dual de X^*. Definimos $S : X \to X^{**}$ de la manera siguiente

$$S(x)(u) = u(x), \text{ (para todo } x \in X, \ u \in X^*).$$

Para cada x en X sea u el funcional construido en el Corolario 8.5, entonces $S(x)(u) = \|x\|$, luego $\|S(x)\| = \|x\|$ y S es una isometría. Se puede identificar entonces X con el sub-espacio $S(X)$ de X^{**}. Si X no es espacio de Banach, se obtiene la completación $\overline{X}$ de X considerando la clausura $\overline{S(X)}$ de $S(X)$ en el espacio de Banach X^{**}.

DEFINICIÓN 8.6. Un espacio de Banach X se dice *reflexivo* si es isomorfo a su bidual X^{**}. Es decir, si y sólo si la aplicación $S : X \to X^{**}$ definida por $S(x)(u) = u(x)$ $(x \in X, \ u \in X^*)$ es epiyectiva.

5. El espacio de Banach de las funciones continuas sobre un compacto

Recordemos, para empezar, un célebre resultado de Análisis Real que nos será de utilidad para probar otro resultado de representación integral.

> **LEMA 8.3 (Dini).** *Sea Ω un espacio topológico compacto y $(f_n)_{n\in\mathbb{N}}$ una sucesión monótona creciente (respectivamente decreciente) de funciones reales definidas sobre Ω que converge puntualmente hacia una función f. Entonces, la sucesión converge uniformemente hacia f.*

Demostración. Probemos el caso en que la sucesión es creciente . Entonces $g_n = f - f_n$ es decreciente. Sea $\epsilon > 0$ y definamos $U_n := \{\omega \in \Omega : 0 < g_n(\omega) < \epsilon\}$, para cada $n \in \mathbb{N}$. Por la convergencia puntual, estos conjuntos son no vacíos y la continuidad de las funciones g_n implica que son abiertos. Además, por el decrecimiento de las g_n, se tiene $U_n \subset U_{n+1}$. Luego, $\Omega = \bigcup_{n\in\mathbb{N}} U_n$, y la compacidad de Ω determina la existencia de un sub-recubrimiento finito, es decir, existe $N \in \mathbb{N}$ tal que $\Omega = \bigcup_{n=0}^{N} U_n = U_N$. Por lo tanto, para todo $n \geq N$ se tiene $f(\omega) - f_n(\omega) < \epsilon$, para todo $\omega \in \Omega$.

Nos concentramos ahora en el espacio de Banach $(C(\Omega,\mathbb{R}), \|\cdot\|_\infty)$, donde Ω es espacio topológico compacto como en el lema precedente. Un *funcional lineal positivo* sobre $C(\Omega) = C(\Omega,\mathbb{R})$ es una aplicación lineal $u : C(\Omega,\mathbb{R}) \to \mathbb{R}$ tal que $u(f) \geq 0$ para toda función $f \geq 0$.

> **PROPOSICIÓN 8.5.** *Si u es un funcional lineal positivo sobre $C(\Omega)$, entonces u es continuo y su norma es $u(1_\Omega)$.*

Demostración. Sea $f \in C(\Omega)$. Entonces,

$$-\|f\|_\infty \leq f(\omega) \leq \|f\|_\infty \, ,$$

para todo $\omega \in \Omega$. Luego, dado que u preserva el orden:

$$-\|f\|_\infty \, u(1_\Omega) \leq u(f) \leq \|f\|_\infty \, u(1_\Omega).$$

Es decir $|u(f)| \leq u(1_\Omega)\|f\|_\infty$, para toda función continua f y en particular, para $f = 1_\Omega$ se alcanza la cota $u(1_\Omega)$. Luego u es continuo y su norma es $\|u\| = u(1_\Omega)$.

> **TEOREMA 8.4 (Riesz).** *Sea u un funcional lineal positivo sobre $C(\Omega)$, entonces existe una única medida positiva μ finita sobre $(\Omega, \mathcal{B}(\Omega))$ tal que*
>
> (8.9)
> $$u(f) = \int_\Omega f\, d\mu,$$
>
> *para toda $f \in C(\Omega)$.*

Demostración. Dado que Ω es compacto, resulta que su tribu de Borel y de Baire coinciden (consecuencia del Lema de Urysohn), es decir, el espacio de Riesz $C(\Omega)$, que contiene las constantes, engendra la tribu $\mathcal{B}(\Omega)$. Además, si $(f_n)_{n\in\mathbb{N}}$ es una sucesión monótona decreciente de funciones positivas que tienda puntualmente a 0, entonces, por el lema de Dini, $\|f_n\|_\infty \downarrow 0$. Luego, la continuidad de u implica que $u(f_n) \downarrow 0$ y se cumplen las hipótesis del Teorema de Daniell 5.8. En consecuencia, existe una única medida positiva μ, finita que verifica la representación (8.9). Además $\mu(\Omega) = u(1_\Omega)$. ☺

Sabemos que todo número real a se escribe como la diferencia entre su parte positiva y su parte negativa: $a = a^+ - a^-$. Hemos visto también que esto permite introducir las partes positivas y negativas de una función con valores reales. Es natural plantearse la pregunta si esta propiedad se extiende también a funcionales definidos sobre el espacio $C(\Omega)$, dado que ya tenemos caracterizados los funcionales positivos. El próximo teorema entrega una respuesta a esta pregunta.

> **TEOREMA 8.5.** *Sea u un funcional lineal continuo sobre $C(\Omega)$, donde Ω es un conjunto compacto. Entonces existen funcionales lineales positivos u^+ y u^- tales que*
>
> (8.10)
> $$u = u^+ - u^-$$
>
> *y*
>
> (8.11)
> $$\|u\| = \|u^+\| + \|u^-\|.$$
>
> *Esta descomposición es única.*

Demostración. Para toda función $f \geq 0$ en $C(\Omega)$, sea

$$(8.12) \qquad H(f) = \{g \leq f : 0 \leq g \leq f\},$$

y definamos

$$(8.13) \qquad u^+(f) = \sup\{u(g) : g \in H(f)\}.$$

Sean f_1, $f_2 \geq 0$. Entonces, dados $g_i \in H(f_i)$, $(i = 1, 2)$, se tiene $g_1 + g_2 \in H(f_1 + f_2)$ y se verifica la inclusión $H(f_1) + H(f_2) \subset H(f_1 + f_2)$.

Probemos la inclusión inversa. Sea $g \in H(f_1 + f_2)$ una función dada. Considerar $h = g \wedge f_1 = \frac{1}{2}(g + f_1 - |g - f_1|)$. Entonces $h \in C(\Omega)$, $h \in H(f_1)$ y $k = g - h \in H(f_2)$.

Luego, $g = h + k$, con $h \in H(f_1)$, $k \in H(f_2)$, y hemos probado que

$$(8.14) \qquad H(f_1 + f_2) = H(f_1) + H(f_2).$$

Esto implica que

$$(8.15) \qquad u^+(f_1 + f_2) = u^+(f_1) + u^+(f_2), \; (f_1, \, f_2 \geq 0).$$

Sea ahora $f \in C(\Omega)$ cualquiera, f se descompone en sus partes positiva y negativa: $f = f^+ - f^-$. Definimos

$$(8.16) \qquad u^+(f) = u^+(f^+) - u^+(f^-).$$

De (8.15) y (8.16) se obtiene la aditividad de u^+, es decir, dadas dos funciones f, f' cualesquiera en $C(\Omega)$, se tiene

$$u^+(f + f') = u^+(f) + u^+(f').$$

De manera similar se obtiene de (8.13)

$$u^+(\alpha f) = \alpha u^+(f), \; \text{si } \alpha \geq 0, \, f \geq 0.$$

Como $0 \in H(f)$, se tiene $u^+(f) \geq 0$ si $f \geq 0$, luego u^+ es un funcional lineal positivo sobre $C(\Omega)$ y es en consecuencia un elemento del dual $C(\Omega)^*$.

Definiendo $u^- = u - u^+$, se tiene $u^- \in C(\Omega)^*$ también. Más aún, si $f \in C(\Omega)$, $f \geq 0$, resulta

$$u^-(f) = \sup\{u(g) : g \in H(f)\} - u(f) = \sup\{u(g - f) : g \in H(f)\}$$

Para $f \geq 0$, definamos $G(f) = \{k \in C(\Omega): -f \leq k \leq 0\}$. Entonces la aplicación $g \mapsto g - f$ define una biyección de $H(f)$ sobre $G(f)$. Luego, $u^-(f) = \sup\{u(k): k \in G(f)\}$. Como $0 \in G(f)$, se tiene $u^-(f) \geq 0$ y hemos probado la descomposición (8.10).

Además, $\|u^+\| = u^+(1_\Omega)$, $\|u^-\| = u^-(1_\Omega)$. Probaremos que $\|u^+\| + \|u^-\| \leq \|u\|$, lo que basta para probar la igualdad (8.11), pues la desigualdad triangular implica $\|u^+\| + \|u^-\| \geq \|u\|$.

Existen funciones $g_n \in H(1_\Omega)$ y $k_n \in G(1_\Omega)$ tales que

$$u^+(1_\Omega) = \lim u(g_n), \quad u^-(1_\Omega) = \lim u(k_n).$$

Evidentemente, se tiene entonces

$$\|u^+\| + \|u^-\| = \lim(u(g_n) + u(k_n)).$$

Notar que $0 \leq g_n \leq 1$, $-1 \leq k_n \leq 0$, y $-1 \leq g_n(x) + k_n(x) \leq 1$, es decir,

$$\|g_n + k_n\|_\infty \leq 1.$$

Luego,

$$|u(g_n + k_n)| \leq \|u\|,$$

de donde resulta

$$\|u^+\| + \|u^-\| \leq \|u\|.$$

Para terminar la demostración del teorema, probaremos que la descomposición es única.

Supongamos que $u = \varphi - \psi$ donde φ y ψ son funcionales positivos que satisfacen además (8.11). Entonces, para toda función continua positiva f,

$$u^+(f) - \sup\{\varphi(g) - \psi(g): g \in H(f)\},$$

pero $\varphi(g) - \psi(g) \leq \varphi(g)$, dado que $g \geq 0$ y por lo tanto,

$$\sup\{\varphi(g) - \psi(g): g \in H(f)\} \leq \sup \varphi(g) = \varphi(f),$$

es decir $u^+(f) \leq \varphi(f)$ para toda $f \geq 0$.

Sea $\theta = \varphi - u^+$. Entonces θ es un funcional lineal positivo y resulta de (8.10) que

$$\varphi = u^+ + \theta, \quad \psi = u^- + \theta.$$

Entonces $\|\varphi\| = \varphi(1_\Omega) = u^+(1_\Omega) + \theta(1_\Omega) = \|u^+\| + \|\theta\|$. De manera similar, se obtiene $\|\psi\| = \psi(1_\Omega) = u^-(1_\Omega) + \theta(1_\Omega) = \|u^-\| + \|\theta\|$. Como además φ y ψ deben satisfacer la propiedad de la suma de normas,

$$\|u\| = \|\varphi\| + \|\psi\| = \|u^+\| + \|u^-\| + 2\|\theta\|,$$

y de la propiedad (8.11) ya probada, resulta entonces que $\|\theta\| = 0$, luego $\theta = 0$ y se tiene la unicidad de la descomposición.

Combinando el teorema anterior con la representación dada por el Teorema 8.4, se tiene el importante corolario siguiente:

> COROLARIO 8.6. *Dado cualquier* $u \in C(\Omega)^*$, *existen dos medidas positivas finitas únicas,* μ_1, μ_2, *tales que*
>
> $$(8.17) \qquad u(f) = \int_\Omega f d\mu_1 - \int_\Omega f_2 d\mu_2,$$
>
> *para toda* $f \in C(\Omega)$. *La función de conjunto* $\mu := \mu_1 - \mu_2$ *define una medida acotada con valores reales, es decir, una función* σ-*aditiva cuyos valores son reales, y la expresión anterior se escribe*
>
> $$u(f) = \int_\Omega f d\mu.$$

El corolario introduce una extensión de la noción de medida positiva, a saber, la de medida real. Es fácil entender que una vez introducidas las medidas reales, se puede extender esta noción al campo complejo, introduciendo las medidas complejas como una combinación lineal de medidas reales. En el capítulo 10 estudiaremos estas nociones en general, probando además un teorema de descomposición de las medidas reales (o complejas) que corresponde al caso particular obtenido anteriormente. Retengamos la esencia del resultado probado aquí arriba que nos permite identificar un espacio dual muy importante:

El dual $C(\Omega)^*$ *del espacio* $C(\Omega)$, *para* Ω *compacto, es isomorfo al espacio de Banach* $M(\Omega)$ *constituido por las medidas reales acotadas sobre* $(\Omega, \mathcal{B}(\Omega))$ *dotado de la norma* $\|\mu\| = |\mu|(\Omega)$, *donde* $|\mu| = \mu_1 + \mu_2$, *como se verá en el capítulo 10.*

6. Acerca del teorema general de Stone–Weierstrass

En los cursos elementales de Cálculo se demuestra que toda función real continua definida sobre un intervalo cerrado (es decir, compacto), puede ser aproximada uniformemente por una sucesión de polinomios. Es el célebre Teorema de Stone-Weierstrass. En esta sección analizaremos la generalización de ese resultado. Para ello, continuaremos analizando la estructura del espacio de las funciones continuas definidas sobre un conjunto compacto Ω.

Como hemos visto, $C(\Omega, \mathbb{K})$ el espacio de las funciones continuas de Ω en $\mathbb{K}$, (donde $\mathbb{K} = \mathbb{R}$ o $\mathbb{C}$), es espacio de Banach cuando se le dota de la norma uniforme $\|\cdot\|_\infty$.

Más aún, si $f, g \in C(\Omega, \mathbb{K})$, $|fg| \leq \|f\| \, \|g\|$, $C(\Omega, \mathbb{K})$ de donde se deduce que tiene estructura de álgebra de Banach, es decir, las operaciones algebraicas de suma y producto son continuas para la topología definida por su norma.

También es un álgebra reticulada, vale decir, si $f, g \in C(\Omega, \mathbb{K})$ entonces $f \vee g$, $f \wedge g \in C(\Omega, \mathbb{K})$ y las operaciones $\wedge$ y $\vee$ son continuas en la topología inducida por la norma uniforme.

Para resumir, decimos entonces que $C(\Omega, \mathbb{K})$ es un *álgebra de Riesz* (álgebra de Banach reticulada) y contiene además una unidad para el producto, la función 1_Ω.

LEMA 8.4. *Sea A una sub–álgebra reticulada de $C(\Omega, \mathbb{K})$. La adherencia uniforme $\bar{A}$ de A en $C(\Omega, \mathbb{K})$ contiene toda $f \in C(\Omega, \mathbb{K})$ que verifica la propiedad siguiente:*

Para todo par de puntos $(x, y) \in \Omega^2$ y todo $\epsilon > 0$, existe $f_{x,y} \in A$ que cumple las dos desigualdades (8.18)

$$(8.18) \qquad |f_{x,y}(x) - f(x)| < \epsilon, \quad |f_{x,y}(y) - f(y)| < \epsilon.$$

Demostración. Sea f una de las funciones que verifica (8.18), queremos probar que $f \in \bar{A}$ (si no hay tal f, el Lema es trivial).

Sea $\epsilon > 0$, $(x,y) \in \Omega^2$.

$$U(x,y) \; := \; \{z \in \Omega : f_{x,y}(z) < f(z) + \epsilon\}$$

$$V(x,y) \; := \; \{z \in \Omega : f_{x,y}(z) > f(z) - \epsilon\}$$

Para cada $x \in \Omega$, $(U(x,y))_{y \in \Omega}$ es recubrimiento abierto de Ω, y por la compacidad de este conjunto, existe un sub–recubrimiento finito

$$U(x,y_1), \ldots, U(x,y_p)$$

Sea $f_x := f_{x,y_1} \wedge f_{x,y_2} \wedge \ldots \wedge f_{x,y_p} \in \mathcal{A}$.

$V(x) := V(x,y_1) \cap V(x,y_2) \cap \ldots \cap V(x,y_p)$ es una vecindad abierta de x sobre la cual

$$f_x(z) > f(z) - \epsilon \qquad (z \in V(x))$$

pero $f_x(z) < f(z) + \epsilon \; (z \in \Omega)$.

$(V(x))_{x \in \Omega}$ es recubrimiento abierto de Ω, luego existe un subrecubrimiento finito $V(x_1), \ldots, V(x_q)$. Luego, se tiene que

$$g := f_{x_1} \vee f_{x_2} \vee \ldots \vee f_{x_q} \in \mathcal{A}$$

y g verifica para todo $z \in \Omega$:

$$f(z) - \epsilon < \quad g(z) \quad < f(z) + \epsilon$$

$$\|f - g\| < \epsilon \quad \Rightarrow \quad f \in \bar{\mathcal{A}}$$

> **LEMA 8.5.** *Si Ω es compacto y $\mathcal{A}$ es una sub–álgebra de $C(\Omega, \mathbb{K})$ uniformemente cerrada, entonces $\mathcal{A}$ es reticulada.*

Demostración.

$$f, g \in \mathcal{A}, f \vee g \; = \; \frac{1}{2}(f + g + |f - g|)$$

$$f \wedge g \; = \; \frac{1}{2}(f + g - |f - g|)$$

Para demostrar que $\mathcal{A}$ es reticulada, basta demostrar que $f \in \mathcal{A}$ implica $|f| \in \mathcal{A}$. Además, podemos suponer $\|f\| \leq 1$ (si no, basta tomar $f/\|f\|$ para el caso $\|f\| \neq 0$).

Sea $\epsilon > 0$. Consideramos un desarrollo en serie de potencias de $t \mapsto \sqrt{t + \epsilon^2}$. Esta serie converge uniformemente en un entorno de $t = 1/2$ (y para $0 \le t \le 1$).

Escribamos $t = u^2$, entonces existe un polinomio $P(u^2)$ tal que $|P(u^2) - \sqrt{u^2 + \epsilon^2}| \le \epsilon$, para $|u| \le 1$.

Sea $Q := P - P(0)$. Como $|P(0)| \le 2\epsilon$, se tiene

$$|Q(u^2) - \sqrt{u^2 + \epsilon^2}| \le 3\epsilon, \quad |u| \le 1$$

Pero como $0 \le \sqrt{u^2 + \epsilon^2} - |u| \le \epsilon$

$$|Q(u^2) - |u|| \le 4\epsilon \quad \text{si} \quad |u| \le 1.$$

Q no tiene término constante.

Así, $Q(f^2) \in \mathcal{A}$ y $|Q(f^2) - |f|| \le 4\epsilon$ ya que $\|f\| \le 1$. Entonces, $|f| \in \bar{\mathcal{A}} = \mathcal{A}$.

☺

DEFINICIÓN 8.7. Si Ω, E son dos conjuntos y ε una familia de aplicaciones de Ω en E.

Decimos que ε *separa los puntos* de Ω si para todo par $(x, y) \in \Omega^2$, existe $f \in \varepsilon$ tal que $f(x) \ne f(y)$.

> TEOREMA 8.6 (Stone–Weierstrass generalizado). *Si Ω es un espacio compacto y $\mathcal{A}$ una sub–álgebra de $C(\Omega, \mathbb{K})$ que separa los puntos de Ω. Entonces, sólo se puede tener una de las dos propiedades siguientes:*
>
> *O bien, todas las funciones de $\mathcal{A}$ se anulan en un mismo punto $x_0 \in \Omega$ y en ese caso la clausura uniforme de $\mathcal{A}$ es el conjunto de las funciones de $C(\Omega, \mathbb{K})$ que se anulan en x_0, o bien, las funciones de $\mathcal{A}$ no se anulan simultáneamente en ningún punto de Ω y $\mathcal{A}$ es uniformemente densa en $C(\Omega, \mathbb{K})$.*

Demostración. La demostración se hace en dos etapas.

Etapa 1: Suponemos que para todo $x \in \Omega$, existe $f \in \mathcal{A}$ tal que $f(x) \ne 0$.

Entonces, para todo par $(x, y) \in \Omega^2$ tal que $x \ne y$, $0 \ne f(x) \ne f(y)$. Aún mejor, para todo $(a, b) \in \mathbb{K}^2$ existe $g \in \mathcal{A}$ tal que $g(x) = a$ y $g(y) = b$ (tomar una combinación lineal de f y f^2).

Pero la clausura de $\mathcal{A}$, $\bar{\mathcal{A}}$, es un álgebra uniformemente cerrada, entonces por Lema 8.5, $\bar{\mathcal{A}}$ es reticulada y por Lema 8.4 resulta $\bar{\mathcal{A}} = C(X, \mathbb{K})$.

Etapa 2: Suponemos que para todo $f \in \mathcal{A}$, $f(x_0) = 0$ para algún x_0.

Sea $\mathcal{B} := \{c + f; c \in \mathbb{K}, f \in \mathcal{A}\}$. Esta es un álgebra que separa los puntos de Ω y sus elementos no se anulan simultáneamente en ningún punto.

Así, se puede aplicar lo probado en la primera etapa y obtener $\bar{\mathcal{B}} = C(\Omega, KK)$.

Entonces, para todo $g \in C(X, \mathbb{K})$ tal que $g(x_0) = 0$ y todo $\epsilon > 0$, existen $c \in \mathbb{K}$ y $f \in \mathcal{A}$ tales que

$$\|c + f - g\| < \epsilon/2.$$

Al evaluar $|c + f(x) - g(x)|$ en x_0, resulta $|c| < \epsilon/2$.

Así entonces, $\|f - g\| < \epsilon$. En consecuencia,

$$\bar{\mathcal{A}} = \{g \in C(\Omega, \mathbb{K}) : g(x_0) = 0\},$$

lo que concluye la demostración.

6.1. Aplicaciones del Teorema de Stone–Weierstrass.

TEOREMA 8.7 (Weierstrass). *Sea Ω compacto $\subset \mathbb{R}^d$. Sea $\mathcal{A}$ el álgebra de los polinomios de d–variables reales con coeficientes en $\mathbb{K}$. Entonces $\mathcal{A}$ es uniformemente densa en $C(\Omega, \mathbb{K})$.*

COROLARIO 8.7. *Sea U abierto en $\mathbb{R}^d$ y f continua sobre U. Existe, entonces, una sucesión de polinomios de d–variables reales tal que sobre cada compacto $\subset U$, dicha sucesión converge uniformemente hacia f.*

TEOREMA 8.8. *Toda función continua sobre $\mathbb{R}$ de período 1 puede ser aproximada uniformemente por polinomios trigonométricos.*

Demostración. Llamemos

$$e_n(t) = e^{2i\pi n t}, \qquad n \in \mathbb{Z}$$

Un polinomio trigonométrico es de la forma:

$$p_N(t) = \sum_{n=-N}^{N} a_n e^{2i\pi nt}$$

Sea g una función continua definida sobre $\mathbb{C}$ por $g(\rho e^{2i\pi\theta}) = \rho f(\theta)$, con $\rho \geq 0$ y $\theta \in [0, 2\pi]$ (f continua con período 2π).

Por el Teorema de Stone–Weierstrass, tenemos que existen polinomios (P_k) de las variables reales que convergen a g uniformemente sobre el círculo unitario. Así,

$$P_k\left(\frac{1}{2}(e_1 + e_{-1}), \; \frac{1}{2i}(e_1 - e_{-1})\right) \; \xrightarrow[k]{\text{unif}} \; f$$

☺

7. Producto escalar

DEFINICIÓN 8.8. Sea llama *producto escalar* sobre el $\mathbb{K}$–espacio vectorial E, una aplicación $f : E \times E \to \mathbb{K}$ ($\mathbb{K} = \mathbb{R}$ o $\mathbb{C}$) tal que verifica:

1. $f(\cdot, y)$ es lineal para todo $y \in E$.
2. Es hermítica o hermitiana si $f(x, y) = \overline{f(y, x)}$.
3. Es positiva: $f(x, x) \geq 0 \; \forall x \in E$ y $f(x, x) = 0 \Rightarrow x = 0$.

OBSERVACIÓN 8.4. Si $\mathbb{K} = \mathbb{C}$ entonces $f(x, \cdot)$ es anti–lineal.

PROPOSICIÓN 8.6. *Si f es un producto escalar sobre E, entonces la aplicación $x \to \|x\|$ de E en $\mathbb{R}_+$ donde $\|x\| = \sqrt{f(x, x)}$ es una norma sobre E y se tiene la desigualdad de Cauchy–Schwarz:*

$$|f(x, y)| \leq \|x\|\|y\| \quad (x, y \in E)$$

con igualdad si y sólo si x e y son colineales o uno de ellos es nulo.

Demostración.

Sea $\lambda \in \mathbb{K}$, $f(x + \lambda y, x + \lambda y) \geq 0$ $(x, y \in E)$.

luego, $P(\lambda) = f(x, x) + \lambda f(y, x) + \overline{\lambda} f(x, y) + |\lambda|^2 f(y, y) \geq 0$ esto se cumple para todo λ si y sólo si:

$$(8.19) \qquad f(x, x)f(y, y) - |f(x, y)|^2 \geq 0$$

obtenemos que $|f(x,y)| \leq (f(x,x))^{1/2}(f(y,y))^{1/2}$ $x,y \in E$.

Se verifica fácilmente que $x \to \|x\|$ es norma.

En cuanto a la última parte, si $x = \alpha y$ entonces:

$$|\alpha|^2 f(y,y)f(y,y) - |\alpha|^2 f(y,y)^2 = 0$$

Si hay igualdad en (8.19), hay una única raíz λ_0 de $P(\lambda)$ y en λ_0 tenemos que el eje horizontal es tangente a $P(\lambda)$, dicha raíz es $\lambda_0 = \frac{f(x,y)}{f(y,y)}$ suponiendo que $f(y,y) \neq 0$ (descartamos el caso trivial $f(y,y) = 0$). En ese caso, $0 = P(\lambda_0) = \|x + \lambda_0 y\|^2$ y se deduce que $x + \lambda_0 y = 0$, es decir, x e y son colineales.

Un *espacio prehilbertiano* o *prehilbert* es un espacio vectorial E dotado de un producto escalar que lo anotamos por $\langle \cdot, \cdot \rangle$.

La norma $\|x\| = \sqrt{\langle x,x \rangle}$ $(x \in E)$ se llama la *norma hilbertiana*.

Si el espacio E prehilbert es completo para dicha norma diremos que E es un *espacio de Hilbert*.

PROPOSICIÓN 8.7. *En un espacio prehilbertiano se cumple:*

1. $\|x + y\|^2 = \|x\|^2 + 2\Re\langle x,y \rangle + \|y\|^2$
2. $\|x + y\|^2 \leq 2(\|x\|^2 + \|y\|^2)$
3. $\|x + y\|^2 + \|x - y\|^2 = 2(\|x\|^2 + \|y\|^2)$

La demostración se deja como ejercicio al lector.

DEFINICIÓN 8.9. Sea E prehilbertiano, decimos que x *es ortogonal a* y en E $(x \perp y)$ si se cumple $\langle x,y \rangle = 0$.

OBSERVACIÓN 8.5.

1. Si x es ortogonal a y en E, se tiene el teorema de Pitágoras $\|x+y\|^2 = \|x\|^2 + \|y\|^2$

2. Notar que si un elemento $x \in E$ es ortogonal a todo elemento $a \in E$, si y sólo si $x = 0$.

DEFINICIÓN 8.10. Si $x \in E$ no es el vector nulo, definimos su subespacio ortogonal como

$$x^\perp := \{y \in E : y \perp x\}.$$

Este es un hiper–plano, es decir, un sub–espacio vectorial de codimensión uno.

Asimismo, si V es un sub-espacio vectorial cualquiera de E, se denota $V^\perp$ el sub-espacio ortogonal, o complemento ortogonal de V, constituido por todos los vectores ortogonales a cada elemento de V.

EJEMPLO 8.4. $E = \mathbb{K}^n$ es espacio de Hilbert con $\langle x, y \rangle := \sum_{i=1}^{n} x_i \overline{y}_i$ para todo $x = (x_1, \ldots, x_n)$, $y = (y_1, \ldots, y_n)$; $\in E$ se llama *espacio euclidiano* de dimensión n.

EJEMPLO 8.5. La generalización del ejemplo anterior está dada por el espacio $\ell^2_{\mathbb{K}}(\mathbb{N})$ introducido en 8.3.5, para el caso $p = 2$. En efecto, sobre este espacio se puede definir

$$(8.20) \qquad \langle x, y \rangle = \sum_{n \in \mathbb{N}} x_n \overline{y_n}, \quad (x, y \in \ell^2_{\mathbb{K}}.(\mathbb{N})).$$

que satisface claramente las propiedades de un producto escalar y la Proposición 8.6 implica la desigualdad

$$(8.21) \qquad \left| \sum_{n \in \mathbb{N}} x_n \overline{y_n} \right|^2 \leq \left(\sum_{n \in \mathbb{N}} |x_n|^2 \right) \left(\sum_{n \in \mathbb{N}} |y_n|^2 \right) < \infty,$$

para todo par $(x, y) \in \ell^2_{\mathbb{K}}(\mathbb{N})$.

En consecuencia, $\ell^2_{\mathbb{K}}(\mathbb{N})$ es pre–Hilbert, pero además es completo como consecuencia de un teorema más general que se demostrará en el Capítulo 9. Esta propiedad se obtendrá también implícitamente en el Teorema 8.14.

8. Proyecciones en un espacio de Hilbert

Sea (X, d) un espacio métrico, $S \subset X$ y $a \in X$ decimos que un punto $s \in S$ *es proyección de* a sobre S si para todo $t \in S$ se tiene: $d(a, s) \leq d(a, t)$.

> TEOREMA 8.9. *Sea C una parte convexa de un espacio prehilbertiano H, entonces:*
>
> 1. *Si $a \in H$ posee una proyección sobre C, esta es única.*
> 2. *Si C es completo entonces todo punto $a \in H$ posee una proyección única sobre C.*

Demostración.

1. Sean x, y dos proyecciones de a en H sobre C y designemos por $d = \|x - a\| = \|y - a\| = \inf_{c \in C} \|c - a\|$ Por la igualdad del paralelógramo se tiene:

$$\|x + y - 2a\|^2 = 2(\|x - a\|^2 + \|y - a\|^2) - \|x - y\|^2$$

Sea $m := \frac{1}{2}(x + y)$:

$$\|m - a\|^2 = \frac{1}{2}(\|x - a\|^2 + \|y - a\|^2) - \frac{1}{4}\|x - y\|^2$$

Si $x \neq y$ entonces $\|x - y\| > 0$ y

$$\|m - a\|^2 < \frac{1}{2}(\|x - a\|^2 + \|y - a\|^2).$$

Luego, $\|m - a\| < d$, lo que contradice la definición de proyección.

2. Sea $a \in H$, $d := \inf_{c \in C} \|c - a\|$. Dado que la aplicación $\|\cdot - a\|$ es continua, existe una sucesión (c_n) tal que

$$\|c_n - a\| \to d.$$

(c_n) es sucesión de Cauchy, sea $m_{p,q} = \frac{1}{2}(c_p + c_q)$

$$\|c_p - c_q\|^2 = 2(\|c_p - a\|^2 - \|c_q - a\|^2) - 4\|m_{p,q} - a\|^2.$$

Pero $\|m_{p,q} - a\| \geq d$. Luego,

$$\|c_p - c_q\|^2 \leq 2(\|c_p - a\|^2 + \|c_q - a\|^2) - 4d^2.$$

En consecuencia, $\|c_p - c_q\| \to 0$ si $p, q \to \infty$ y la sucesión $(c_p)_p$ es de Cauchy. Por lo tanto, $c_p \to c \in C$ por completitud y $\|c - a\| = d$.

Nota. El teorema se aplica a los siguientes casos:

1. H espacio pre-Hilbert y C sub–espacio vectorial de dimensión finita.

2. H espacio de Hilbert y C convexo cerrado.

> **TEOREMA 8.10.** *Sea C convexo completo, contenido en un espacio pre-Hilbert H. Sea $a \in H$. La proyección a' de a sobre C está caracterizada por la propiedad.*
>
> $$\Re\langle c - a', a - a'\rangle \leq 0 \qquad \forall c \in C.$$

Demostración. Supongamos que 0 es proyección de a. Como C es convexo: $tc \in C$ para todo escalar $t \in [0,1]$

$$2\Re\langle a, tc\rangle \leq \|tc\|^2$$

si y sólo si

$$2\Re\langle a, c\rangle \leq t\|c\|^2$$

haciendo $t \to 0$ obtenemos $\Re\langle a, c\rangle \leq 0$ para todo $c \in C$.

Recíprocamente $\Re\langle a, c\rangle \leq 0$ implica que $\|a\| \leq \|a - c\|$, para todo $c \in C$, de donde se obtiene que 0 es su proyección.

> **COROLARIO 8.8.** *Sea F subespacio completo de H espacio prehilbertiano. La proyección a' de $a \in H$ sobre F está caracterizada por*
>
> $$a - a' \perp x - a' \qquad (\forall x \in F)$$

Demostración. Para todo $x \in F$, si $a - a' \perp x - a'$, entonces

$$\Re\langle x - a', a - a'\rangle = 0.$$

Luego a' es proyección de a.

Recíprocamente, si a' es proyección de a, entonces $x - a'$, $i(x - a')$, $-(x - a')$ y $-i(x - a')$ están también en F y se cumple:

$$\Re\langle a - a', x - a'\rangle \leq 0$$
$$\Re\langle a - a', i(x - a')\rangle \leq 0$$
$$\Re\langle a - a', -(x - a')\rangle \leq 0$$
$$\Re\langle a - a', -i(x - a')\rangle \leq 0$$

En consecuencia, $\langle a - a', x - a'\rangle = 0$ para todo $x \in F$, es decir, $a - a' \perp x - a'$.

> **TEOREMA 8.11.** *Sea H un espacio de Hilbert. F un sub–espacio cerrado en H. Sean p', (respectivamente p'') las aplicaciones de proyección ortogonal sobre F (respectivamente $F^\perp$). Entonces:*
>
> 1. *Todo $x \in H$ se descompone únicamente en la forma $x = x' + x''$ con $x' \in F$ y $x'' \in F^\perp$, además $p'(x) = x'$ y $p''(x) = x''$.*
> 2. *p' y p'' son continuas de norma menor o igual a 1.*

Demostración. p' es lineal: en efecto, para todos $\lambda, \mu \in \mathbb{K}, y \in F$ se tiene

$$\langle \lambda a + b - (\lambda a' + \mu b'), y - (\lambda a' + \mu b') \rangle = 0$$

Luego, $p'(\lambda a + \mu b) = \lambda p'(a) + \mu p'(b)$ para todos $a, b \in H$.

Análogamente se prueba para p''.

Probemos ahora la unicidad de la descomposición.

Aplicando p', p'' a la igualdad $x = x' + x''$ se tiene

$$p'(x) \;=\; x'$$
$$p''(x) \;=\; x''$$

y la existencia resulta de que $x - p'(x)$ es proyección ortogonal de x sobre $F^\perp$.

Finalmente, probemos que la norma de p' es menor que 1.

$$\|p'(x)\|^2 + \|p''(x)\|^2 = \|x\|^2,$$

luego, $\|p'(x)\| \leq \|x\|$ de donde resulta $\|p'\| \leq 1$.

9. Dualidad en los espacios de Hilbert

Sea H un espacio prehilbertiano. Consideremos un elemento $y \in H$ y definamos la aplicación lineal

$$u_y(x) := \langle x, y \rangle, \quad (x \in H).$$

Entonces $u_y \in H^* = \mathcal{L}(H, \mathbb{K})$, por aplicación de la desigualdad de Cauchy-Schwarz, dado que $\langle x, y \rangle \leq \|y\| \|x\|$, y se cumple $\|u_y\| \leq \|y\|$.

Definamos entonces una aplicación Φ de H en su dual H^* mediante la expresión

$$\text{(8.22)} \qquad \Phi(y) = u_y = \langle \cdot, y \rangle,$$

para todo $y \in H$.

> TEOREMA 8.12. *Sea H espacio de Hilbert, entonces la aplicación Φ definida por (8.22) es biyectiva, antilineal e isométrica. Define en consecuencia un isomorfismo entre H y su dual H^*. Vale decir, en particular se tiene la representación siguiente: para cada forma lineal $u \in \mathcal{L}(H, \mathbb{K})$ existe un y sólo un $y \in H$ tal que*
>
> $$\text{(8.23)} \qquad u(x) = \langle x, y \rangle \qquad (\text{para todo } x \in H)$$

Demostración. La propiedad de antilinealidad es consecuencia directa de la definición de producto escalar. Notar enseguida que si $\Phi(y) = \Phi(y')$, entonces, para todo $x \in H$ se tiene $\langle (y - y'), x \rangle = 0$, luego $y = y'$ y la aplicación Φ es inyectiva. Probemos la propiedad de epiyección.

Para la forma lineal nula el resultado es obvio. Sea $u \in \mathcal{L}(H, \mathbb{K})$ con $u \neq 0$. Su espacio nulo $Nu(u)$ es hiperplano cerrado y $\mathcal{D} = Nu(u)^{\perp}$ es de dimensión 1 pues la restricción $u : \mathcal{D} \to \mathbb{K}$ es isomorfismo.

Pero $1 \in \mathbb{K}$, luego existe $z \in \mathcal{D}$ tal que $u(z) = 1$.

Sea $y := \frac{z}{\|z\|^2}$, entonces

$$\begin{aligned}
u_y(y) &= \langle y, y \rangle \\
&= \frac{\|z\|^2}{\|z\|^4} \\
&= \frac{1}{\|z\|^2} \\
&= u(y)
\end{aligned}$$

Se tiene $Nu(u_y) = Nu(u)$ y además u_y, u toman el mismo valor sobre la base $\{y\}$ de $\mathcal{D}$. Por lo tanto $u = u_y$, y además $\|u\| = \|y\|$, es decir, Φ es isométrica.

OBSERVACIÓN 8.6. Conviene hacer aquí una observación sobre la notación del producto escalar y la dualidad. El Teorema de Riesz que acabamos de ver, nos dice que todo espacio de Hilbert H es isomorfo a su dual -en consecuencia es reflexivo- y los funcionales lineales continuos se representan todos en la forma $\langle \cdot, y \rangle$, con $y \in H$.

De manera análoga, según el Corolario 8.6 y la nota que le sigue, el dual de $C(\Omega)$ para Ω compacto es el espacio de las medidas de Radon μ. Si se designa por $\langle f, \mu \rangle = \int_\Omega f d\mu$ la integral de $f \in C(\Omega)$ con respecto a una medida μ. Y entonces, al igual que en el caso de los espacios de Hilbert, los elementos de $C(\Omega)^*$ se representan por $\langle \cdot, \mu \rangle$.

Finalmente, cabe hacer notar que en Física se usa suponer que los productos escalares son anti-lineales (o sesqui-lineales) en la primera variable y lineales en la segunda. En consecuencia, los funcionales lienales se escriben $\langle y, \cdot \rangle$. En ese caso, si $e \in H$ es un vector unitario en H, entonces la proyección de todo vector $x \in H$ sobre el subespacio unidimensional generado por e se escribe $\langle e, x \rangle e$. Eso sugiere denotar e en la forma $|e\rangle$ y la proyección sobre el subespacio que engendra en la forma $|e\rangle\langle e|$ de modo que al yuxtaponer el vector $|x\rangle$, se tiene $|e\rangle\langle e\|x\rangle$, que -suprimiendo los trazos verticales innecesarios- nos deja el valor de la proyección de x: $|e\rangle\langle e, x \rangle$. Es el mérito mnemotécnico de la notación propuesta por Dirac.

10. Sistemas ortonormales en espacios pre–Hilbert

DEFINICIÓN 8.11. Sea H un espacio pre–Hilbert. Una familia de vectores $(e_i)_{i\in I} \subset H$ es un *sistema ortogonal* si $e_i \perp e_j$, $i \neq j$. Se dice que el sistema es *ortonormal* si además $\|e_i\| = 1$, para todo $i \in I$.

EJERCICIO 8.1. **Procedimiento de ortogonalización de Gram–Schmidt.**

Dado un sistema linealmente independiente (a lo más numerable) de vectores $(f_n)_{n\in\mathbb{N}}$ del espacio H, definimos:

$$g_1 := f_1$$
$$e_1 := \frac{1}{\|g_1\|} g_1$$
$$\cdots$$
$$g_{n+1} := f_{n+1} - \sum_{i=1}^{n} \langle f_{n+1}, e_i \rangle e_i$$
$$e_{n+1} := \frac{1}{\|g_{n+1}\|} g_{n+1},$$
$$\cdots$$

Probar que $(e_n)_{n\in\mathbb{N}}$ es un sistema ortonormal.

DEFINICIÓN 8.12. En un espacio normado H, una parte $A \subset H$ es *total* si el subespacio que engendra es denso, es decir, si para todo $\epsilon > 0$, y todo $x \in H$, existe una colección finita $a_1, \ldots, a_n \in A$, y $t_1, \ldots, t_n \in \mathbb{K}$ tales que

$$\left\| x - \sum_{i=1}^{n} t_i a_i \right\| < \epsilon.$$

Un espacio pre–Hilbert es *euclideano* si es de dimensión finita (y en ese caso es además completo, luego, de Hilbert).

Un espacio pre–Hilbert posee una *base ortonormal* si tiene un sistema ortonormal total.

Se dice que un espacio pre–Hilbert es *separable*, si posee una parte total numerable.

OBSERVACIÓN 8.7.

1. Por el procedimiento de Gram–Schmidt se tiene que todo espacio euclideano posee una base ortonormal cuya cardinalidad (finita) es la dimensión del espacio.

2. En todo espacio pre–Hilbert separable hay sucesiones ortogonales totales, i.e. bases ortogonales a lo más numerables. El hecho que existan bases ortonormales a lo más numerables no significa que la dimensión del espacio (noción ligada a su estructura algebraica), sea $\aleph_0$, es decir, numerable.

11. Bases ortonormales

Recordemos que si F es un subespacio completo de un espacio pre–Hilbert H, entonces para cada $a \in H$, la proyección $p_F(a)$ de a sobre F está caracterizada por:

$$(a - p_F(a)) \perp (x - p_F(a)),$$

para cada $x \in F$

TEOREMA 8.13. *Sea H espacio euclideano con $e_1, \ldots, e_n$ base ortonormal. Entonces:*

1. Para todo $x \in H$ se tiene

$$(8.24) \qquad x = \sum_{i=1}^{n} \langle x, e_i \rangle \, e_i$$

2. Para todo par $(x, y) \in H^2$,

$$(8.25) \qquad \langle x, y \rangle = \sum_{i=1}^{n} \langle x, e_i \rangle \, \overline{\langle y, e_i \rangle}$$

3. Para todo $x \in H$,

$$(8.26) \qquad \|x\|^2 = \sum |\langle x, e_i \rangle|^2$$

4. La aplicación $\phi : H \to \mathbb{K}^n$ definida por: $\phi(x) = (\langle x, e_1 \rangle, \ldots, \langle x, e_n \rangle)$ es un isomorfismo de espacios euclideanos.

Basta probar la primera propiedad y esto es una consecuencia de la propiedad más general siguiente:

PROPOSICIÓN 8.8. *Sea H espacio euclideano de dimensión n, subespacio de un pre–Hilbert X. Sea $(e_i)_{i=1}^{n}$ una base ortonormal de H. Sea $p = p_H$ la proyección ortogonal de X sobre H. Entonces, para cada $x \in X$*

$$p(x) = \sum_{i=1}^{n} \langle x, e_i \rangle \, e_i$$

Demostración. Para $j = 1, \ldots, n$ se verifica

$$x - \sum_{i=1}^{n} \langle x, e_i \rangle \, e_i \perp e_j,$$

y esto implica que

$$p(x) = \sum_{i=1} \langle x, e_i \rangle \, e_i.$$

Con esta propiedad la Proposición 8.8 queda demostrada porque $x = p(x)$ si $x \in H$.

PROPOSICIÓN 8.9. *Sea X espacio pre–Hilbert y H un subespacio completo y separable. Sea $(e_n)_{n \geq 1}$ una sucesión ortonormal total de H. Sea p la proyección ortogonal de X sobre H. Entonces para cada $x \in X$, la serie de término general $\langle x, e_n \rangle$ converge en H y se tiene que:*

$$p(x) = \sum_{n=1}^{\infty} \langle x, e_n \rangle \, e_n.$$

Demostración. Sea H_n el espacio euclideano engendrado por $e_1, \ldots, e_n$, $n \geq 1$, sea p_n la proyección sobre H_n, para todo $x \in X$, $p_n(x) = \sum_{i=1}^{n} \langle x, e_i \rangle \, e_i$. Demostraremos que $p_n(x)$ converge a $p(x)$ en H.

Como (e_n) es sucesión total existe una sucesión (y_n) donde $y_n \in H_n$ e $y_n \to p(x)$ en H.

Observar además que $p_n(x) = p_n(p(x))$.

$$\|p(x) - p_n(x)\| = \|p(x) - p_n(p(x))\| \leq \|p(x) - y_n\|$$

Así, $p_n(x) \to p(x)$ sobre H, $(\forall x \in X)$.

Finalmente, resumiremos en el siguiente teorema las propiedades básicas de las bases ortonormales en el caso de los espacios de Hilbert separables sobre un cuerpo $\mathbb{K}$. Estas propiedades generalizan las estudiadas en el Teorema 8.13 en el caso de espacios de dimensión finita. En particular, así como todos los espacios de dimensión finita resultan ser isomorfos si y sólo si tienen la misma dimensión, por su parte los espacios de Hilbert separables de dimensión infinita son todos isomorfos al espacio $\ell_{\mathbb{K}}^2$.

> **TEOREMA 8.14.** *Sea H un espacio de Hilbert separable y sea $(e_n)_{n\geq 1}$ una base ortonormal de H. Entonces:*
>
> 1. *Para todo $x \in H$ la serie de término general $\langle x, e_n \rangle\, e_n$ converge en H, y se tiene:*
>
> $$x = \sum_{n=1}^{\infty} \langle x, e_n \rangle\, e_n \tag{8.27}$$
>
> 2. *Para todo $(x,y) \in \mathcal{H}^2$, la serie de término general $\langle x, e_n \rangle\, \overline{\langle y, e_n \rangle}$ es absolutamente convergente y se tiene que:*
>
> $$\langle x, y \rangle = \sum_{n=1}^{\infty} \langle x, e_n \rangle\, \overline{\langle y, e_n \rangle}. \tag{8.28}$$
>
> 3. *Para todo $x \in H$, la serie de término general $|\langle x, e_n \rangle|^2$ es convergente y*
>
> $$\|x\|^2 = \sum_{n=1}^{\infty} |\langle x, e_n \rangle|^2. \tag{8.29}$$
>
> 4. *La aplicación $\phi : \mathcal{H} \to \ell^2 = \ell^2_{\mathbb{K}}(\mathbb{N})$ definida por:*
>
> $$\phi(x) := (\langle x, e_n \rangle \,; n \geq 1)$$
>
> *es un isomorfismo de espacios de Hilbert.*

Demostración. Recordar que $\ell^2_{\mathbb{K}}(\mathbb{N}) = L^2(\mathbb{N}, \mathcal{P}(\mathbb{N}), \nu)$, donde ν es la medida de conteo.

1. Es caso particular de la Proposición 8.9, basta tomar $X = H$.

2. Con las notaciones de la Proposición 8.9

$$\langle p_n(x), p_n(y) \rangle = \sum_{i=1}^{n} \langle x, e_i \rangle\, \overline{\langle y, e_i \rangle},$$

para todo $(x,y) \in H^2$.

Como $p_n(x) \to p(x) = x$ y $p_n(y) \to p(y) = y$ (sobre H) entonces la serie de término general $\langle x, e_i \rangle\, \overline{\langle y, e_i \rangle}$ converge (ya que el producto escalar es continuo), y se tiene:

$$\sum_{i=1}^{\infty} \langle x, e_i \rangle\, \overline{\langle y, e_i \rangle} = \langle x, y \rangle$$

3. En lo anterior, tomando $x = y$, se obtiene la convergencia de la serie indicada y la igualdad $\|x\|^2 = \sum_{n=1}^{\infty} |\langle x, e_n \rangle|^2$.

4. De lo anterior, se tiene que ϕ respeta productos escalares y $\phi(H) \subset \ell^2$. Falta ver que ϕ es epiyectiva.

Sea $(t_n) \subset \ell^2$, es decir, $\sum_{n=1}^{\infty} |t_n|^2 < \infty$.

Sea $x_n = \sum_{i=1}^{n} t_i e_i \in H_n$ esta sucesión converge en H, $x_n \to x \in H$, ya que (e_i) es total, y

$$x = \sum_{i=1}^{\infty} t_i e_i$$

este elemento verifica que $\langle x, e_i \rangle = t_i$, ya que (e_i) es ortogonal y luego $\phi(x) = (t_n)_{n \geq 1}$.

12. Comentarios

El teorema que acabamos de probar es de importancia crucial. Nos dice en particular que todo espacio de Hilbert separable es isomorfo a $\ell_{\mathbb{K}}^2(\mathbb{N})$. De paso prueba que este último es completo, pero mejor aún, nos provee de una representación de todo espacio de Hilbert separable y además, que la cardinalidad de todas las bases ortonormales de este tipo de espacios es la misma, a saber, $\aleph_0$ (a causa de la separabilidad). Los espacios de Hilbert separables son los que más frecuentemente se encuentran en las aplicaciones de la teoría, pero existen importantes ejemplos de espacios no separables construidos a partir de las funciones casi-periódicas. Para estudiar estos casos, como también la propiedad de la igual cardinalidad de las bases ortonormales en un contexto más general, el lector es referido a la sección IV.4 de [15].

Por otra parte, la serie (8.27) recibe el nombre de Serie de Fourier de x en la base ortonormal $(e_n)_{n \geq 1}$, y (8.28) es también conocida como fórmula de Parseval. En el Capítulo 9 veremos el ejemplo de las series de Fourier en otro espacio específico: $L^2([0,1], \mathcal{B}([0,1]), \lambda)$.

El Análisis Funcional, la Teoría de Operadores, las Álgebras de Operadores, la Geometría no Conmutativa, se construyen sobre los pilares de los espacios de Banach y de Hilbert que acabamos de estudiar. El lector interesado en introducirse en alguno de esos temas queda invitado a consultar las obras [15], [16], [24], [27], [38], [41], [47].

13. Ejercicios propuestos

1. Sea E un espacio vectorial sobre $\mathbb{R}$. Se llama *complexificado* de E el espacio $E_c = E \times E$ provisto de la adición ordinaria y de la multiplicación por los elementos $(\alpha + i\beta)$ de $\mathbb{C}$ definida como sigue:

$$(\alpha + i\beta)(u,v) = (\alpha u - \beta v, \beta u + \alpha v).$$

   a) Probar que E_c es un espacio vectorial sobre $\mathbb{C}$, y que si se hace una inmersión de E en E_c identificando el elemento u de E con el elemento $(u,0)$ de E_c, el subconjunto E de E_c engendra E_c.

   b) Si E es normado, probar que se puede prolongar de muchas maneras la norma de E en una norma sobre el espacio E_c sobre $\mathbb{C}$. Mostrar que estas diversas normas sobre E_c son equivalentes. Probar que, en consecuencia, E y E_c son simultáneamente completos o no completos.

   c) Si E es un espacio prehilbertiano real, probar que su producto escalar se prolonga de manera única en un producto escalar sobre E_c, cuya expresión se determinará.

2. Sea $\mathcal{C} = (C_j)_{j \in J}$ una familia de subconjuntos convexos de un espacio vectorial E. Probar que el más pequeño conjunto convexo que contiene a todos los convexos C_j, llamado la envolvente convexa $\mathrm{co}(\mathcal{C})$, es el conjunto de todos los elementos $z \in E$ para los cuales existe a la vez una familia sumable de reales positivos $(\lambda_j)_{j \in J}$ cuya suma es $\sum_j \lambda_j = 1$, y una colección de vectores $x_j \in C_j$, $j \in J$, tales que

$$z = \sum_j \lambda_j x_j$$

3. Llamemos *forma cuadrática* sobre un espacio vectorial sobre $\mathbb{R}$, toda aplicación $f : E \to \mathbb{R}$ tal que para todos $x, y \in E$, todos $\lambda, \mu \in \mathbb{R}$,

se tenga:

(8.30)
$$f(\lambda x + \mu y) = a(x,y)\lambda^2 + 2b(x,y)\lambda\mu + c(x,y)\mu^2.$$

Probar que $b(x,y)$ es una forma bilineal sobre E, y que $b(x,x) = f(x)$. Deducir que si una norma p sobre E es tal que p^2 sea una forma cuadrática, entonces $b(x,y)$ es un producto escalar sobre E, y p es su norma asociada.

4. Sean $p,q > 1$, tales que $\frac{1}{p} + \frac{1}{q} = 1$. Utilizando la concavidad de la función $\log$ sobre $\mathbb{R}_+$, probar que para todos $x,y > 0$, se tiene

(8.31)
$$x^{\frac{1}{p}} y^{\frac{1}{q}} \leq \frac{1}{p}x + \frac{1}{q}y.$$

Adoptamos ahora las notaciones siguientes:

- c_∞ representa el conjunto de todas las sucesiones $x = (x_n)_n \in \mathbb{R}^\mathbb{N}$ que tienen un límite;

- c_0 es el conjunto de todas las sucesiones de c_∞ cuyo límite es 0;

- ℓ^∞ es el espacio vectorial de todas las sucesiones $x = (x_n)_n \in \mathbb{R}^\mathbb{N}$ acotadas;

- ℓ^p es el espacio de todas las sucesiones $x = (x_n)_n \in \mathbb{R}^\mathbb{N}$ tales que $\sum_{n\geq 0} |x_n|^p < \infty$, $(1 \leq p < \infty)$;

- c_k, es el conjunto de todas las sucesiones $x = (x_n)_n \in \mathbb{R}^\mathbb{N}$ para las cuales existe un número $N(x) \in \mathbb{N}$ tal que $x_n = 0$ para todo $n \geq N(x)$.

5. Sean $p,q \in [1,\infty[$, $\frac{1}{p} + \frac{1}{q} = 1$. Probar que para dos sucesiones cualesquiera, $(a_n)_n$, $(b_n)_n$ de números reales positivos, se tienen las desigualdades siguientes sobre $\overline{\mathbb{R}}_+$:

(8.32)
$$\sum_{n\in\mathbb{N}} a_n b_n \leq \left(\sum_{n\in\mathbb{N}} a_n^p\right)^{1/p} \left(\sum_{n\in\mathbb{N}} b_n^q\right)^{1/q}.$$

Es la desigualdad de Hölder para las sucesiones, en cuya demostración se puede usar (8.31)

(8.33)
$$\left[\sum_{n\in\mathbb{N}} (a_n + b_n)^p\right]^{1/p} \leq \left(\sum_{n\in\mathbb{N}} a_n^p\right)^{1/p} + \left(\sum_{n\in\mathbb{N}} b_n^p\right)^{1/p}.$$

Es la desigualdad de Minkowski.

6. Considerar el espacio de las funciones continuas $C([0,1])$. Probar que este espacio no es completo para las normas $\|\cdot\|_p$ para $p \in [1, \infty[$.

7. Sea M_d el espacio vectorial de las matrices cuadradas $d \times d$ sobre $\mathbb{C}$. Dadas $A, B \in M_d$, sea

$$\langle A, B \rangle := \operatorname{tr}\left(AB^*\right),$$

donde B^* es la matriz adjunta de B y $\operatorname{tr}(\cdot)$ designa la traza.

a) Probar que $\langle \cdot, \cdot \rangle$ define un producto escalar sobre M_d y que este espacio con ese producto es un espacio de Hilbert.

b) Encuentre una base ortonormal para el espacio M_d y escriba el desarrollo de cualquier elemento de M_d en términos de esa base.

c) Probar que $\|A^n\| \le \|A\|^n$, para todo $n \in \mathbb{N}$ y $A \in M_d$. Deducir que la serie de término general $\dfrac{1}{n!}A^n$ converge en M_d.

d) Utilizar el resultado anterior para probar que la ecuación diferencial

$$(8.34) \qquad \begin{cases} \dfrac{dx(t)}{dt} = Ax(t) \\[2mm] x(0) = x_0 \end{cases}$$

tiene una única solución $\phi(x_0, t)$ que se expresa

$$\phi(x_0, t) = e^{tA}x_0,$$

donde x_0 es un vector de $\mathbb{C}^d$ y e^{tA} es la serie de término general $\dfrac{t^n}{n!}A^n$.

FIGURA 1. Stefan Banach, 1892 – 1945

FIGURA 2. David Hilbert, 1862 – 1943

Capítulo 9

Los espacios L^p

En este capítulo nos preocupamos de una clase particular de espacios normados, definidos por medio de propiedades de integrabilidad. Son los llamados espacios de funciones de módulo de potencia p integrable, donde p es un número en el intervalo $[1, \infty]$. Como se verá, para todo p en ese intervalo, estos espacios resultan ser de Banach para las normas que se definirán. Y para $p = 2$, las funciones llamadas de cuadrado integrable, forman un espacio de Hilbert. Una clave esencial de las propiedades de estos espacios reside en una simple familia de desigualdades obtenidas para funciones cóncavas.

1. Algunas desigualdades de concavidad

Sea X un conjunto, F un espacio de Riesz de aplicaciones de X en $\mathbb{K}$, una semi–norma N sobre F es creciente si se verifica:

1. $N(f) = N(|f|)$, para toda $f \in F$,
2. Si $|f| \leq |g|$, $f, g \in F$, entonces: $N(g) \leq N(f)$.

> TEOREMA 9.1. *Sea X un conjunto, F un espacio de Riesz de aplicaciones de X en $\mathbb{K}$ y N una semi–norma creciente. Sea $v : \mathbb{R}_+ \times \mathbb{R}_+ \to \mathbb{R}_+$ una aplicación cóncava. Entonces, para todo $f, g \in F$ tales que $N(f), N(g)$ sean finitos se tiene:*
>
> $$N(v(f,g)) \leq v(N(f), N(g))$$

Demostración. Dado que v es cóncava, se tiene

$$v(x, y) = \text{ínf}\, \{ l(x, y) : \ l, \text{ lineal afín positiva} \geq v \}$$

Sea $l(x,y) = ax + by$ $(a, b \in \mathbb{R}_+)$

$$N(l(f,g)) \;=\; N(af + bg) \le aN(f) + bN(g)$$
$$\le \; l(N(f), N(g))$$

para toda función lineal afín positiva $l \ge v$.

Luego $N(v(f,g)) \le v(N(f), N(g))$.

2. Los espacios $\mathcal{L}^p (1 \le p \le \infty)$

Sea $(\Omega, \mathcal{F}, \mu)$ un espacio de medida. Denotaremos nuevamente por $\mathbb{K}$, cualquiera de los cuerpos $\mathbb{R}$ o $\mathbb{C}$. Para toda $f \in \mathcal{L}_{\mathbb{K}} = \mathcal{L}_{\mathbb{K}}(\Omega, \mathcal{F}, \mu)$ definimos:

$$\|f\|_p := \Big(\int_\Omega |f|^p d\mu \Big)^{1/p} \qquad 1 \le p < \infty$$

$$\|f\|_\infty := \text{ínf}\{ a \in \overline{\mathbb{R}}_+ : \mu(\{|f| > a\}) = 0 \}$$

PROPOSICIÓN 9.1. $(\| \cdot \|_p ; 1 \le p \le \infty)$ *es una familia de semi–normas crecientes sobre el espacio de Riesz* $\mathcal{L}_{\mathbb{K}}$.

Se define $L^p_{\mathbb{K}}(\Omega, \mathcal{F}, \mu) := \{ f \in \mathcal{L}_{\mathbb{K}} : \|f\|_p < \infty \}$ $(1 \le p \le \infty)$. *Los espacios* $\mathcal{L}^p_{\mathbb{K}}$ *son semi–normados por* $\| \cdot \|_p$ $(1 \le p \le \infty)$.

Demostración. Para $p = 1$, $\|f\|_1 = \int_\Omega |f| d\mu$ $(f \in \mathcal{L}_{\mathbb{K}})$ verifica propiedades de semi–norma porque $|\cdot|$ es norma y la integral es lineal y creciente.

Si $1 < p < \infty$: sea $N = \| \cdot \|_1$ y $v(x,y) = (x^{1/p} + y^{1/p})^p$ para $x \ge 0$, $y \ge 0$.

Para cada par f, g de funciones medibles, $\|(|f|^{1/p} + |g|^{1/p})^p\|_1 = (\|f\|_1^{1/p} + (\|g\|_1^{1/p})^p$, de donde

$$\int (|f|^{1/p} + |g|^{1/p})^{1/p} d\mu \le \Big[\Big(\int |f| d\mu \Big)^{1/p} + \Big(\int |g| d\mu \Big)^{1/p} \Big]^p .$$

Sea $|f| = |f'|^p$, $|g| = |g'|^p$, de la desigualdad anterior se obtiene

$$\int (|f'| + |g'|)^p \le \Big(\int |f'|^p d\mu \Big)^{1/p} + \Big(\int |g'|^p d\mu \Big)^{1/p} ,$$

luego $\| \cdot \|_p$ es convexa, además es claramente homogénea y el hecho de que la integral sea creciente implica que $\| \cdot \|_p$ es creciente.

Si $p = \infty$ probamos sólo la convexidad de $\| \cdot \|_\infty$. Supongamos que $\mu(\{|f| > a\}) = 0$, $\mu(\{|g| > b\}) = 0$

Entonces $\mu(\{|f+g|>a+b\})=0$, de donde se concluye que

$$\|f+g\|_\infty \le \|f\|_\infty + \|g\|_\infty,$$

para todo par de funciones medibles f,g.

Nota. Los espacios $\mathcal{L}^p_{\mathbb{K}}$ son los espacios de funciones de potencia p–integrable $(1 \le p < \infty)$.

Llamamos *supremo esencial* de $f \in \mathcal{L}^+_{\mathbb{K}}$ al número en $\overline{\mathbb{R}}_+$ definido por:

$$\sup{-es}\, f := \inf\{a \in \overline{\mathbb{R}}_+ : \mu(\{f>a\})=0\}$$

El ínfimo esencial para $f \in \mathcal{L}^+_{\mathbb{K}}$ es:

$$\inf{-es}\, f := \sup\{a \in \overline{\mathbb{R}}_+ : \mu(\{f<a\})=0\}$$

Si ahora f es una función medible de signo cualquiera, decimos que f es *esencialmente acotada* si $\sup{-es}\,|f| < \infty$.

$\mathcal{L}^\infty_{\mathbb{K}}$ es entonces el *espacio de las funciones esencialmente acotadas* y $\|f\|_\infty = \sup{-es}\,|f|$.

> PROPOSICIÓN 9.2. *Para* $1 \le p \le \infty$, *el núcleo* $Nu(\|\cdot\|_p)$ *es el conjunto de las funciones* μ*–despreciables.*

Demostración. Consideremos primero el caso $p=\infty$. Sea f una función medible y supongamos $\|f\|_\infty = 0$. Entonces, para todo $n \ge 1$,

$$\mu\left(\left\{|f|>\frac{1}{n}\right\}\right)=0$$

luego $\bigcup_{n=1}^\infty \{|f|>1/n\} = \{|f|>0\}$ es μ–despreciable.

Recíprocamente, si f es μ–despreciable, entonces es obvio que $\|f\|_\infty = 0$.

Sea ahora $1 \le p \le \infty$:

$$\|f\|_p = 0 \quad\Leftrightarrow\quad \int |f|^p d\mu = 0$$
$$\Leftrightarrow \quad |f|=0 \quad \mu-\text{c.t.p}$$

Para todo $p \in [1,\infty]$ el espacio $L^p_{\mathbb{K}}(\Omega,\mathcal{F},\mu)$ es el cuociente de $\mathcal{L}^p_{\mathbb{K}}$ por el conjunto de las funciones μ–despreciables.

$(L_{\mathbb{K}}^{p}, \|\cdot\|_{p})$ es un espacio normado para $p \in [1, \infty]$

PROPOSICIÓN 9.3. *Para todo $p \in [1, \infty]$, el conjunto $\mathcal{E}$ de las funciones simples es denso en $\mathcal{L}_{\mathbb{K}}^{p}$. Además para cada $f \in \mathcal{L}^{p+}$ existe una sucesión creciente $(f_n) \subset \mathcal{E}$ tal que $f_n \uparrow f$ μ–c.t.p. y en $\mathcal{L}^{p}$.*

Demostración. En el caso $p = \infty$, dada $f \in \mathcal{L}^{\infty+}$, existe una sucesión $(f_n) \subset \mathcal{E}$ tal que

$$\|f_n - f\|_{\infty} \to 0.$$

En efecto, definamos para todo $n \geq 1$, $1 \leq k \leq 2^n - 1$,

$$A_{n,k} := \{\frac{k}{2^n}\|f\|_{\infty} \leq f \leq \frac{k+1}{2^n}\|f\|_{\infty}\}$$

y

$$N := \{f > \|f\|_{\infty}\}$$

que es un conjunto despreciable.

$A_{n,k}$ es partición de $\Omega \smallsetminus N$

Definimos

$$f_n := \|f\|_{\infty} 1_{\{f=\|f\|_{\infty}\}} + \sum_{k \leq 2^{n-1}} \frac{k}{2^n} 1_{A_{n,k}}.$$

Claramente, $f_n \in \mathcal{E}$ y $f_n(x) \to f(x)$ para todo x tal que $f(x) \leq \|f\|_{\infty}$.

Luego $f_n \overset{c.t.p.}{\to} f$ además $\|f_n - f\|_{\infty} \leq 2^{-n}\|f\|_{\infty}$ y converge a 0.

Sea ahora $1 \leq p < \infty$. Para toda $f \in \mathcal{L}^{p+}$, existe una sucesión $(f_n) \subset \mathcal{E}$ con $f_n \uparrow f$ μ–c.t.p. Entonces,

$$f_n \leq f \Rightarrow \|f_n\|_p \leq \|f\|_p,$$

de donde $f_n \in \mathcal{L}^{p}$ para todo n. Para aplicar el Teorema de Convergencia Dominada de Lebesgue observemos que

$$|f - f_n|^p < |f|^p,$$

para todo n y $f - f_n$ converge a 0 μ-c.t.p. Luego,

$$\|f - f_n\|_p \to 0.$$

> **COROLARIO 9.1.** *Las funciones continuas en $\mathbb{R}^n$ son densas en $\mathcal{L}^p(\mathbb{R}^n, \mathcal{B}(\mathbb{R}^n), \lambda^{\otimes n})$, para $1 \leq p < \infty$.*

Demostración. Si $n = 1$, dado un intervalo finito cerrado $A = [a,b] \subset \mathbb{R}$, definimos:

$$\varphi_n(x) = \begin{cases} 1 \text{ si } x \in A = [a,b] \\ \text{lineal sobre } [a - 1/n, b + 1/n] \\ 0 \text{ fuera de } [a - 1/n, b + 1/n]. \end{cases}$$

Cada función φ_n es continua y con soporte compacto. Se tiene $\varphi_n(x) \to 1_A(x)$ para todo x. En efecto, $|\varphi_n(x) - 1_A(x)| = 0$, para todo $x \in A$ y para todo $x \notin [a - 1, b + 1] = A^1$. Además, dado $x \in A_1 \smallsetminus A$, es decir, $a - 1 \leq x < a$ o bien $b < x \leq b + 1$, basta escoger n tal que $a - 1 \leq x < a - \frac{1}{n}$ o bien $b + \frac{1}{n} < x \leq b + 1$, para tener $\varphi_n(x) - 1_A(x) = 0$.

Luego $|\varphi_n(x) - 1_A(x)|^p \to 0$ para todo $x \in \mathbb{R}$ si $n \to \infty$ y $1 \leq p < infty$.

Además,

$$|\varphi_n - 1_A|^p \leq 1_{[a-1, b+1]},$$

y usando el Teorema de convergencia Dominada de Lebesgue:

$$\|\varphi_n - 1_A\|_p \to 0$$

Usando luego el teorema de construcción de la medida de Lebesgue (Carathéodory) sabemos que dados $B \in \mathcal{B}(\mathbb{R})$, $\epsilon > 0$ existe una colección finita de intervalos A_i disjuntos, tal que:

$$\bigcup_i A_i \subset B$$

y

$$\sum \lambda(A_i) < \lambda(B) < \sum \lambda(A_i) + \epsilon$$

Podemos probar así la existencia de φ_n: sucesión de funciones continuas tales que $\|\varphi_n - 1_B\|_p \to 0$ $(1 \leq p < \infty)$. De aquí se deduce que para cada $f \in \mathcal{E}$ existe una sucesión (φ_n) de funciones continuas acotadas tales que $\varphi_n \to f$ y como $\mathcal{E}$ es denso en $\mathcal{L}^p(\mathbb{R}, \mathcal{B}(\mathbb{R}), \lambda)$ resulta que las funciones continuas son densas en $\mathcal{L}^p(\mathbb{R}, \mathcal{B}(\mathbb{R}), \lambda)$.

☺

Nota. El resultado anterior es también válido si se reemplaza $(\mathbb{R}^n, \mathcal{B}(\mathbb{R}^n), \lambda^{\otimes n})$ por $(\Omega, \mathcal{F}, \mu)$ donde Ω sea un espacio localmente compacto numerable, $\mathcal{B}(\Omega)$ su tribu boreliana y μ una medida tal que $\mu(K) < \infty$ para todo K compacto (son las llamadas medidas de Radon).

Dado un espacio $(\Omega, \mathcal{F}, \mu)$ de medida σ-finita, $(f_n) \subset \mathcal{L}_{\mathbb{K}}(\Omega, \mathcal{F})$ y $f \in \mathcal{L}_{\mathbb{K}}(\Omega, \mathcal{F})$ decimos que (f_n) *converge en medida*, escribimos $f_n \overset{\mu}{\to} f$, si se cumple que $\mu(\{|f_n - f| > \epsilon\}) \to 0$ para todo $\epsilon > 0$. Si $\mu(\Omega) < \infty$ se define la aplicación:

$$\rho(|f|) := \int |f| \wedge 1 \, d\mu \qquad (f \in \mathcal{L})$$

y una pseudo-métrica $\delta(f, g) := \rho(|f - g|)$ $(f, g \in \mathcal{L})$ se llama $\mathcal{L}_{\mathbb{K}}^0(\Omega, \mathcal{F}, \mu)$ el espacio vectorial de las funciones medibles finitas dotado de la pseudo métrica δ.

$$\delta(f, g) = 0 \Leftrightarrow f \doteq g \qquad (\mu - \text{c.t.p.})$$

Designamos por $L_{\mathbb{K}}^0(\Omega, \mathcal{F}, \mu)$ el espacio cuociente de $\mathcal{L}_{\mathbb{K}}^0$ por la relación de igualdad μ-c.t.p. Se tiene que

$$\delta(f_n, f) \to 0 \Leftrightarrow f_n \overset{\mu}{\to} f$$

PROPOSICIÓN 9.4.   1. *La convergencia en $\mathcal{L}^\infty$ implica la convergencia c.t.p.*

2. *Dado $1 \le p < \infty$, la convergencia en $\mathcal{L}^p$ no implica la convergencia c.t.p. pero dada una sucesión que converge en $\mathcal{L}^p$ existe una sub–sucesión que converge c.t.p.*

Demostración.

1. Sea $A_{k,n} := \{x : |f_n(x) - f(x)| \ge 1/k\}$ $k \ge 1$, $n \in \mathbb{N}$ $(f_n) \subset \mathcal{L}^\infty$, y supongamos que (f_n) converge hacia $f \in \mathcal{L}^\infty$.

   Para todo k, a partir de un cierto rango n_0, $A_{k,n}$ es despreciable para $n \ge n_0$ y todo k.

   Luego $A = \cap_k \cup_n A_{kn}$ es despreciable.

   $$f_n 1_{A^c} \to f(x) \qquad \forall x \in A^c$$

en consecuencia $f_n 1_{A^c} \xrightarrow{c.t.p.} f$ pero $f_n \doteq f_n 1_{A^c}$.

2. Estudiamos un contra–ejemplo para mostrar que la convergencia en $\mathcal{L}^p$ no implica convergencia c.t.p.

Sea $\Omega = [0,1]$, $\mathcal{F} = \mathcal{B}([0,1])$, $\mu = \lambda$

$(I_{k,j})$: partición de $[0,1]$ en intervalos de longitud $1/2^k$

$f_{k,j} = 1_{I_{k,j}}$. Reordenamos $f_{k,j}$ como (f_n) según orden lexicográfico de los índices.

$$\|f_{k,j}\|_p = \left(\int_{[0,1]} |1_{I_{k,j}}|^p d\lambda \right)^{1/p} = \left(\frac{1}{2^k} \right)^{1/p} \to 0 \text{ si } k \uparrow \infty$$

luego $\quad \|f_n\|_p \to 0$

Pero para todo k y todo $x \in [0,1]$ existe j_0 tal que $f_{k,j_0}(x) = 1$ y $f_{k,j}(x) = 0 \ \forall j \neq j_0$.

$$f_n \not\to 0$$

Volvamos a la propiedad general. Sea $(f_n) \subset \mathcal{L}^p$ tal que $f_n \xrightarrow{n} f$ en $\mathcal{L}^p$.

Para todo $k \in \mathbb{N}$ existe $n_k \in \mathbb{N}$ tal que:

$$\|f_{n_k} - f_{n_{k-1}}\|_p \leq 1/2^k$$

dado que si (f_n) converge, es de Cauchy.

f se escribe en $\mathcal{L}^p$ como $f = f_{n_0} + \sum_k (f_{n_{k+1}} - f_{n_k})$ porque la serie de término general $f_{n_{k+1}} - f_{n_k}$ es normalmente convergente en $\mathcal{L}^p$.

Sea $A := \{x : \sum_k |f_{n_{k+1}}(x) - f_{n_k}(x)| = \infty\}$.

Si $\mu(A) > 0$, supongamos $\mu(A) \geq h > 0$ se tiene que:

$$h \times \infty \ \leq \ \left(\int_A \left| \sum_k |f_{n_{k+1}} - f_{n_k}| \right|^p d\mu \right)^{1/p}$$

$$\leq \ \left\| \sum_k |f_{n_{k+1}} - f_{n_k}| \right\|_p$$

$$\leq \ \sum_k \|f_{n_{k+1}} - f_{n_k}\|_p,$$

lo que es una contradicción. Luego $\mu(A) = 0$ y $\sum_k |f_{n_{k+1}} - f_{n_k}| < \infty$ μ–c.t.p., de donde $f_{n_k} \to f$ μ–c.t.p.

> **COROLARIO 9.2.** *Dada una sucesión de Cauchy en $\mathcal{L}^p$ $(1 \le p < \infty)$ existe una sub–sucesión que converge μ–c.t.p.*

> **TEOREMA 9.2.** *Los espacios (no separados) $\mathcal{L}^p(1 \le p \le \infty)$ son completos.*

Demostración. Consideremos primero el caso $p = \infty$. Sea (f_n) sucesión de Cauchy en $\mathcal{L}^\infty$. Tenemos que $\|f_n - f_m\|_\infty \overset{n,m}{\to} 0$ implica que para todo $k \ge 1$ existe $n_k \in \mathbb{N}$ tal que:

$$\|f_{n_{k+1}} - f_{n_k}\| \le 1/2^k$$

Usando el método anterior tenemos que:

$$\sum |f_{n_{k+1}} - f_{n_k}| < \infty \qquad \mu - \text{c.t.p.}$$

además:

$$\left\| \sum (f_{n_{k+1}} - f_{n_k}) \right\|_\infty \le \sum \|f_{n_{k+1}} - f_{n_k}\|_\infty < \infty$$

$f \in \mathcal{L}^\infty$ y $f_{n_k} \overset{k}{\to} f$. Pero (f_n) es de Cauchy. Luego $f_n \overset{n}{\to} f$.

Sea $1 \le p < \infty$. Dada (f_n) sucesión de Cauchy, existe (f_{n_k}) sub–sucesión convergente (μ–c.t.p.) hacia f tal que:

$$\|f_{n_{k+1}} - f_{n_k}\|_p \le 1/2^k$$

entonces:

$$f = f_{n_0} + \sum_{k=1}^{\infty} (f_{n_1} - f_{n_k}) \in \mathcal{L}^p$$

$(f_{n_k}) \to f$ y como (f_n) es de Cauchy entonces $f_n \overset{n}{\to} f$.

> **TEOREMA 9.3.** (Riez–Fischer) *Los espacios $L_{\mathbb{K}}^p(\Omega, \mathcal{F}, \mu)$ $(1 \le p \le \infty)$ son espacios de Banach.*

> **PROPOSICIÓN 9.5.** *El espacio $L_{\mathbb{K}}^2 (\Omega, \mathcal{F}, \mu)$ es un espacio de Hilbert sobre $\mathbb{K}$ con producto escalar $\langle f, g \rangle := \int_\Omega f\bar{g}d\mu$.*

Se deja la demostración como un ejercicio para el lector.

EJEMPLO 9.1. Si consideramos sobre un conjunto I la tribu $\mathcal{P}(I)$ de todas sus partes, dotada de la medida de conteo ν, el espacio $L^p(I, \mathcal{P}(I), \nu)$ es el de las familias de potencias p–sumables $(1 \le p < \infty)$ y $L^\infty(I, p(I), \nu)$ el de las familias acotadas.

Si I es finito, $I = \{1, \ldots, n\}$ entonces cada $L^p(I)$ puede ser identificado con $\mathbb{K}^n$ si I es numerable por ejemplo $I = \mathbb{N}$ se escribe $l^p (1 \le p < \infty)$ corresponde a un espacio de sucesiones.

3. Desigualdad de Hölder

Sea $(\Omega, \mathcal{F}, \mu)$ espacio de medida.

> TEOREMA 9.4 (Desigualdad de Hölder). *Sean* $p, q, r \ge 1$ *tales que* $1/r = 1/p + 1/q$. *Si* (f, g) *está en* $\mathcal{L}_{\mathbb{K}}^p \times \mathcal{L}_{\mathbb{K}}^q$ *entonces* $fg \in \mathcal{L}_{\mathbb{K}}^r$ *y* $\|fg\|_r \le \|f\|_p \|g\|_q$.

Demostración. Sean $p < \infty$, $q < \infty$. Tomamos $v(x,y) = x^{1/p} y^{1/q}$, $(x,y) \in \mathbb{R}^2$; $N := \| \cdot \|_1$ y aplicamos la desigualdad de normas crecientes.

Si $F, G \in \mathcal{L}^+$ se tiene $\|F^{r/p} G^{r/q}\|_1 \le \|F\|_1^{r/p} \|G\|_1^{r/q}$.

Considerar $F = |f|^p, G = |g|^q$, $(f, g) \in \mathcal{L}_{\mathbb{K}}^p \times \mathcal{L}_{\mathbb{K}}^q$. Aplicando la desigualdad anterior se tiene $\| |f|^r |g|^r \|_1 \le \|f^p\|_1^{r/p} \|g^q\|_1^{r/q}$, de donde

$$\left(\int |fg|^r d\mu \right)^{1/r} \le \left(\int |f|^p d\mu \right)^{1/p} \left(\int |g|^q d\mu \right)^{1/q},$$

luego $f, g \in \mathcal{L}_{\mathbb{K}}^r$ y vale la desigualdad.

Si $p < \infty$ y $q = \infty$ tenemos $p = r$, y:

$$\|fg\|_p^p = \int_\Omega |fg|^p d\mu \le \|g\|_\infty^p \int_\Omega |f|^p d\mu$$

luego,

$$\|fg\|_p \le \|f\|_p \|g\|_\infty$$

Si $p = q = \infty$ entonces $r = \infty$ y se tiene la desigualdad de manera evidente.

> COROLARIO 9.3. *La aplicación bilineal de* $\mathcal{L}^p \times \mathcal{L}^q$ *en* $\mathcal{L}^r$ *(con* $1 \le p, q, r$ *y* $1/p + 1/q = 1/r$*) que a* (f, g) *asocia* fg *es continua.*

Nota. Se dice que $p, q \geq 1$ son conjugados si $1/p + 1/q = 1$. Si $p \geq 1$ designamos por p^* su conjugado. Se tiene entonces que para todo par $(f, g) \in \mathcal{L}_{\mathbb{K}}^p \times \mathcal{L}_{\mathbb{K}}^{p^*}$, $f\bar{g} \in \mathcal{L}$ y

$$\|fg\|_1 \leq \|f\|_p \|f\|_{p^*}$$

Sea $g \in \mathcal{L}_{\mathbb{K}}^{p^*}$ definimos la aplicación μ_g por:

$$\mu_g(f) = \int_\Omega f\bar{g}\,d\mu \qquad (f \in \mathcal{L}_{\mathbb{K}}^p)$$

y se verifica que μ_g es forma lineal y $|\mu_g(f)| \leq \|f\bar{g}\|_1 \leq \|f\|_p \|g\|_{p^*}$ si

$$\|f\| \leq 1, \quad |\mu_g(f)| \leq \|g\|_{p^*}$$

luego μ_g es continua y $\|\mu_g\| \leq \|g\|_{p^*}$ y podemos encontrar h tal que $\|h\|_p \leq 1$ con:

$$|\mu_g(h)| = \|g\|_{p^*}$$

lo que prueba que $\|\mu_g\| = \|g\|_{p^*}$.

Así, la aplicación $\Phi : g \mapsto \mu_g$ de $\mathcal{L}_{\mathbb{K}}^{p^*}$ en $(\mathcal{L}_{\mathbb{K}}^p)^*$ es antilineal y $\mathcal{L}_{\mathbb{K}}^{p^*}$ es isométricamente aplicado en $\Phi(\mathcal{L}_{\mathbb{K}}^p)$. En la próxima sección probaremos que Φ es además epiyectiva. Pero, esta propiedad ya la tenemos para el caso $p = 2$, pues ha sido probada para los espacios de Hilbert.

PROPOSICIÓN 9.6. *$L_{\mathbb{K}}^2(\Omega, \mathcal{F}, \mu)$ es un espacio de Hilbert con el producto escalar:*

$$\langle fg \rangle := \int_\Omega f\bar{g}\,d\mu \qquad (f, g \in L^2)$$

y para toda forma lineal continua u sobre $L_{\mathbb{K}}^2$ existe $g \in L_{\mathbb{K}}^2$ tal que

$$u(f) = \int_\Omega f\bar{g}\,d\mu \qquad (\forall f \in L_{\mathbb{K}}^2)$$

Demostración. Es una consecuencia directa del teorema de Riesz de dualidad en los espacios de Hilbert 8.12.

4. Teorema de dualidad de Riesz para los espacios L^p

Comenzamos por introducir nociones de dominación y de absoluta continuidad de medidas en un caso particular. Ellas serán generalizadas al caso de medidas complejas en el capítulo siguiente.

DEFINICIÓN 9.1. Sean μ y ν dos medidas positivas definidas sobre el mismo espacio medible $(\Omega, \mathcal{F})$.

(a) Decimos que ν domina a μ, y escribimos $\mu \leq \nu$, si se tiene $\mu(A) \leq \nu(A)$ para todo $A \in \mathcal{F}$.

(b) Decimos que μ es absolutamente continua respecto a ν, y escribimos $\mu << \nu$, si $\mu(A) = 0$ para cada $A \in \mathcal{F}$ tal que $\nu(A) = 0$.

(c) Decimos que μ es singular con respecto a ν, y escribimos $\mu \perp \nu$, si existe $N \in \mathcal{F}$ tal que $\mu(N) = 0 = \nu(N^c)$.

EJEMPLO 9.2. Sea f una función medible positiva, integrable con respecto a ν. Se define

$$\mu(A) = \int_A f\, d\nu, \ (A \in \mathcal{F}).$$

Entonces μ es absolutamente continua con respecto a ν. Notar que $\mu \leq \nu$ si y sólo si $0 \leq f \leq 1$ ν–c.t.p.

Esta medida μ se denotará $f \bullet \nu$.

LEMA 9.1. *Supongamos que ν es una medida σ-finita sobre $(\Omega, \mathcal{F})$ que domina a una medida finita μ. Entonces existe un único elemento $h \in L^1(\Omega, \mathcal{F}, \nu)$, $0 \leq h \leq 1$ ν–c.t.p., tal que*

(9.1) $$\int_\Omega f\, d\mu = \int_\Omega f h\, d\nu,$$

para toda función positiva medible.

Demostración. Nos reducimos al caso $\nu(\Omega) < \infty$, sin pérdida de generalidad, puesto que por hipótesis Ω puede descomponerse en una reunión disjunta de conjuntos de medida ν finita.

En este caso, $L^1(\Omega, \mathcal{F}, \nu) \subset L^2(\Omega, \mathcal{F}, \nu)$ y la aplicación lineal

$$u(f) := \int_\Omega f\, d\mu,$$

definida sobre $L^2(\Omega, \mathcal{F}, \nu)$, satisface

$$|u(f)| \leq \nu(\Omega)^{1/2}\, \|f\|_2\,.$$

Luego, por el Teorema de dualidad de Riesz sobre los espacios de Hilbert 8.12, existe $h \in L^2(\Omega, \mathcal{F}, \nu)$ tal que (9.1) se cumple para toda $f \in L^2(\Omega, \mathcal{F}, \nu)$ y, por lo tanto, para toda función acotada medible.

Probaremos enseguida que $0 \le h \le 1$ ν–c.t.p., de donde, en particular, se tendrá $h \in L^1(\Omega, \mathcal{F}, \nu)$, pero además resultará (9.1) para toda f medible positiva por una simple aplicación del Teorema de Convergencia Monótona a la sucesión $f \wedge N$, cuando $N \uparrow \infty$.

Sean $A_n = \left\{ h \le -\frac{1}{n} \right\}$, $B_n = \left\{ h \ge 1 + \frac{1}{n} \right\}$, para todo $n \ge 1$. Entonces, de (9.1) resulta:

$$-\frac{1}{n}\nu(A_n) \ge \mu(A_n) \ge 0$$

y

$$\left(1 + \frac{1}{n}\right)\nu(B_n) \le \mu(B_n) \le \nu(B_n).$$

De estas desigualdades se concluye que $\nu(A_n) = \nu(B_n) = 0$, para todo entero $n \ge 1$, luego $\nu(\{h < 0\}) = \nu(\{h > 1\}) = 0$. Es decir, $0 \le h \le 1$, ν–c.t.p., y esto concluye la prueba.

$\ddot{\smile}$

TEOREMA 9.5. *Sea ν una medida σ-finita sobre $(\Omega, \mathcal{F})$ y μ una medida finita. Entonces existe una única medida $\mu_a \le \mu$ sobre $(\Omega, \mathcal{F})$ tal que $\mu_a << \nu$ y $(\mu - \mu_a) \perp \nu$.*

Además, existe una única función positiva $f \in L^1(\Omega, \mathcal{F}, \nu)$ tal que $\mu_a = f \bullet \nu$. En particular, $\mu << \nu$ si y sólo si $\mu = f \bullet \nu$ para alguna función f positiva ν–integrable.

Demostración. En primer lugar notamos que si $\mu = f \bullet \nu$, como hemos visto en el Ejemplo 9.2, para alguna función positiva integrable con respecto a ν, entonces $\mu << \nu$ y f es necesariamente única pues, si hubiese otra función f' con la misma propiedad, entonces, para todo $A \in \mathcal{F}$,

$$\int_A (f - f')d\nu = 0,$$

de donde $f = f'$, ν–c.t.p.

Probemos enseguida que hay una única elección posible de μ_a. Para ello, supongamos dos descomposiciones de μ de la forma

$$\mu = \mu_a + \mu_s = \mu'_a + \mu'_s,$$

donde $\mu_a, \mu_a' \ll \nu$ y $\mu_s, \mu_s' \perp \nu$. Sean D, D' dos elementos en $\mathcal{F}$ tales que

$$\nu(D^c) = \nu(D'^c) = 0 \ \text{y} \ \mu_s(D) = \mu_s'(D') = 0.$$

Sea $N = D \cup D'$. Entonces $\nu(N^c) = \mu_s(N) = \mu_s'(N) = 0$, y en consecuencia, para todo $A \in \mathcal{F}$,

$$\mu_a(A) = \mu_a(A \cap N) = \mu(A \cap N) = \mu_a'(A \cap N) = \mu_a'(A).$$

Luego $\mu_a = \mu_a'$.

Para probar las existencias anunciadas, comenzamos por aplicar el Lema 9.1 a las medidas μ y $\eta = \mu + \nu$. Claramente $\mu \leq \eta$ y existe una función h medible positiva, con valores en $[0,1]$, salvo en un conjunto de medida η nula, con la propiedad que

$$\int_\Omega g d\mu = \int_\Omega gh d\eta = \int_\Omega gh d\mu + \int_\Omega gh d\nu,$$

para toda función positiva medible g. Es entonces claro que se tiene la igualdad

$$(9.2) \qquad\qquad \int_\Omega g(1-h)d\mu = \int_\Omega gh d\nu.$$

Sean $D := \{h < 1\}$ y $\mu_a(A) := \mu(A \cap D)$, para todo $A \in \mathcal{F}$. Observar que

$$\nu(D^c) = \nu(\{h = 1\}) = \int_{\{h=1\}} h d\nu = \int_{\{h=1\}} (1-h)d\mu = 0.$$

Luego $\mu - \mu_a \perp \nu$.

Finalmente, definiendo

$$f := \frac{h}{1-h} 1_D,$$

y considerando, para cada $A \in \mathcal{F}$, la función $g := (1-h)^{-1} 1_{A \cap D}$ en la ecuación (9.2), se obtiene

$$\mu_a(A) = \mu_a(A \cap D) = \int_\Omega g(1-h)d\mu = \int_A f d\nu.$$

☺

El Teorema anterior, que se generalizará a medidas con signo y complejas en el capítulo siguiente, nos permite ahora completar el estudio de la dualidad en los espacios L^p. Recordamos que dado $1 \leq p < \infty$, su conjugado se denota p^*, a saber, es el número $p^* \in [1, \infty[$ tal que $1/p + 1/p^* = 1$. Asimismo, si X es un espacio de Banach, denotamos X^* su dual.

> **TEOREMA 9.6.** *Sea* $1 \leq p < \infty$ *y* $(\Omega, \mathcal{F}, \mu)$ *un espacio de medida* $\sigma-$*finita. Entonces para cada* $u \in L^p(\Omega, \mathcal{F}, \mu)^*$ *existe una única* $g \in L^{p^*}(\Omega, \mathcal{F}, \mu)$ *tal que* $u(f) = \int f g d\mu$*, para todo* $f \in L^p$*.*

Demostración.

Dado que la medida es $\sigma-$finita, podemos reducirnos primero a probar el Teorema para el caso $\mu(\Omega) < \infty$, sin pérdida de generalidad, puesto que por hipótesis Ω puede descomponerse en una reunión disjunta de conjuntos de medida μ finita.

Unicidad: Si tenemos $\int f g d\mu = 0$ ($\forall f \in L^p$) entonces $\int 1_A g d\mu = 0$ para cada $A \in \mathcal{F}$ (dado que $\mu(A) < \infty$), luego:

$$\int_A g d\mu = 0 \qquad (A \in \mathcal{F})$$

luego, $g = 0$ $\mu-$c.t.p. y se tiene la unicidad.

Existencia: Definimos $\nu(A) := u(1_A)$ $(A \in \mathcal{F})$. Notar que $\mu(\Omega) < \infty$ implica $1_A \in L^p$. $\nu : \mathcal{F} \to \mathbb{R}$. Probaremos que es una medida positiva.

- ν es aditiva ya que u es lineal.
- ν es $\sigma-$aditiva: $(A_n) \subset \mathcal{F}$ colección disjunta. Se tiene que

$$\sum_{k=0}^{n} 1_{A_k} \to \sum_{k \in \mathbb{N}} 1_{A_k},$$

en L^p.

En efecto,

$$\Big\| \sum_{k=0}^{n} 1_{A_k} - \sum_{k \in \mathbb{N}} 1_{A_k} \Big\|_p = \Big\| \sum_{k=n+1}^{\infty} 1_{A_k} \Big\|_p = \big\| 1_{\cup_{k \geq n+1}^{\infty} A_k} \big\|_p \to 0,$$

si $n \to \infty$. Luego $\nu(\sum_{k \leq n} A_k) \to \nu(\sum_{k \in \mathbb{N}} A_k)$, por continuidad de u. De aquí se concluye que

$$\sum_{k \leq n} \nu(A_k) = \nu\Big(\sum_{k \in \mathbb{N}} A_k\Big)$$

y ν es una aplicación de conjuntos positiva y $\sigma-$aditiva, es decir, es una medida positiva sobre $\mathcal{F}$.

Si $\mu(A) = 0$, entonces $1_A = 0$ en L^p, y $\nu(A) = u(1_A) = 0$. Luego $\nu << \mu$.

Aplicando el Teorema 9.5, existe $g \in L^1(\Omega, \mathcal{F}, \mu)$ tal que $\nu = g \bullet \mu$.

Demostraremos que $g \in L^{p^*}$ $(\frac{1}{p} + \frac{1}{p^*} = 1)$.

Sea

$$A_n := \{x : |g(x)| \le n\}.$$

Claramente,

$$g \in L^{p^*}(A_n, \mathcal{F} \cap A_n, \mu) \qquad (n \in \mathbb{N})$$

Sea $u_n(f) := u(f 1_{A_n})$, $(f \in L^p)$ y consideremos:

$$u_{g1_{A_n}}(f) := \int f g 1_{A_n} d\mu \qquad (f \in L^p)$$

$u_{g1_{A_n}}$ y u_n coinciden sobre $\mathcal{E}$ y como este conjunto es denso en L^p, coinciden en todas partes. Luego $\quad u_n(f) = \int_{A_n} f g d\mu$, para todos $(n \in \mathbb{N}, f \in L^p)$ y además

$$\|g 1_{A_n}\|_{p^*} = \|u_{g1_{A_n}}\| = \|u_n\| < \|u\| < \infty.$$

En consecuencia, haciendo tender n a infinito,

$$(\int |g|^{p^*} d\mu)^{1/p^*} \le \|u\| < \infty$$

y se tiene $g \in L^{p^*}$

Por otro lado $f 1_{A_n} \to f$ en L^p y $u_n(f) \to u(f)$, de donde:

$$u(f) = \int f g d\mu \text{ y } \|u\| = \|g\|_{p^*}$$

Finalmente, indiquemos cómo se utiliza la descomposición de Ω en el caso en que μ es σ–finita. Existe una sucesión $(\Omega_n) \subset \Omega$ tal que $\Omega = \cup_{\mathbb{N}} \Omega_n$ y $\mu(\Omega_n) < \infty$, el teorema vale para cada Ω_n y

$$\begin{aligned}
u(f) &= u(\sum_{\mathbb{N}} f 1_{\Omega_n}) \\
&= \sum_{\mathbb{N}} u(f 1_{\Omega_n}) \\
&= \sum_{\mathbb{N}} \int_{\Omega_n} f g_n d\mu, \quad (g_n \in L^{p^*}(\Omega_n, \mathcal{F} \cap \Omega_n, \mu) \\
&= \int f g d\mu,
\end{aligned}$$

para todo $f \in L^p$, donde $g := \sum_{n \in \mathbb{N}} g_n 1_{\Omega_n}$.

OBSERVACIÓN 9.1. Finalmente, del estudio realizado de la dualidad, concluimos que los espacios de Lebesgue L^p son espacios de Banach reflexivos si $1 < p < \infty$.

5. Aplicación: Series de Fourier

Denotamos por $L^2([0,1])$ el espacio de Hilbert $L^2([0,1], \mathcal{B}([0,1]), \lambda)$

> TEOREMA 9.7. *Para $n \in \mathbb{Z}$, definimos $e_n(t) := e^{2i\pi nt}$, $t \in [0,1]$. Entonces la sucesión de funciones $(e_n; n \in \mathbb{Z})$ es un sistema ortonormal total en $L^2([0,1])$.*

Demostración. L sucesión $(e_n)_{n\in\mathbb{Z}}$ es un sistema ortonormal porque:

$$\langle e_p, e_q \rangle = \int_0^1 e^{2i\pi(p-q)t} dt = \delta_{pq}$$

Probemos que es un sistema total. Sea $\mathcal{C}_1$ el álgebra de las funciones continuas h sobre $[0,1]$ tales que $h(0) = h(1)$.

Cada h en $\mathcal{C}_1$ es aproximado uniformemente por polinomios trigonométricos. Luego, son aproximados por dichos polinomios en L^2.

Por otra parte, si g es una función continua cualquiera sobre $[0,1]$, sea:

$$u_n(t) = \begin{cases} 1 & t \in [+1/n, 1 - \frac{1}{n}] \\ 0 & \text{si } t = 0, t = 1, \quad n > 1 \\ \text{lineal en los otros intervalos} \end{cases}$$

$u_n(t) \in \mathcal{C}_1$ y también $u_n(t)g(t) \in \mathcal{C}_1$, además $u_n g \overset{L^2}{\underset{n}{\to}} g$.

Esto prueba que cada función continua puede ser aproximada en L^2 por funciones de $\mathcal{C}_1$ y como cada $h \in L^2$ puede ser aproximado en L^2 por (clases de equivalencia) de funciones continuas, entonces la clausura de $\mathcal{C}_1$ en L^2 es

$$\overline{\mathcal{C}}_1^{L^2} = L^2$$

es decir, $\mathcal{C}_1$ es denso en L^2.

Así entonces, los polinomios trigonométricos forman un conjunto denso en L^2. De esta propiedad resulta que $(e_n)_{n\in\mathbb{N}}$ es total.

DEFINICIÓN 9.2. Para cada función f que sea integrable–Lebesgue en $[0,1]$, definimos

$$(9.3) \qquad \widehat{f}(n) := \int_0^1 f(t)e^{-2i\pi nt}dt,$$

para todo $n \in \mathbb{Z}$, y es llamado *coeficiente de Fourier de orden* n. La *Serie de Fourier de* f, denotada $S(f)$, es aquella de término general $\widehat{f}(n)e^{2i\pi nt}$, que se anota formalmente

$$S(f) \sim \sum_{n\in\mathbb{Z}} \widehat{f}(n)e^{2i\pi nt},$$

esta serie formal cobra sentido cuando se prueba su convergencia en alguna topología.

La aproximación de funciones continuas por polinomios trigonométricos (ver Teorema 8.8) permite obtener de inmediato la proposición siguiente

---

PROPOSICIÓN 9.7. *Si f es una función continua sobre $[0,1]$, entonces su serie de Fourier converge uniformemente en $t \in [0,1]$ y se tiene*

$$f(t) = \sum_{n\in\mathbb{Z}} \widehat{f}(n)e^{2i\pi nt}$$

para todo $t \in [0,1]$.

OBSERVACIÓN 9.2. En el caso en que $f \in L^2([0,1])$, se tiene

$$(9.4) \qquad \widehat{f}(n) = \langle f, e_n \rangle, \quad (n \in \mathbb{Z}),$$

donde e_n denota la función exponencial introducida en el Teorema 9.7. Esto permite aplicar el Teorema 8.14 para obtener la proposición que sigue, que resume los resultados de convergencia de la serie de Fourier en el sentido de la topología de L^2.

PROPOSICIÓN 9.8.

1. *Para que la serie $S(f)$ converja en $L^2([0,1])$ es necesario y suficiente que $(\widehat{f}(n))_{n\in\mathbb{N}}$ sea un elemento de $l^2(\mathbb{Z})$.*

2. *Para cada $f \in L^2([0,1])$, la serie de Fourier converge a f en L^2 y se tiene*

$$(9.5) \qquad f = \sum_{n\in\mathbb{Z}} \widehat{f}(n)e_n.$$

Por otra parte, se tiene la igualdad

$$(9.6) \qquad \int_0^1 |f(t)|^2 dt = \sum_{n\in\mathbb{Z}} \left|\widehat{f}(n)\right|^2,$$

conocida como la identidad de Parseval.

3. *Si $f, g \in L^2([0,1])$, la serie de término general $\widehat{f}(n)\overline{\widehat{g}(n)}$ es absolutamente convergente y se cumple:*

$$(9.7) \qquad \int_0^1 f(t)\overline{g(t)}dt = \sum_{n\in\mathbb{Z}} \widehat{f}(n)\overline{\widehat{g}(n)}$$

6. Comentarios

Los espacios L^p constituyen uno de los ejemplos más importantes de espacios de funciones, que motivaron el nacimiento del Análisis Funcional (para una introducción sobre esta teoría se recomiendan los textos clásicos [27] y [41] en una primera lectura, y [15] para un estudio más especializado). Como se ha visto, los L^p son espacios de Banach, y para el caso $p = 2$, L^2 tiene una estructura de espacio de Hilbert. En los desarrollos del Análisis Funcional de la segunda mitad del siglo XX, se destacó al espacio L^∞ como un ejemplo de álgebra de von Neumann. Es decir, un buen conocimiento de estos espacios capacita para entender los desarrollos más recientes del Análisis Matemático, constituyen una rica fuente de ejemplos y de inspiración.

7. Ejercicios propuestos

1. Sea $p_1,\ldots,p_n$ una colección finita de números de $[1,\infty]$, tales que

$$\sum_{j=1}^n \frac{1}{p_j} = 1,$$

con la convención $1/\infty = 0$.

Probar que para toda colección $f_1, \ldots, f_n$ de funciones medibles positivas, se tiene

$$\left\| \prod_{j=1}^{n} f_j \right\|_1 \leq \prod_{j=1}^{n} \| f_j \|_{p_j} \,. \tag{9.8}$$

Deducir que si cada f_j pertenece a $\mathcal{L}^{p_j}$, entonces, el producto de todas las funciones es integrable.

2. El propósito de este problema es obtener condiciones bajo las cuales los dos miembros de la desigualdad de Hölder son en realidad iguales. Sea un espacio de medida $(\Omega, \mathcal{F}, \mu)$, $p, q \in]1, \infty[$, tales que $p^{-1} + q^{-1} = 1$. Consideramos $f \in \mathcal{L}^p$, $g \in \mathcal{L}^q$.

   a) Probar que se tiene la igualdad en la desigualdad de Hölder si una de las dos normas $\|f\|_p$ ó $\|g\|_q$ es nula.

   b) Probar que si las dos normas anteriores no son nulas, entonces la igualdad se alcanza si y sólo si existen dos constantes finitas y no nulas α, β, tales que $\alpha |f|^p = \beta |g|^q$

   c) Suponga ahora $\mu(\Omega) = 1$. Sea $\mathcal{S}$ el conjunto de las funciones medibles f con valores estrictamente positivos. Encontrar el valor mínimo del producto

   $$\left(\int_\Omega f d\mu \right) \left(\int_\Omega \frac{1}{f} d\mu \right),$$

   cuando f recorre $\mathcal{S}$.

3. Sea $(\varphi_n)_{n \in \mathbb{N}}$ una sucesión de funciones positivas en $L^\infty(\mathbb{R}, \overline{\mathcal{B}(\mathbb{R})}, \lambda)$, tal que el soporte de cada función φ_n esté contenido en $[0, 1/n]$ y además $\int_\mathbb{R} \varphi_n d\lambda = 1$.

   Probar que si $f \in L^1(\mathbb{R}, \overline{\mathcal{B}(\mathbb{R})}, \lambda)$, entonces $f \star \varphi_n$ converge hacia f en L^1, donde $\star$ designa el producto de convolución:

   $$f \star \varphi_n(x) = \int_\mathbb{R} f(x - y) \varphi_n(y) dy.$$

   Dar un ejemplo simple de funciones φ_n, $(n \in \mathbb{N})$.

4. Sea $(\Omega, \mathcal{F}, \mu)$ un espacio de probabilidad y $f \in L^1(\Omega, \mathcal{F}, \mu)$, $f \geq 0$.

a) Probar que $\log f$ es medible y que

$$\int_\Omega \log f d\mu \leq \log\left(\int_\Omega f d\mu\right),$$

cuidando de explicar qué sentido se puede dar a la integral del miembro izquierdo.

b) Probar que hay igualdad en la desigualdad anterior si y sólo si f es una constante estrictamente positiva.

c) Probar que

$$\lim_{r\downarrow 0}\|f\|_r = \exp\left(\int_\Omega \log f d\mu\right).$$

5. Sea $(\Omega, \mathcal{F}, \mu)$ un espacio de medida σ-finita y $1 \leq p_1 < p_2 \leq \infty$.

a) Probar que si $f \in L^{p_1} \cap L^{p_2}$, entonces

$$\|f\|_p \leq \|f\|_{p_1}^\alpha \|f\|_{p_2}^{1-\alpha},$$

donde

$$\frac{1}{p} = \alpha\frac{1}{p_1} + (1-\alpha)\frac{1}{p_2}.$$

b) Deducir de lo anterior, que para todo $p \in [p_1, p_2]$, se tiene $L^{p_1} \cap L^{p_2} \subset L^p$.

c) Sea ahora, $p_2 = \infty$, y $f \in L^p$ para todo $p \in [p_1, \infty[$. Probar que

$$\|f\|_\infty \leq \liminf_{p\to\infty}\|f\|_p.$$

d) En las condiciones de la última pregunta, si además $f \in L^\infty$, pruebe usando las partes anteriores que se tiene también

$$\limsup_{p\to\infty}\|f\|_p \leq \|f\|_\infty,$$

de donde $\|f\|_\infty = \lim_{p\to\infty}\|f\|_p$.

6. Se considera el espacio de medida $([0,1], \mathcal{B}([0,1]), \lambda)$. Cada número natural $n \geq 1$ se descompone de manera única en la forma $n = 2^p + k$, $0 \leq k < 2^p$, $p \in \mathbb{N}$, y definimos la función $f_n = 1_{[\frac{k}{2^p}, \frac{k+1}{2^p}[}$.

a) Comience por dibujar las funciones $f_1, \ldots, f_7$ y luego pruebe que

$$\|f_n\|_1 := \int_{[0,1]} |f_n| d\lambda \to 0,$$

si $n \to \infty$, ($f_n \to 0$ en L^1).

b) ¿Converge λ-c.t.p. a 0 la sucesión $(f_n)_{n\in\mathbb{N}^*}$?

c) ¿Converge en medida a 0 la sucesión anterior?

d) Encuentre una subsucesión que converja λ-c.t.p. a 0.

e) Considere ahora un espacio de medida cualquiera $(\Omega, \mathcal{F}, \mu)$.

    (i) Probar que si una sucesión de funciones integrables $(f_n)_{n\in\mathbb{N}}$ sobre este espacio converge en L^1 hacia una función f (es decir $\|f_n - f\|_1 \to 0$), entonces la sucesión converge a f en medida.

    (ii) Utilice los resultados anteriores para demostrar que la recíproca de la propiedad anterior es falsa.

7. Encuentre el desarrollo en serie de Fourier de la función $x \mapsto |x|$. Indique en qué sentido su serie converge. Deduzca los valores de:

$$\sum_{n\in\mathcal{N}_0} \frac{1}{(2n+1)^2}$$

$$\sum_{n\in\mathcal{N}_0} \frac{1}{(2n+1)^4}$$

8. Calcule los coeficientes de Fourier $\hat{f}(n)$ para las siguientes funciones y analice si su desarrollo en serie converge.

a) $f_1(x) = x|x|$

b) $f_2(x) = \cot(x)$

FIGURA 1. Jean-Baptiste Fourier, 1768 – 1830

FIGURA 2. Otto Hölder, 1859 – 1937

Capítulo 10

Medidas reales o complejas

Es legítimo preguntarse si la teoría desarrollada hasta ahora, basada en medidas positivas puede extenderse a funciones de conjunto con valores en $\mathbb{R}$, en $\mathbb{C}$, o incluso en un espacio de Banach cualquiera. Efectivamente es posible, si bien el último caso señalado, el de las medidas con valores en un espacio de Banach, requiere un trabajo técnico mayor y está fuera del objetivo de este texto. A lo largo de este capítulo nos contentaremos con tratar el caso de medidas con valores reales o complejos. Las medidas con valores complejos se definen como aquellas funciones de conjunto con valores en los números complejos cuyas partes reales e imaginarias definen medidas reales. De este modo, basta que examinemos en detalle las medidas reales, llamadas también *medidas con signo* por algunos autores. Veremos, en primer lugar, un importante resultado debido a Jordan y Hahn que permite definir las partes positivas y negativas de una medida real; luego analizaremos la estructura de espacio de Banach de las medidas acotadas con la norma de la llamada variación total y concluiremos con el estudio de la absoluta continuidad en general y el célebre resultado de Lebesgue de descomposición de medidas.

1. Medidas reales. Descomposición de Jordan–Hahn

Sea $(\Omega, \mathcal{F})$ un espacio medible. $\mu : \mathcal{F} \to]-\infty, \infty]$ es una *medida real* o *medida con signo* (o simplemente medida) si $\mu(\varnothing) = 0$ y $\mu(\sum_n A_n) = \sum_n \mu(A_n)$ para toda colección disjunta numerable de conjuntos $A_n \subset \mathcal{F}$.

μ es *medida acotada* si

$$\sup_{A \in \mathcal{F}} |\mu(A)| < \infty$$

μ es *medida positiva* si

$$\mu(A) \geq 0 \qquad \forall A \in \mathcal{F}$$

TEOREMA 10.1. (Jordan–Hahn). *Sea μ una medida sobre el espacio medible $(\Omega, \mathcal{F})$, definimos*

$$\mu^+(A) \ := \ \sup\{\mu(B) : B \in \mathcal{F} \text{ y } B \subset A\}$$

$$(\forall A \in \mathcal{F})$$

$$\mu^-(A) \ := \ \sup\{-\mu(B) : B \in \mathcal{F} \text{ y } B \subset A\}$$

Entonces μ^+ y μ^- son medidas positivas sobre $(\Omega, \mathcal{F})$. Además μ^- es medida acotada y $\mu = \mu^+ - \mu^-$.

Por otra parte existe $D \in \mathcal{F}$ tal que:

(10.1) $\qquad\qquad A \in \mathcal{F}, A \subset D \ \Rightarrow \ \mu(A) \geq 0$

(10.2) $\qquad\qquad A \in \mathcal{F}, A \subset D^c \ \Rightarrow \ \mu(A) \leq 0$

y se tiene:

$$\mu^+(A) \ = \ \mu(A \cap D)$$

$$\mu^-(A) \ = \ -\mu(A \cap D^c)$$

Demostración. Demostraremos la existencia de D que verifica (10.1) y (10.2).

Sea $\mathcal{B} := \{B \in \mathcal{F} : \mu^+(B) = 0\}$

- $\mathcal{B}$ es estable para reunión numerable ya que si $B_n \in \mathcal{B}$ $(n \in \mathbb{N})$ y $A \subset \cup_{\mathbb{N}} B_n$ con $A \in \mathcal{F}$.

$$\mu(A) = \sum_{n \in \mathbb{N}} \mu(A \cap (B_n \setminus \cup_{m<n} B_m)) \leq \sum_{n \in \mathbb{N}} \mu^+(B_n) = 0$$

$$\Rightarrow \ \mu^+(\cup_{\mathbb{N}} B_n) = 0 \ , \ \cup B_n \in \mathcal{B}$$

- $\beta := \inf\{\mu(B) : B \in \mathcal{B}\}$ se alcanza en $\mathcal{B}$ (y es finito). En efecto, nótese en primer lugar que dados $A, B \in \mathcal{B}$ se cumple que $\mu(A \cup B) \leq \inf\{\mu(A), \mu(B)\}$. Sea $B_n \in \mathcal{B}$ $(n \in \mathbb{N})$ tal que $\mu(B_n) \to \beta$. Se tiene $\cup B_n \in \mathcal{B}$ y para cada $p \in \mathbb{N}$,

$$\beta \le \mu(\cup_{\mathbb{N}} B_n) = \mu(B_p) + \mu(\cup_{\mathbb{N}} B_n \backslash B_p) \le \mu(B_p) \quad \rightarrow \quad \beta$$

$$p \quad \rightarrow \quad \infty$$

- Definimos $D := (\cup_{\mathbb{N}} B_n)^c$, $D \in \mathcal{F}$, $D^c \in \mathcal{B}$, $\mu(D^c) = \beta$. Como $\mu^+(D^c) = 0$, se tiene la propiedad (10.2), es decir, $A \in \mathcal{F}$ y $A \subset D^c \Rightarrow \mu(A) \le 0$.

  Además:

$$(10.3) \qquad A \subset D, \mu(A) < 0 \Rightarrow 0 < \mu^+(A) < \infty.$$

En efecto, pues, por una parte, si $\mu^+(A) = 0 \Rightarrow A + D^c \in \mathcal{B}$

$$\mu(A + D^c) < \mu(D^c) = \beta,$$

que es una contradicción.

Por otra parte, si $\mu^+(A) = \infty$, existe $B \subset A$ tal que $\mu(B) > -\beta$. Entonces

$$\mu(A \smallsetminus B) = \mu(A) - \mu(B) < \beta,$$

de donde se obtiene también una contradicción.

- Demostración de (10.1). Supongamos que existe $A \subset D$ tal que $\mu(A) < 0$. Por (10.3) existe un $A_1 \subset A$ tal que $\mu(A_1) \ge 1/2\mu^+(A) > 0$, $A \smallsetminus A_1 \subset D$ y $\mu(A \smallsetminus A_1) = \mu(A) - \mu(A_1) < 0$.

  Por recurrencia construimos una sucesión de conjuntos dos a dos disjuntos (A_n) tal que:

$$A_{n+1} \subset A \smallsetminus \sum_1^n A_m$$

y

$$\mu(A_{n+1}) \ge 1/2\mu^+(A \smallsetminus \sum_1^n A_m) > 0$$

Esto es posible, pues por recurrencia $\mu(A \smallsetminus \sum_1^n A_m) < 0$ con $\mu(A_m) > 0$ para todo $m \ge 1$, luego $\mu(A)$ que es negativo, se escribe:

$$\mu(A) = \mu(A \smallsetminus \sum_1^\infty A_m) + \sum_1^\infty \mu(A_m) \le 0,$$

de donde se deduce:

$$\mu(A \smallsetminus \sum_1^\infty A_m) < 0$$

y

$$\sum_1^\infty \mu(A_m) < \infty,$$

de donde $\lim \mu(A_m) = 0$. Esto implica que

$$\mu^+\left(A \smallsetminus \sum_1^\infty A_m\right) \le \mu^+\left(A \smallsetminus \sum_1^n A_m\right) \xrightarrow{n} 0.$$

En consecuencia, $A \smallsetminus \sum_1^\infty A_n \in \mathcal{B}$ con $\mu^+(A \smallsetminus \sum_1^\infty A_m) = 0$, pero $\mu(A \smallsetminus \sum_1^\infty A_m) < 0$ y $A \smallsetminus \sum A_m \subset D$ lo que contradice (10.3)

En consecuencia (10.1) es válida.

- Demostramos que $\mu^+(A) = \mu(A \cap D)$ $(\forall A \in \mathcal{F})$

  Si $B \subset A$, se tiene $B = (A \cap D) \cup (B \cap D^c) \smallsetminus (A \smallsetminus B) \cap D)$, luego

$$
\begin{aligned}
\mu(B) \;&=\; \mu(A \cap D) + \mu(B \cap D^c) - \mu((A \smallsetminus B) \cap D) \\
&\le\; \mu(A \cap D),
\end{aligned}
$$

y se obtiene $\mu^+(A) = \mu(A \cap D)$. En consecuencia, μ^+ es medida positiva sobre $\mathcal{F}$.

En forma análoga $\mu^-(A) = -\mu(A \cap D^c)$, y por lo tanto μ^- es medida positiva y $\mu = \mu^+ - \mu^-$.

COROLARIO 10.1. *μ medida sobre $(\Omega, \mathcal{F})$ es acotada si y sólo si $\mu(\Omega) < \infty$.*

Demostración. Se tiene

$$-\infty < -\mu^-(\Omega) \le -\mu^-(A) \le \mu(A) \le \mu^+(A) \le \mu^+(\Omega) = \mu(D).$$

Luego μ es acotada si y sólo si $\mu^+(\Omega) < \infty$. Como

$$\mu(\Omega) = \mu^+(\Omega) - \mu^-(\Omega),$$

y $-\mu^-(\Omega) > -\infty$, entonces $\mu^+(\Omega) < \infty$ si y sólo si $\mu(\Omega) < \infty$.

DEFINICIÓN 10.1. Dada una medida μ sobre $(\Omega, \mathcal{F})$ su *variación total* se define como:

$$|\mu|(A) = \sup\{\sum_{i \in I} |\mu(A_i)| : I \text{ es numerable y es partición de } A\}$$

μ es acotada si y sólo si $|\mu|$ lo es y si y sólo si $|\mu|(\Omega) < \infty$.

Sean μ_1, μ_2 dos medidas acotadas:

$$\mu_1 \vee \mu_2 \quad := \quad \mu_1 + (\mu_2 - \mu_1)^+$$

$$\mu_1 \wedge \mu_2 \quad := \quad \mu_1 - (\mu_2 - \mu_1)^-$$

Si D es el conjunto de la descomposición de $\mu_2 - \mu_1$ entonces:

$$\mu_1 \vee \mu_2(A) \quad = \quad \mu_1(A \cap D) + \mu_2(A \cap D)$$

$$\mu_1 \wedge \mu_2(A) \quad = \quad \mu_1(A \cap D^c) + \mu_2(A \cap D^c)$$

Decimos que μ_1 y μ_2 son *singulares* u *ortogonales* o *extranjeras* entre sí, si se tiene que $\mu_1 \wedge \mu_2 = 0$ (Notación: $\mu_1 \perp \mu_2$).

$$\mu_1 \perp \mu_2 \Leftrightarrow \exists D : \mu_1(D) = 0 = \mu_2(D^c)$$

TEOREMA 10.2. *El espacio vectorial $\mathcal{M}(\Omega, \mathcal{F})$ de las medidas acotadas sobre $(\Omega, \mathcal{F})$ es completamente reticulado y dotado de la norma $\|\mu\|_1 := |\mu|(\Omega)$, es un espacio de Banach (es decir, un espacio vectorial normado y completo).*

Demostración. Ya hemos probado que $\mathcal{M}(\Omega, \mathcal{F})$ es reticulado, para probar que es *completamente reticulado* es necesario probar que toda familia filtrante creciente de medidas positivas (μ_α) mayorada por una medida ν positiva finita posee un supremo. Definamos $\mu(A) := \lim_\alpha \uparrow \mu_\alpha(A)$, para todo $A \in \mathcal{F}$.

Por demostrar que μ es medida.

Sea $(A_i, i \in I)$ familia numerable de elementos disjuntos de $\mathcal{F}$ (I es numerable).

Para todo $\epsilon > 0$ existe α tal que:

$$
\begin{aligned}
\mu\Big(\sum_I A_i\Big) &\leq \epsilon + \mu_\alpha\Big(\sum_I A_i\Big) \\
&\leq \epsilon + \sum_I \mu_\alpha(A_i) \leq \epsilon + \sum_I \mu(A_i)
\end{aligned}
$$

luego $\quad \mu(\sum_I A_i) \leq \sum_I \mu(A_i)$.

Por otro lado, $\sum_I \mu(A_i) \leq \sum_I \nu(A_i) = \nu(\sum_i A_i)$ pues ν es medida acotada.

Enseguida, para probar la propiedad recíproca, se tiene que para todo $\epsilon > 0$ existe α y existe I_0 finito contenido en I tal que:

$$
\begin{aligned}
\sum_I \mu(A_i) &\leq \epsilon + \sum_{I_0} \mu_\alpha(A_i) \\
&\leq \epsilon + \mu\Big(\sum_I A_i\Big)
\end{aligned}
$$

luego $\quad \mu(\sum_I A_i) = \sum_I (\mu(A_i))$

$\mathcal{M}(\Omega, \mathcal{F})$ es completamente reticulado.

Se deja como ejercicio al lector demostrar que $\|\cdot\|_1$ define una norma sobre $\mathcal{M}(\Omega, \mathcal{F})$. Nos concentraremos en la prueba de la completitud de $\mathcal{M}(\Omega, \mathcal{F})$ para dicha norma.

Sea $(\mu_n)_{n\in\mathbb{N}}$ una sucesión de Cauchy en $\mathcal{M}(\Omega, \mathcal{F})$. Dado $k \in \mathbb{N}$, sea $(n_k)_{k\in\mathbb{N}}$ una sucesión de enteros tal que

$$
\|\mu_{n_{k+1}} - \mu_{n_k}\|_1 < \frac{1}{2^k},
$$

para todo $k \in \mathbb{N}$.

Entonces, para todo $m \in \mathbb{N}$,

$$
\mu_{n_m} = \mu_{n_0} + \sum_{k=0}^{m-1} (\mu_{n_{k+1}} - \mu_{n_k}).
$$

Dado cualquier $A \in \mathcal{F}$, la serie de término general $\mu_{n_{k+1}}(A) - \mu_{n_k}(A)$ converge. En efecto, ella es absolutamente convergente dado que

$$
\sum_k |\mu_{n_{k+1}}(A) - \mu_{n_k}(A)| \leq \sum_k |\mu_{n_{k+1}} - \mu_{n_k}|(A) \leq \sum_k \|\mu_{n_{k+1}} - \mu_{n_k}\|_1 < \infty.
$$

Definimos

$$
\mu(A) = \mu_{n_0}(A) + \sum_{k=0}^{\infty} (\mu_{n_{k+1}}(A) - \mu_{n_k}(A)).
$$

Una simple aplicación del Teorema de Fubini permite probar que μ es una medida: en efecto, si $(A_m)_{m\in\mathbb{N}}$ es una sucesión de conjuntos medibles disjuntos dos a dos, la serie doble de término general

$$\left|\mu_{n_{k+1}}(A_m) - \mu_{n_k}(A_m)\right|,$$

es convergente pues $\sum_k \|\mu_{n_{k+1}} - \mu_{n_k}\|_1 < \infty$, luego,

$$\sum_k \mu_{n_{k+1}}(\cup_m A_m) - \mu_{n_k}(\cup_m A_m) = \sum_m \sum_k \mu_{n_{k+1}}(A_m) - \mu_{n_k}(A_m).$$

Por otra parte μ es claramente acotada por construcción. Demostremos que $\mu_n \to \mu$ en la norma $\|\cdot\|_1$. En primer lugar,

$$\|\mu - \mu_{n_m}\|_1 \le \sum_{k\ge m} \|\mu_{n_{k+1}} - \mu_{n_k}\|_1,$$

y la suma de la derecha tiende a 0 si $m \to \infty$ pues se trata del resto de una serie convergente. Finalmente, dado $\epsilon > 0$, sea $m \ge 0$ tal que $\sum_{k\ge m} 2^{-k} < \epsilon/2$ y sea $n \ge n_m$ tal que $\|\mu_n - \mu_{n_m}\|_1 < \epsilon/2$, entonces

$$\|\mu - \mu_n\|_1 \le \|\mu - \mu_{n_m}\|_1 + \|\mu_{n_m} - \mu_n\|_1 < \epsilon.$$

2. Medidas de Radon

Volvamos a considerar en esta sección el caso de un espacio topológico compacto Ω y el espacio de Banach $C(\Omega)$. El Teorema 10.2 y el Corolario 8.6 permiten deducir

TEOREMA 10.3. *Para todo Ω espacio topológico compacto, el dual topológico $C(\Omega)^*$ del espacio de Banach $C(\Omega)$ es isomorfo al espacio $(\mathcal{M}(\Omega, \mathcal{B}(\Omega)), \|\cdot\|_1)$ de las medidas acotadas definidas sobre su tribu boreliana, dotado de la norma de la variación total.*

Demostración. Dado $u \in C(\Omega)^*$, sea $\mu = \mu_1 - \mu_2$ la medida real asociada biunívocamente a u por el Corolario 8.6. Con las notaciones de este capítulo, se tiene $\mu_1 = \mu^+$, $\mu_2 = \mu^-$, luego, la medida variación $|\mu|$ está dada por $|\mu| = \mu^+ + \mu^-$. Por otra parte, $\|u\| = u^+(1_\Omega) + u^-(1_\Omega) = \mu^+(\Omega) + \mu^-(\Omega) = |\mu|(\Omega) = \|\mu\|_1$.

Para abreviar la escritura, denotemos $\mathcal{M}(\Omega)$ el espacio $\mathcal{M}(\Omega, \mathcal{B}(\Omega))$. Consistentemente, el cono de las medidas positivas se escribe $\mathcal{M}^+(\Omega)$. Generalizamos ahora nuestro espacio topológico:

DEFINICIÓN 10.2. Recordamos que un espacio topológico de Hausdorff Ω es localmente compacto (abreviamos l.c.) si cada punto de Ω tiene una vecindad compacta. En estos espacios su tribu de Baire coincide con la tribu de Borel. Diremos que una medida μ *es de Radon*, si $|\mu(K)| < \infty$ para cada subconjunto compacto de Ω.

El espacio Ω es *localmente compacto con base numerable* (l.c.n.) si existe además una sucesión de subconjuntos compactos $(K_n)_{n \in \mathbb{N}}$ tal que K_n está incluido en el interior de K_{n+1} y $\Omega = \bigcup_{n \in \mathbb{N}} K_n$.

Sobre el espacio Ω consideramos los siguientes espacios vectoriales de funciones:

$C_K(\Omega)$: funciones continuas con soporte compacto;

$C_0(\Omega)$: funciones continuas que se anulan al infinito, es decir, si para cada $\epsilon > 0$ existe un compacto K_ϵ tal que $|f(x)| < \epsilon$ para todo $x \notin K_\epsilon$, y

$C_b(\Omega)$: funciones continuas acotadas.

Claramente, tenemos las siguientes inclusiones:

$$(10.4) \qquad C_K(\Omega) \subset C_0(\Omega) \subset C_b(\Omega).$$

Estos tres espacios coinciden en el caso que Ω sea compacto, en caso contrario, la inclusión es estricta.

Sobre $C_b(\Omega)$ se define la norma

$$(10.5) \qquad \|f\|_\infty = \sup\{|f(\omega)| : \omega \in \Omega\}.$$

Esta norma hace de $C_b(\Omega)$ un espacio de Banach y $C_0(\Omega)$, $C_K(\Omega)$ son subespacios cerrados -luego también de Banach- de $C_b(\Omega)$. En el caso de $C_0(\Omega)$, la restricción de la norma $\|\cdot\|_\infty$ tiene la propiedad adicional

$$\|f\|_\infty = \max_{\omega \in \Omega} |f(\omega)|, \quad (f \in C_0(\Omega)),$$

es decir, el supremo de los valores de $|f(\omega)|$ es alcanzado sobre Ω.

> PROPOSICIÓN 10.1. *Si Ω es l.c.n., el espacio $C_K(\Omega)$ es denso en* $C_0(\Omega)$.

Demostración. Consideramos una sucesión de compactos $(K_n)_{n\in\mathbb{N}}$ como en la Definición 10.2. Usando el Lema de Urysohn, para cada $n \in \mathbb{N}$ definimos $\varphi_n,\ \psi_n \in C_K(\Omega)$ tal que $\varphi_n(\omega) = 1$ si $\omega \in K_n$; $\psi_n(\omega) = 1$, para $\omega \in K_n^c$; y $\varphi_n + \psi_n = 1$. Sea ahora f cualquiera en $C_0(\Omega)$. Entonces, $f\varphi_n \in C_K(\Omega)$ y $\|f - f\varphi_n\|_\infty = \|f\psi_n\|_\infty \to 0$ si $n \to \infty$.

El Teorema 10.3 se generaliza de la siguiente manera, en el caso Ω l.c.n.

> TEOREMA 10.4. *Para todo Ω espacio topológico localmente compacto con base numerable, el dual topológico $C_0(\Omega)^*$ del espacio de Banach $C_0(\Omega)$ es isomorfo al espacio $(\mathcal{M}(\Omega,\mathcal{B}(\Omega)),\|\cdot\|_1)$ de las medidas acotadas definidas sobre su tribu boreliana, dotado de la norma de la variación total.*

3. Teorema de Radon–Nikodym y descomposición de Lebesgue

En este párrafo supondremos dadas dos medidas μ, ν sobre $(\Omega, \mathcal{F})$.

DEFINICIÓN 10.3. μ es *absolutamente continua* con respecto a ν si y sólo si para todo $A \in \mathcal{F}$, $\nu(A) = 0$ implica $\mu(A) = 0$. Esta propiedad se denota por: $\mu \ll \nu$.

μ es *ortogonal* o *singular* con respecto a ν si y sólo si existe $D \in \mathcal{F}$ tal que $\nu(D) = 0$ y $\mu(D^c) = 0$.

EJEMPLO 10.1.   1. Sobre $(\mathbb{R}, \mathcal{B}(\mathbb{R}))$ la medida de Dirac δ_0 es ortogonal a la medida de Lebesgue.

2. Si $f \in \mathcal{L}^1(\Omega, \mathcal{F}, \nu)$ y ν es medida positiva, entonces $\mu = f \cdot \nu$ es absolutamente continua con respecto a ν.

3. Si $f, g \in \mathcal{L}^+(\Omega, \mathcal{F})$ tal que $fg = 0$ ν–c.t.p. para una medida positiva ν, entonces: $\mu_1 = f \cdot \nu$, $\mu_2 = g \cdot \nu$ verifican $\mu_1, \mu_2 \ll \nu$ y $\mu_1 \perp \mu_2$.

> **TEOREMA 10.5 (Lebesgue).** *Sea $(\Omega, \mathcal{F}, \nu)$ un espacio de medida donde ν es acotada y positiva. Sea μ una medida (respectivamente positiva) acotada sobre $(\Omega, \mathcal{F})$. Entonces existe una función medible $X \in \mathcal{L}^1(\Omega, \mathcal{F}, \nu)$ (respectivamente $X \in \mathcal{L}^{1+}$) y existe un conjunto $N \in \mathcal{F}$, ν–despreciable tal que:*
>
> $$\mu(A) = \int_A X \, d\nu + \mu(A \cap N) \qquad (A \in \mathcal{F})$$
>
> *i.e. $\mu = \mu_a + \mu_s$ con $\mu_a \ll \nu$ y $\mu_s \perp \nu$ donde*
>
> $$\mu_a \;=\; X \cdot \nu$$
>
> $$\mu_s \;=\; \mu(\cdot \cap N),$$
>
> *donde la notación $X \cdot \nu$ corresponde a la medida $A \mapsto \int_A X \, d\mu$.*
>
> *X es única salvo igualdad ν–c.t.p.*
>
> *N es único salvo un conjunto ν–despreciable.*
>
> *Si μ es positiva, entonces X es la más grande (μ–c.t.p..) de las funciones medibles tales que:*
>
> $$\int_A X \, d\nu \leq \mu(A) \qquad (A \in \mathcal{F})$$

Demostración. Si $\eta = X \cdot \nu$, entonces $\eta^+ = X^+ \cdot \nu$ y $\eta^- = X^- \cdot \nu$ cuando ν es positiva.

Nos reducimos entonces al caso μ positiva.

Como además μ es acotada, se puede aplicar el Teorema 9.5 y se tiene la descomposición $\mu = \mu_a + \mu_s$, que es única, y además, existe un único conjunto N, ν-despreciable, tal que $\mu_s(A) = \mu(A \cap N)$, y una única clase $X \in L^1(\Omega, \mathcal{F}, \nu)$, tal que $\mu_a = X \cdot \nu$.

Finalmente, definamos:

$$\mathcal{H} := \{ Y \in \mathcal{L}^+(\Omega, \mathcal{F}) : \int_A Y \, d\nu \leq \mu(A) \quad (\forall A \in \mathcal{F}) \}.$$

Esta clase de funciones cumple las propiedades siguientes:

1. $0 \in \mathcal{H}$, luego $\mathcal{H} \neq \varnothing$;

2. $Y_1, Y_2 \in \mathcal{H} \Rightarrow Y_1 \vee Y_2 \in \mathcal{H}$ ya que si $A \in \mathcal{F}$

$$\int_A (Y_1 \vee Y_2) d\nu \;=\; \int_{A \cap \{Y_1 \geq Y_2\}} Y_1 d\nu + \int_{A \cap \{Y_1 < Y_2\}} Y_2 d\nu$$

$$\leq \; \mu(A \cap \{Y_1 \geq Y_2\}) + \mu(A \cap \{Y_1 < Y_2\})$$

$$= \; \mu(A).$$

3. $(Y_n) \subset \mathcal{H}, Y_n \uparrow Y \Rightarrow Y \in \mathcal{H}$, que es una consecuencia del Teorema de Convergencia Monótona de las integrales.

Las propiedades anteriores implican que existe un elemento maximal en $\mathcal{H}$. Pero, dado cualquier elemento $Y \in \mathcal{H}$, se tiene

$$\int_A Y d\nu \leq \mu(A) = \int_A X d\nu + \mu(A \cap N),$$

para todo $A \in \mathcal{F}$. Y para todo A tal que $\mu(A \cap N) = 0$ se tiene

$$\int_A Y d\nu \leq \int_A X d\nu,$$

es decir, $Y \leq X$, ν–c.t.p. Dada la unicidad de $X \in L^1(\Omega, \mathcal{F}, \nu)$, se tiene que X es el elemento maximal de la clase $\mathcal{H}$.

> COROLARIO 10.2. *Sea ν una medida acotada positiva sobre $(\Omega, \mathcal{F})$ espacio medible. Para toda medida μ acotada las tres proposiciones siguientes son equivalentes.*
>
> 1. *Para todo $N \in \mathcal{F}$ tal que $\nu(N) = 0$ se tiene: $\mu(N) = 0$.*
> 2. *Para todo $\epsilon > 0$ existe $\delta > 0$ tal que $\nu(A) \leq \delta$ implica $|\mu(A)| < \epsilon$.*
> 3. *Existe $X \in L^1(\Omega, \mathcal{F}, \nu)$ tal que $\mu = X \cdot \nu$ (y es única).*

Demostración.

(3) $\Rightarrow$ (2) y (2) $\Rightarrow$ (1) son evidentes.

(1) $\Rightarrow$ (3) se deduce directamente del teorema.

DEFINICIÓN 10.4. La clase de funciones integrables X obtenida en 10.2 se llama la *derivada de Radon–Nikodym* de μ con respecto a ν y se escribe

$$(10.6) \qquad\qquad X = \frac{d\mu}{d\nu}$$

> **COROLARIO 10.3.** *Dada ν medida positiva sobre el espacio $(\Omega, \mathcal{F})$ la aplicación de $L^1(\Omega, \mathcal{F}, \nu)$ en $\mathcal{M}(\Omega, \mathcal{F})$ que a cada X asocia $X \cdot \nu$ es una isometría sobre el sub–espacio de Banach de las medidas acotadas absolutamente continuas con respecto a ν. En consecuencia, $L^1(\Omega, \mathcal{F}, \nu)$ es también un espacio de Banach.*

Demostración.

Notar que $|X \cdot \nu| = |X| \cdot \nu$ y

$$\|X \cdot \nu\|_1 = |X \cdot \nu|(\Omega) = \int_\Omega |X| d\nu = \|X\|_1,$$

de donde resulta la isometría.

Llamemos $\mathcal{M}_\nu$ el espacio vectorial de las medidas acotadas absolutamente continuas con respecto a ν. Este espacio es cerrado para la norma $\|\cdot\|_1$, pues si $\mu_n \in \mathcal{M}_\nu$ converge a μ en esa topología, se cumple que $\nu(A) = 0$ implica $\mu_n(A) = 0$ para todo n y por lo tanto $\mu(A) = 0$ dado que $|\mu(A) - \mu_n(A)| \le \|\mu - \mu_n\|_1 \to 0$.

Dada ahora una sucesión de Cauchy $(X_n)_{n\in\mathbb{N}}$ en $L^1(\Omega, \mathcal{F}, \nu)$, la sucesión de medidas $(X_n \cdot \nu)_n$ es de Cauchy en $\mathcal{M}_\nu$ y por lo tanto converge hacia una medida $\mu \ll \nu$, que se escribe $\mu = X \cdot \nu$ de manera única. Usando la isometría del teorema, se tiene que $\|X_n - X\|_1 \to 0$, de donde resulta la completitud de $L^1(\Omega, \mathcal{F}, \nu)$, (que ya se sabía desde el capítulo anterior). ☺

> **PROPOSICIÓN 10.2.** *Sea ν una medida positiva acotada sobre $(\Omega, \mathcal{F})$ espacio medible. Sea μ una medida cualquiera sobre $(\Omega, \mathcal{F})$ tal que $\mu \ll \nu$. Entonces existe una función medible X única ν–c.t.p. tal que $X^- \in \mathcal{L}^1(\Omega, \mathcal{F}, \nu)$ y $\mu = X \cdot \nu$. Para que X sea positiva (resp. integrable) es necesario y suficiente que μ sea positiva (resp. acotada).*
>
> *Para que X sea finita es necesario y suficiente que μ sea σ–finita.*

Demostración. Nos reduciremos al caso μ positiva. Si μ es acotada, el resultado ya ha sido demostrado (teorema de Radon–Nikodym).

Supongamos $\mu(\Omega) = \infty$

$$\mathcal{C} := \{C \in \mathcal{F} : \mu(C) < \infty\}$$

es clase estable para la reunión. Entonces es posible encontrar una sucesión creciente $(C_n)_{n \geq 1} \subset \mathcal{C}$ tal que

$$\nu(C_n) \uparrow \sup\{\nu(C) : C \in \mathcal{C}\}.$$

Sea μ_n la medida positiva definida por

$$\mu_n(A) := \mu(A \cap (C_n - C_{n-1})) \qquad A \in \mathcal{F}(n \geq 1)\,(C_0 := \varnothing),$$

se ve entonces que

$$\mu(A) = \sum_n \mu_n(A),$$

si $\nu\left(A \cap (\cup_n C_n)^c\right) = 0$ y $\mu(A) = \infty$ en caso contrario. Como $\mu_n \ll \nu$ y es acotada, existe $X_n \geq 0$, $X_n \in \mathcal{L}^1(\Omega, \mathcal{F}, \nu)$ tal que $\mu_n = X_n \cdot \nu$.

Notar que $X_n = 0$ c.t.p. sobre $(C_n - C_{n-1})^c$.

Sea

$$X = \begin{cases} X_n \ \text{ sobre } C_n \smallsetminus C_{n-1} & (n \geq 1) \\[2mm] \infty \ \text{ sobre } (\cup_{\mathbb{N}} C_n)^c, \end{cases}$$

luego $\quad \mu(A) = \int_A X d\nu \quad (\forall A \in \mathcal{F})$.

Además $X \in \mathcal{L}^1(\Omega, \mathcal{F}, \nu)$ si y sólo si μ es acotada.

$X < \infty$ si y sólo si $\mu(\cup_{\mathbb{N}} C_n) = \mu(\Omega)$, si y sólo si $\Omega \doteq \cup_{\mathbb{N}} C_n$ y $\mu(C_n) < \infty$ es decir, si μ es σ–finita.

Nota. El teorema anterior puede ser generalizado al caso ν σ–finita.

4. Aplicación: Condicionamiento en Teoría de Probabilidades

En los cursos elementales de Probabilidades, se introduce una noción de condicionamiento relativa a la realización previa de un suceso. En esta sección generalizaremos esta noción, basándonos en el Teorema de Radon-Nikodym.

217

> **TEOREMA 10.6.** *Sea* $(\Omega, \mathcal{F}, \mathbf{P})$ *un espacio de probabilidad y consideremos una subtribu* $\mathcal{G}$ *de* $\mathcal{F}$. *Dado* $X \in L^1(\Omega, \mathcal{F}, \mathbf{P})$ *existe un único elemento* Y *en el espacio* $L^1(\Omega, \mathcal{G}, \mathbb{P}_{\mathcal{G}})$, *donde* $\mathbb{P}_{\mathcal{G}}$ *designa la restricción de* $\mathbb{P}$ *a la subtribu* $\mathcal{G}$, *tal que se cumpla*
>
> $$(10.7) \qquad \int_G X\, d\mathbb{P} = \int_G Y\, d\mathbb{P},$$
>
> *para todo* $G \in \mathcal{G}$.
>
> *La función* Y *se denota* $\mathbb{E}(X|\mathcal{G})$ *y se llama* **esperanza condicional de** X **respecto a** $\mathcal{G}$.

Demostración. Sea μ la medida $F \mapsto \int_F X\, d\mathbb{P}$ sobre $(\Omega, \mathcal{F})$ y denotemos $\mu_{\mathcal{G}}$ su restricción a la subtribu $\mathcal{G}$. Como μ es absolutamente continua con respecto a $\mathbb{P}$ esta propiedad se conserva para las respectivas restricciones a $\mathcal{G}$. Luego, por el Teorema de Radon-Nikodym, existe $Y \in L^1(\Omega, \mathcal{G}, \mathbb{P}_{\mathcal{G}})$ tal que $\mu_{\mathcal{G}}(G) = \int_G Y\, d\mathbb{P}_{\mathcal{G}} = \int_G Y\, d\mathbb{P}$. Usando la definición de μ se ve que lo anterior es equivalente a la propiedad (10.7).

😐

DEFINICIÓN 10.5. La probabilidad condicional de $A \in \mathcal{F}$ con respecto a $\mathcal{G}$ se obtiene en particular del teorema anterior en la forma

$$\mathbb{P}(A|\mathcal{G}) = \mathbb{E}(1_A|\mathcal{G}).$$

Es importante notar que $\mathbb{P}(A|\mathcal{G})$ es una clase de variables aleatorias en $L^1(\Omega, \mathcal{G}, \mathbb{P})$. Si se considera una versión $\omega \mapsto P(\omega, A)$ de dicha clase, la aplicación $A \mapsto P(\omega, A)$ no define necesariamente una probabilidad pues si se tiene una sucesión disjunta $(A_n)_{n\in\mathbb{N}}$ de elementos de $\mathcal{F}$, $P(\omega, \bigcup_n A_n)$ no coincide con $\sum_n P(\omega, A_n)$ que para todo $\omega \notin N$, donde $N = N[(A_n)_{n\in\mathbb{N}}]$ es un conjunto despreciable que depende de la sucesión de conjuntos escogida. Se prueba en los cursos de Teoría de Probabilidades un importante teorema que establece condiciones suficientes para construir versiones $P(\omega, A)$ de la probabilidad condicional tales que $P(\omega, \cdot)$ sea efectivamente una probabilidad sobre $(\Omega, \mathcal{F})$, para todo $\omega \in \Omega$. Son las llamadas, *versiones regulares de la probabilidad condicional.*

EJEMPLO 10.2.

1. Considerar $\mathcal{G} = \{\varnothing, \Omega\}$. La propiedad (10.7) hay que verificarla sólo sobre dos conjuntos. Sobre $G = \varnothing$, la igualdad es trivial cualquiera sea la variable Y que se considere. Y sobre $G = \Omega$, dado que las constantes son $\mathcal{G}$-medibles, basta considerar $Y = \mathbb{E}(X)$. Luego $\mathbb{E}(X|\mathcal{G}) = \mathbb{E}(X)$ en este caso.

2. Sea $A \in \mathcal{F}$ y $\mathcal{G} = \{\varnothing, A, A^c, \Omega\}$. En este caso, por ensayo en cada conjunto G de la subtribu, se obtiene

$$\mathbb{E}(X|\mathcal{G}) = \frac{1}{\mathbb{P}(A)} \int_A X\,d\mathbb{P}\, 1_A + \frac{1}{\mathbb{P}(A^c)} \int_{A^c} X\,d\mathbb{P}\, 1_{A^c}.$$

Notar que si se toma $X = 1_B$, con $B \in \mathcal{F}$, se obtiene

$$\mathbb{P}(B|\mathcal{G}) = \mathbb{P}(B|A)1_A + \mathbb{P}(B|A^c)1_{A^c},$$

donde $\mathbb{P}(B|A)$, $\mathbb{P}(B|A^c)$ corresponden a las probabilidades condicionales según la definición que se da en los cursos elementales de Probabilidad.

Si se denota $P(\omega, B) = \mathbb{P}(B|A)1_A(\omega) + \mathbb{P}(B|A^c)1_{A^c}(\omega)$, para cada $\omega \in \Omega$, $B \in \mathcal{F}$, se obtiene un ejemplo simple de probabilidad condicional regular.

3. Sea $\{A_1, \dots, A_n\} \subset \mathcal{F}$ una partición finita de Ω y $\mathcal{G}$ la subtribu que engendra. Verificar que la esperanza condicional de $X \in L^1(\Omega, \mathcal{F}, \mathbf{P})$ se escribe

$$\mathbb{E}(X|\mathcal{G}) = \sum_{k=1}^{n} \frac{1}{\mathbb{P}(A_k)} \int_{A_k} X\,d\mathbb{P}\, 1_{A_k}.$$

5. Propiedades de la esperanza condicional

Procederemos a resumir en el teorema siguiente las principales características de la esperanza condicional. Como se verá, la esperanza condicional hereda muchas de las propiedades de la integral. Es natural que así sea pues, en ambos casos, se trata de aplicaciones lineales definidas sobre espacios de funciones que respetan el orden (son de tipo positivo).

TEOREMA 10.7. *Consideramos un espacio de probabilidad* $(\Omega, \mathcal{F}, \mathbf{P})$ *y* $\mathcal{G}$ *una subtribu de* $\mathcal{F}$. *Asimismo, todas las variables aleatorias de los enunciados siguientes se suponen integrables.*

(a) *Si* Y *es cualquier versión de* $\mathbb{E}(X|\mathcal{G})$, *entonces* $\mathbb{E}(Y) = \mathbb{E}(X)$.

(b) *Si* X *es* $\mathcal{G}$-*medible en* L^∞ *(resp.* L^1), Y *otra variable* $\mathcal{F}$-*medible en* L^1 *(resp.* L^∞), *entonces* $\mathbb{E}(XY|\mathcal{G}) = X\mathbb{E}(Y|\mathcal{G})$, *c.s. y en particular,* $\mathbb{E}(X|\mathcal{G}) = X$ *c.s.*

(c) *La esperanza condicional es lineal y positiva como aplicación de* $L^1(\Omega, \mathcal{F}, \mathbf{P})$ *sobre* $L^1(\Omega, \mathcal{G}, \mathbf{P})$.

(d) *Si* $(X_n)_{n\in\mathbb{N}}$ *es una sucesión monótona creciente de variables aleatorias positivas tal que* $X_n \uparrow X$, *entonces* $\mathbb{E}(X_n|\mathcal{G}) \uparrow \mathbb{E}(X|\mathcal{G})$, *c.s.*

(e) *Si* $(X_n)_{n\in\mathbb{N}}$ *es una sucesión de variables aleatorias positivas, entonces*
$$\mathbb{E}(\liminf_n X_n|\mathcal{G}) \le \liminf_n \mathbb{E}(X_n|\mathcal{G}), \text{ casi seguramente.}$$

(f) *Si* $(X_n)_{n\in\mathbb{N}}$ *es una sucesión de variables aleatorias uniformemente integrable (en particular, si* $|X_n| < H$ *donde* H *es una variable aleatoria positiva integrable, para todo* n) *tal que* $X_n \to X$ *c.s., entonces* $\mathbb{E}(X_n|\mathcal{G}) \to \mathbb{E}(X|\mathcal{G})$ *c.s. y en* L^1.

(g) *Si* $\varphi : \mathbb{R} \to \mathbb{R}$ *es una función convexa y* $\mathbb{E}(\varphi(X)) < \infty$, *entonces*
$$\varphi(\mathbb{E}(X|\mathcal{G})) \le \mathbb{E}(\varphi(X)|\mathcal{G}).$$
En particular, $\|\mathbb{E}(X|\mathcal{G})\|_p \le \|X\|_p$, *para todo* $1 \le p \le \infty$.

(h) *Si* $\mathcal{H}$ *es una subtribu de* $\mathcal{G}$, *entonces*
$$\mathbb{E}(\mathbb{E}(X|\mathcal{G})|\mathcal{H}) = \mathbb{E}(\mathbb{E}(X|\mathcal{H})|\mathcal{G}) = \mathbb{E}(X|\mathcal{H}), \text{ c.s.}$$

(i) *Si* $\mathcal{H}$ *es una subtribu independiente de* $\sigma(X) \vee \mathcal{G}$, *entonces,*
$$\mathbb{E}(X|\mathcal{G} \vee \mathcal{H}) = \mathbb{E}(X|\mathcal{G}), \text{ c.s.}$$

Demostración. La propiedad (a) resulta de considerar $G = \Omega$ en la definición de esperanza condicional. Las propiedades (b) y (c) se obtienen también directamente de la definición de esperanza condicional.

Respecto a (d) y (f), su demostración se basa en la convergencia de integrales de la forma $\int_G X_n d\mathbb{P}$, para todo $G \in \mathcal{G}$, que se obtiene ya sea por monotonía creciente, en el caso de (d), o bien de la integrabilidad uniforme y convergencia casi segura vía el Teorema de Convergencia Dominada de Lebesgue en el caso (f).

La propiedad (e) resulta de (d) de la misma forma en que se prueba el Lema de Fatou.

Asimismo, la desigualdad (g) se obtiene por aplicación de la linealidad de la esperanza condicional y el hecho de que toda función convexa es el supremo de las funciones afines que mayora. La desigualdad de las normas p se obtiene usando la función $\varphi(x) = |x|^p$ y la propiedad (a).

Nuevamente, la definición de esperanza condicional permite obtener inmediatamente la propiedad (h).

Demostremos por último la parte (i). Sean $G \in \mathcal{G}$, $H \in \mathcal{H}$

$$
\begin{aligned}
\int_{G \cap H} X d\mathbb{P} &= \int_\Omega X 1_G 1_H d\mathbb{P} \\
&= \int_\Omega X 1_G d\mathbb{P} \int_\Omega 1_H d\mathbb{P} \quad \text{(independencia de } X 1_G \text{ con } 1_H) \\
&= \int_\Omega \mathbb{E}(X|\mathcal{G}) 1_G d\mathbb{P} \int_\Omega 1_H d\mathbb{P} \quad \text{(definición de esperanza condicional)} \\
&= \int_{G \cap H} \mathbb{E}(X|\mathcal{G}) d\mathbb{P} \quad \text{(independencia de } 1_H \text{ con } \mathbb{E}(X|\mathcal{G}) 1_G).
\end{aligned}
$$

Esto concluye la demostración del Teorema.

OBSERVACIÓN 10.1. La propiedad (b) del Teorema anterior puede ser extendida a $X \in L^p(\Omega, \mathcal{G}, \mathbf{P})$, $Y \in L^q(\Omega, \mathcal{F}, \mathbf{P})$, $p, q \in [1, \infty[$, $\dfrac{1}{p} + \dfrac{1}{q} = 1$ en virtud de la propiedad (y) que asegura que $\mathbb{E}(Y|\mathcal{G}) \in L^q$. Es decir,

$$(10.8) \qquad \mathbb{E}(XY|\mathcal{G}) = X\mathbb{E}(Y|\mathcal{G}).$$

Resumamos en el corolario siguiente las propiedades de $\mathbb{E}(\cdot|\mathcal{G})$ en tanto operador definido sobre los espacios L^p.

> **COROLARIO 10.4.** *Sea $p \in [1, \infty]$ y $\mathcal{G}$ una subtribu de $\mathcal{F}$. Entonces, $\mathbb{E}(\cdot|\mathcal{G}) : L^p(\Omega, \mathcal{F}, \mathbf{P}) \to L^p(\Omega, \mathcal{G}, \mathbf{P})$ es un operador lineal, positivo, contractante, idempotente y tal que $\mathbb{E}(1|\mathcal{G}) = 1$.*

Demostración. Efectivamente, la linealidad y positividad resultan del Teorema anterior, vía la definición de esperanza condicional. La propiedad de contracción corresponde a la desigualdad

$$\|\mathbb{E}(X|\mathcal{G})\|_p \le \|X\|_p,$$

para todo $p \in [1, \infty]$, $X \in L^p$.

Es un operador idempotente, pues $\mathbb{E}(\mathbb{E}(X|\mathcal{G})|\mathcal{G}) = \mathbb{E}(X|\mathcal{G})$, para todo $X \in L^p$. La propiedad $\mathbb{E}(1|\mathcal{G}) = 1$ es evidente.

6. Comentarios

Este capítulo nos ha conducido hasta las medidas con valores complejos y hemos probado los teoremas de descomposición de Jordan-Hahn y de Lebesgue que son fundamentales en la comprensión de las relaciones entre medidas. A quienes estén interesados en explorar las medidas más allá de aquéllas con valores en $\mathbb{C}$, están invitados a leer los tratados **[14]** o**[13]**. Para los que quieran levantar las hipótesis de aditividad de las medidas y explorar algunos resultados de la Teoría de Capacidades, están cordialmente invitados a continuar la lectura del presente texto en el apéndice que sigue y también consultar la obra de Dellacherie y Meyer **[12]**.

7. Ejercicios propuestos

1. $(\Omega, \mathcal{F})$ espacio medible, $(P_\theta : \theta \in \Theta)$ familia de probabilidades sobre $(\Omega, \mathcal{F})$. Supongamos que existe ν medida acotada positiva tal que $P_\theta \ll \nu$ $(\forall \theta \in \Theta)$. Probar que existe P probabilidad tal que: $P_\theta \ll P$ y $P \ll \nu$ de la forma

$$\sum_\theta a_\theta P_\theta \text{ donde } a_\theta \ge 0 \text{ y } \sum_\theta a_\theta = 1$$

2. Sea $B(\Omega, \mathcal{F})$ el espacio de Banach de las funciones reales medibles acotadas con norma

$$\|X\| := \sup_{\omega \in \Omega} |X(\omega)|$$

Sea $\mu \in \mathcal{M}(\Omega, \mathcal{F})$

$$\langle X, \mu \rangle := \int_\Omega X \, d\mu \quad (X \in B(\Omega, \mathcal{F}), \mu \in \mathcal{M}(\Omega, \mathcal{F}))$$

Probar que $X \to \langle X, \mu \rangle$, $\mu \to \langle X, \mu \rangle$ son formas lineales continuas y que se tiene:

$$\|\mu\|_1 \;=\; \sup_{X \neq 0} \frac{|\langle X, \mu \rangle|}{\|X\|}$$

$$\|X\| \;=\; \sup_{X \neq 0} \frac{|\langle X, \mu \rangle|}{\|\mu\|_1}$$

Deducir que $\mathcal{M}$ (resp. B) es isométrica a un subespacio vectorial cerrado (propio en general) del dual de B (resp. $\mathcal{M}$).

3. Sea $(\Omega, \mathcal{F}, \mu)$ un espacio de medida donde μ es σ-finita, positiva. Sea ν una medida real σ-finita sobre $(\Omega, \mathcal{F})$ y f una función $\mathcal{F}$-medible tal que para todo $\alpha \in \mathbb{R}$:

(i) $\nu(A \cap \{f \geq \alpha\}) \geq \alpha \mu(A \cap \{f \geq \alpha\})$;

(ii) $\nu(A \cap \{f < \alpha\}) \leq \alpha \mu(A \cap \{f < \alpha\})$.

a) Probar que si ν es absolutamente continua con respecto a μ, y f es una densidad de ν con respecto a μ, entonces f satisface (a) y (b).

b) Probar que f queda determinada μ-c.t.p. por las condiciones (a) y (b). [Tome dos funciones f y g que satisfagan (a) y (b), y demuestre que $\mu(\{f < \alpha\} \cap \{g \geq \beta\}) = 0$ con $\beta > \alpha$].

Si se descompone ν en la forma $\nu = \nu_a + \nu_o$ donde $\nu_a \ll \mu$ y $\nu_o \perp \mu$, deducir de todo lo anterior que f coincide con la densidad de ν_a con respecto a μ.

c) Definimos $B_{\pm} = \{\omega \in \Omega : f(\omega) = \pm\infty\}$ y $B = B_+ \cup B_-$. Probar que para todo $A \in \mathcal{F}$ se tiene:

- Si $A \subseteq B_+$, antonces $\nu(A) \geq 0$ y $\nu(A) = +\infty$ si $\mu(A) > 0$;
- Si $A \subseteq B_-$, entonces $\nu(A) \leq 0$ y $\nu(A) = -\infty$ si $\mu(A) > 0$.

Deducir que $\mu(B) = 0$; que B_+ y B_- definen una descomposición de Hahn para la medida $\nu|_B$ y que $\nu|_{B^c}$ es absolutamente continua con respecto a μ. Probar finalmente que la descomposición de Lebesgue-Radon-Nikodym de ν con respecto a μ se escribe:

$$\nu = f \cdot \mu + \nu|_B.$$

4. Sea $(\Omega, \mathcal{F})$ un espacio medible. Considerar enseguida los pares (X, P) donde X es una función medible real y P una probabilidad sobre $(\Omega, \mathcal{F})$ tal que $X \in \mathcal{L}^2(\Omega, \mathcal{F}, P)$. Para dos pares (X_1, P_1), (X_2, P_2) del tipo anterior, se define una relación de equivalencia en la forma siguiente: $(X_1, P_1) \sim (X_2, P_2)$ si y sólo si para toda probabilidad Q tal que $P_1, P_2 \ll Q$, se cumpla que

$$\left\{ X_1 \sqrt{\frac{dP_1}{dQ}} \neq X_2 \sqrt{\frac{dP_2}{dQ}} \right\},$$

sea un conjunto Q-despreciable.

La clase de equivalencia de (X, P) bajo la relación anterior se denota $X\sqrt{dP}$.

a) Probar que el conjunto $\mathcal{H}$ de clases de equivalencia $X\sqrt{dP}$ es un espacio de Hilbert para el producto escalar definido como

$$\langle X_1\sqrt{dP_1}, X_2\sqrt{dP_2} \rangle = \int_\Omega X_1 X_2 \sqrt{\frac{dP_1}{dQ}} \sqrt{\frac{dP_2}{dQ}}\, dQ,$$

donde Q es cualquier probabilidad tal que $P_1, P_2 \ll Q$.

b) Probar que la aplicación $X \mapsto X\sqrt{dP}$ es una isometría del espacio $L^2(\Omega, \mathcal{F}, P)$ en $\mathcal{H}$.

c) Dadas dos probabilidades P_1 y P_2, calcular $\left\| \sqrt{dP_1} - \sqrt{dP_2} \right\|$. ¿En qué caso se tiene $\langle \sqrt{dP_1}, \sqrt{dP_2} \rangle = 0$?

5. Sea $\mathcal{C} = (C_n)_{n\in\mathbb{N}}$ una partición numerable de un conjunto no vacío Ω y sea $\mathcal{F} = \sigma(\mathcal{C})$.

a) Probar que una función $f : \Omega \to [-\infty, \infty]$ es $\mathcal{F}$-medible si y sólo si f es constante en cada conjunto $C \in \mathcal{C}$.

b) Una medida positiva μ sobre $(\Omega, \mathcal{F})$ es σ-finita si y sólo si $\mu(C) < \infty$ para cada $C \in \mathcal{C}$.

c) Si ν es otra medida positiva sobre el mismo espacio, probar que $\nu \ll \mu$ si y sólo si $\nu(C) = 0$ para todos los elementos $C \in \mathcal{C}$ que satisfagan $\mu(C) = 0$.

d) En el caso $\nu \ll \mu$ anterior, escribiendo $\nu = f \bullet \mu$, con f positiva integrable con respecto a μ, demostrar que sobre cada conjunto $C \in \mathcal{C}$ se tiene $f \equiv \nu(C)/\mu(C)$ si $0 < \mu(C) < \infty$ y $\nu(C) = 0$ si $\mu(C) = \infty$.

6. Consideramos el espacio de medida $(\mathbb{R}, \overline{\mathcal{B}(\mathbb{R})}, \lambda)$. Dada cualquier función creciente real positiva, continua a la derecha F, designamos por μ_F la medida de Stieltjes–Lebesgue asociada a F.

a) Demostrar que $\mu_F \ll \lambda$ si y sólo si existe $f \in L^1(\mathbb{R}, \overline{\mathcal{B}(\mathbb{R})}, \lambda)$ tal que $F(x) = \int_{-\infty}^{x} f(t)dt$. En este caso probar que la norma en variación total de μ_F es $\|\mu_F\|_1 = \|f\|_1$.

b) Considerar enseguida $-\infty \leq a < b \leq \infty$ y particiones $\pi : a = t_0 < \ldots < t_n = b$ del intervalo $[a,b]$. Como de costumbre, escribimos $|\pi| = \text{máx}\{t_{i+1} - t_i : i = 0, \ldots, n-1\}$. Probar que para toda función continua h se tiene

$$\int_{[a,b]} h d\mu_F = \lim_{|\pi|\downarrow 0} \sum_{t_{i+1}, t_i \in \pi} h(t_i)(F(t_{i+1}) - F(t_i)).$$

c) Con las notaciones anteriores, sea G otra función creciente continua a la derecha con valores reales, definida en $\mathbb{R}$. Suponer que se tiene $\mu_F \ll \lambda$, $\mu_G \ll \lambda$. Probar la fórmula de integración por partes:

$$F(b)G(b) - F(a)G(a) = \int_{[a,b]} F d\mu_G + \int_{[a,b]} G d\mu_F.$$

Deducir de lo anterior que $\mu_{FG} \ll \lambda$ y que

$$\frac{d\mu_{FG}}{d\lambda} = F\frac{d\mu_G}{d\lambda} + G\frac{d\mu_F}{d\lambda}.$$

7. Considerar el espacio $\Omega = [0,1[$ provisto de su tribu boreliana $\mathcal{F} = \mathcal{B}([0,1[)$ y de la medida de Lebesgue. Para cada $n \in \mathbb{N}$ considerar la subtribu $\mathcal{F}_n$ generada por las funciones medibles que son periódicas con período 2^{-n-1}. En consecuencia, una función

medible f definida sobre Ω es $\mathcal{F}_n$–medible si y sólo si $f(x) = f(y)$ para todo $x, y \in \Omega$, tales que $|x - y| = 2^{-n-1}$.

a) Considerar las funciones $e_k(x) = \exp(2i\pi kx)$, $k \in \mathbb{Z}$. Probar que para todo $n \in \mathbb{N}$ la familia $(e_{k2^n})_{k\in\mathbb{Z}}$ es una base ortonormal del espacio $L^2_{\mathbb{C}}(\Omega, \mathcal{F}_n, \lambda)$.

b) Demostrar que para toda $f \in L^2_{\mathbb{C}}(\Omega, \mathcal{F}, \lambda)$ su esperanza condicional con respecto a $\mathcal{F}_n$ se representa como una serie de Fourier convergente en L^2 de la forma:

$$\mathbb{E}\left(f \mid \mathcal{F}_n\right) = \mathbb{E}\left(f\right) + \sum_{k\in\mathbb{Z}} \langle f, e_{k2^n} \rangle e_{k2^n}.$$

FIGURA 1. Johann Radon, 1887-1956

FIGURA 2. Otton Nikodym, 1887-1974

Capítulo 11

Apéndice 1: Más allá de la medida

Este capítulo considera materiales complementarios a un curso habitual de Teoría de la Medida, en particular, aborda elementos de la Teoría de Capacidades según Choquet. Las capacidades generalizan las medidas y permiten probar resultados de la Teoría General de Procesos que no pueden ser demostrados con la Teoría de la Medida. Comenzaremos por introducir los llamados conjuntos analíticos, para luego definir capacidades y probar un importante teorema que da condiciones para su construcción.

1. Conjuntos analíticos

Comencemos recordando ciertas propiedades de los conjuntos compactos.

EJERCICIO 11.1. Sea K un espacio compacto y $(K_n)_n$ una sucesión de conjuntos cerrados de K. Sea F otro conjunto y π la proyección de $K \times F$ sobre K. Comparar $\pi((\cap_{\mathbb{N}} K_n) \times F)$ con $\cap_{\mathbb{N}} \pi(K_n \times F)$.

DEFINICIÓN 11.1. Sea $(F_i, \mathcal{F}_i)_{i \in I}$ una familia de espacios pavimentados.

Pavimento producto es el pavimento sobre $\prod_{i \in I} F_i$ constituido por los conjuntos de la forma $\prod_{i \in I} A_i$ con $A_i \in F_i$ (los A_i se llaman adoquines o rectángulos) y se escribe:

$$\prod_{i \in I} \mathcal{F}_i$$

Pavimento suma es el pavimento sobre $\coprod_{i \in I} F_i$ que consiste en los conjuntos de la forma $\coprod_{i \in I} A_i$ con $A_i \in F_i$ tales que los A_i difieren del vacío para un número finito de índices.

Dado un espacio metrizable compacto E, designamos por $\mathcal{K}(E)$ el pavimento de los subconjuntos compactos de E.

Sea $(F, \mathcal{F})$ un espacio pavimentado; un subconjunto A de F se dice $\mathcal{F}$–*analítico* si existe un espacio metrizable compacto E (auxiliar) y un subconjunto $B \subset E \times F$, tal que $B \in (\mathcal{K}(E) \times \mathcal{F})_{\sigma\delta}$, y se tenga $\pi(B) = A$, donde π es la proyección de $E \times F$ sobre F.

La clase de todos los conjuntos $\mathcal{F}$–analíticos se designa por: $\mathbb{A}(\mathcal{F})$.

> **TEOREMA 11.1.** *Sea $(F, \mathcal{F})$ un espacio pavimentado: $\mathcal{F} \subset \mathbb{A}(\mathcal{F})$ y $\mathbb{A}(\mathcal{F})$ es estable para $(\cup n, \cap n)$.*

Demostración. La primera aserción es clara. Demostraremos la segunda.

Sea $(A_n)_n \subset \mathbb{A}(\mathcal{F})$.

Para cada $A_n \in \mathbb{A}(\mathcal{F})$ existe E_n metrizable compacto y existe $B_n \in (\mathcal{E}_n \times \mathcal{F})_{\sigma\delta}$ con $\mathcal{E}_n = \mathcal{K}(E_n)$ y $\pi(B_n) = A_n$ y cada $B_n = \cap_m B_{nm}$ $(B_{nm} \in (\mathcal{E}_n \times \mathcal{F})_\sigma)$.

Sea $E := \prod_{\mathbb{N}} E_n$: es metrizable compacto y sea $\mathcal{E} = \mathcal{K}(E)$.

Consideramos el conjunto $C_n = \prod_{m<n} E_m \times B_m \times \prod_{m>n} E_m$, $(n \in \mathbb{N})$, entonces $\pi(C_n) = A_n$ y tenemos que: $\cap_{\mathbb{N}} A_n = \pi(\cap_{\mathbb{N}} C_n)$ donde $\cap_{\mathbb{N}} C_n \in (\mathcal{E} \times \mathcal{F})_{\sigma\delta}$ ya que $C_n \in (\mathcal{E} \times \mathcal{F})_{\sigma\delta}$, entonces $\cap_{\mathbb{N}} A_n \in \mathbb{A}(\mathcal{F})$.

Veamos ahora la estabilidad para $(\cup_n)$, para esto redefinimos:

$$E := \text{compactificación de } \coprod_{\mathbb{N}} E_n$$

y sea $\mathcal{E} = \mathcal{K}(E)$, entonces:

$$\pi\Big(\coprod_{\mathbb{N}} B_n\Big) = \cup_{\mathbb{N}} A_n$$

(identificando $(\coprod_{\mathbb{N}} E_n) \times F$ con $\coprod_n (E_n \times F)$).

Pero $\coprod_{\mathbb{N}} B_n = \cap_m \underbrace{\coprod_{n\in\mathbb{N}} B_{nm}}_{\in (\coprod_{\mathbb{N}} \mathcal{E}_n \times F)_\sigma}$ y $\coprod_{\mathbb{N}} \mathcal{E}_n \subset \mathcal{K}(E)$.

$$\coprod_{\mathbb{N}} B_{nm} \quad \in \quad (\mathcal{E} \times F)_\sigma$$

$$\coprod_{\mathbb{N}} B_n \quad \in \quad (\mathcal{E} \times F)_{\sigma\delta}$$

Luego, $\cup A_n$ es analítico.

Notación Dado un pavimento $\mathcal{G}$ sobre un conjunto F y dada una aplicación $f : E \to F$, introducimos un *pavimento preimagen* sobre E definido por:

$$f^{-1}(\mathcal{G}) := \{f^{-1}(G) : G \in \mathcal{G}\}.$$

TEOREMA 11.2.   1. *Sean $(E,\mathcal{E}),(F,\mathcal{F})$ espacios pavimentados.*

Entonces: $\mathbb{A}(\mathcal{E}) \times \mathbb{A}(\mathcal{F}) \subset \mathbb{A}(\mathcal{E} \times \mathcal{F}).$

2. *Sea E un espacio metrizable compacto $\mathcal{E} := \mathcal{K}(E)$ y $(F,\mathcal{F})$ espacio pavimentado cualquiera. Entonces si $A' \in \mathbb{A}(\mathcal{E} \times \mathcal{F})$ se tiene que su proyección $A = \pi_F(A')$ sobre F es un elemento de $\mathbb{A}(\mathcal{F})$.*

3. *Sea $(F,\mathcal{F})$ espacio pavimentado, $\mathcal{G}$ otro pavimento sobre F tal que*

$$\mathcal{F} \subset \mathcal{G} \subset \mathbb{A}(\mathcal{F}).$$

Entonces se tiene que:

$$\mathbb{A}(\mathbb{A}(\mathcal{F})) = \mathbb{A}(\mathcal{G}) = \mathbb{A}(\mathcal{F})$$

En particular, $\mathbb{A}(\mathcal{G}) = \mathbb{A}(\mathcal{F})$ si $\mathcal{G}$ es la cerradura de $\mathcal{F}$ para $(\cup n, \cap_n)$.

4. *Sean $(F,\mathcal{F}), (G,\mathcal{G})$ pavimentados y $f : F \to G$ una aplicación tal que: $f^{-1}(\mathcal{G}) \subset \mathbb{A}(\mathcal{F})$, entonces: $f^{-1}(\mathbb{A}(\mathcal{G})) \subset \mathbb{A}(\mathcal{F})$.*

Demostración.

1. Sea $A \in \mathbb{A}(\mathcal{E})$ y $B \in \mathbb{A}(\mathcal{F})$. Sea $A_1 \in \mathcal{E}_\sigma$, $B_1 \in \mathcal{F}_\sigma$ tal que $A \subset A_1$ y $B \subset B_1$. Es claro que : $\mathbb{A}(\mathcal{E}) \times \mathcal{F} \subset \mathbb{A}(\mathcal{E} \times \mathcal{F})$, y como $\mathbb{A}(\mathcal{E} \times \mathcal{F})$ es estable para $(\cup n)$ se tiene:

$$\mathbb{A}(\mathcal{E}) \times \mathcal{F}_\sigma \subset \mathbb{A}(\mathcal{E} \times \mathcal{F})$$

Del mismo modo, $\mathcal{E}_\sigma \times \mathbb{A}(\mathcal{F}) \subset \mathbb{A}(\mathcal{E} \times \mathcal{F})$, entonces

$$A \times B = \underbrace{(A \times B_1)}_{\in \mathcal{E} \times \mathcal{F}_\sigma} \cap \underbrace{(A_1 \times B)}_{\in \mathcal{E}_\sigma \times \mathbb{A}(\mathcal{F})}$$

Así: $A \times B_1$ y $A_1 \times B$ están en $\mathbb{A}(\mathcal{E} \times \mathcal{F})$, de donde se deduce que $A \times B$ es un elemento de $\mathbb{A}(\mathcal{E} \times \mathcal{F})$, ya que la familia de los analíticos es estable para $(\cap n)$.

2. Sea $A' \in \mathbb{A}(\mathcal{E} \times \mathcal{F})$ (con la notación anterior).

Luego existe G metrizable compacto y existe $A'' \in (\mathcal{G} \times (\mathcal{E} \times \mathcal{F}))_{\sigma\delta}$ con $\mathcal{G} = \mathcal{K}(G)$, tal que $\pi_{E \times F}(A'') = A'$.

Tenemos que la proyección (con dominio $\mathcal{G} \times (\mathcal{E} \times \mathcal{F})$ y rango F) de A'' es A con $((\mathcal{G} \times \mathcal{E} \times \mathcal{F})_{\sigma\delta}$ y $\mathcal{G} \times \mathcal{E} \subset \mathcal{K}(G \times E)$. Luego $A \in \mathbb{A}(\mathcal{F})$.

3. Se tiene que $\mathbb{A}(\mathcal{F}) \subset \mathbb{A}(\mathcal{G}) \subset \mathbb{A}(\mathbb{A}(\mathcal{F}))$.

Probaremos que $\mathbb{A}(\mathbb{A}(\mathcal{F})) \subset \mathbb{A}(\mathcal{F}))$.

Sea $A \in \mathbb{A}(\mathbb{A}(\mathcal{F}))$. Entonces existe un espacio E metrizable compacto y existe $B \in (\mathcal{E} \times \mathbb{A}(\mathcal{F}))_{\sigma\delta}$ y $\pi_F(B) = A$, donde $\mathcal{E} = \mathcal{K}(E)$.

Además,

$$\mathcal{E} \times \mathbb{A}(\mathcal{F}) \subset \mathbb{A}(\mathcal{E} \times \mathbb{A}(\mathcal{F}) \subset \mathbb{A}(\mathcal{E} \times \mathcal{F})$$

y como $\mathbb{A}(\cdot)$ es estable para $(\cap n, \cup n)$, se tiene

$$B \in \mathbb{A}(\mathcal{E} \times \mathcal{F})$$

entonces existe un espacio metrizable compacto G y existe $C \in \mathcal{K}(G) \times (\mathcal{E} \times \mathcal{F})_{\sigma\delta}$ tal que

$$\pi_{E \times F}(C) = B$$

Tenemos que la proyección de C sobre F coincide con A; por (2) se tiene que $A \in \mathbb{A}(\mathcal{F})$ (B corresponde a A' en la demostración de (2)).

En consecuencia,

$$\mathbb{A}(\mathbb{A}(\mathcal{F})) = \mathbb{A}(\mathcal{G}) = \mathbb{A}(\mathcal{F})$$

4. Sea $A \in \mathbb{A}(\mathcal{G})$. Debemos probar que $f^{-1}(A) \in \mathbb{A}(\mathcal{F})$.

Existe E metrizable compacto y $B \in (\mathcal{K}(E) \times \mathcal{G})_{\sigma\delta}$ tal que: $\pi_G(B) = A$.

Definamos la aplicación $h : E \times F \to E \times G$ por $(x, y) \mapsto (x, f(y))$, y sea $C = h^{-1}(B)$, $C \in (\mathcal{K}(E) \times \mathcal{F})_{\sigma\delta}$.

Entonces $C \in (\mathcal{K}(E) \times \mathbb{A}(\mathcal{F}))_{\sigma\delta} \subset \mathbb{A}(\mathcal{K}(E) \times \mathcal{F})$, pero $f^{-1}(A) = \pi_F(C)$, así usando (2) se tiene:

$$f^{-1}(A) \in \mathbb{A}(\mathcal{F}).$$

Sea $(F, \mathcal{F})$ un espacio pavimentado. Consideremos:

$$\mathcal{T} := \{A \in \mathbb{A}(\mathcal{F}) : A^c \in \mathbb{A}(\mathcal{F})\}$$

Si $\mathcal{T} \neq \varnothing$ entonces $\mathcal{T}$ es estable para $(\cup n, \cap_n)$. Una condición suficiente para que $\mathcal{T}$ no sea vacío, consiste en pedir que todo $A \in \mathcal{F}$ tenga complemento $\mathcal{F}$–analítico. En efecto: en este caso $\mathcal{T} \neq \varnothing$ ya que $\mathcal{T}$ contiene a $\mathcal{F}$, además $\mathcal{F} \in \mathcal{T}$: luego se tiene que $\mathcal{T}$ es tribu que contiene a $\mathcal{F}$.

Así, $\mathcal{F} \subset \sigma(\mathcal{F}) \subset \mathcal{T} \subset \mathbb{A}(\mathcal{F})$.

Recíprocamente, si tenemos $\sigma(\mathcal{F}) \subset \mathbb{A}(\mathcal{F})$, entonces el complemento de todo elemento de $\mathcal{F}$ será $\mathcal{F}$–analítico. Así se obtiene la siguiente proposición.

> PROPOSICIÓN 11.1. *Sea $(F, \mathcal{F})$ espacio pavimentado. Entonces $\sigma(\mathcal{F}) \subset$ $\mathbb{A}(\mathcal{F})$ si y sólo si el complemento de todo elemento de $\mathcal{F}$ es $\mathcal{F}$–analítico.*

EJERCICIO 11.2. Extender la propiedad de 11.2, (2), al caso en que E es un espacio localmente compacto numerable al infinito.

(En este caso existe una sucesión de compactos K_n, crecientes, cuya reunión es E y tal que el interior de K_{n+1} contiene a K_n).

> COROLARIO 11.1. $\mathcal{B}(\mathbb{R}) \subset \mathbb{A}(\mathcal{K}(\mathbb{R}))$ y $\mathbb{A}(\mathcal{B}(\mathbb{R})) = \mathbb{A}(\mathcal{K}(\mathbb{R}))$.

Demostración. $\mathcal{B}(\mathbb{R}) = \sigma(\mathcal{K}(\mathbb{R}))$ y si $K \in \mathcal{K}(\mathbb{R})$, K^c se escribe como reunión numerable de compactos. Vale decir, $K^c \in (\mathcal{K}(\mathbb{R}))_\sigma$, de donde $K^c \in \mathbb{A}(\mathcal{K}(\mathbb{R}))$ y según 11.2 se tiene entonces:

$$\mathcal{K}(\mathbb{R}) \subset \mathcal{B}(\mathbb{R}) \subset \mathbb{A}(\mathcal{K}(\mathbb{R}))$$

y así: $\mathbb{A}(\mathcal{K}(\mathbb{R})) = \mathbb{A}(\mathbb{A}(\mathcal{K}(\mathbb{R})))$.

2. Capacidades y el Teorema de Choquet

DEFINICIÓN 11.2. Sea $(F, \mathcal{F})$ un espacio pavimentado con $\mathcal{F}$ estable para $(\cup f, \cap f)$. Una *capacidad* (en el sentido de Choquet) sobre $\mathcal{F}$ (o $\mathcal{F}$–*capacidad*) es una función $I : \mathcal{P}(F) \to \overline{\mathbb{R}}$ que satisface las propiedades siguientes:

1. I es creciente i.e. si $A \subset B$ entonces $I(A) \leq I(B)$

2. Para toda sucesión creciente $(A_n)_n \subset \mathcal{P}(F)$, se tiene

$$I(\bigcup_{\mathbb{N}} A_n) = \sup_{\mathbb{N}} I(A_n)$$

3. Para toda sucesión decreciente (A_n) de elementos de $\mathcal{F}$ se tiene:

$$I(\bigcap_{\mathbb{N}} A_n) = \inf_{\mathbb{N}} I(A_n)$$

Un subconjunto A de F es *capacitable con respecto a I* si verifica:

$$I(A) = \sup_{\substack{B \in \mathcal{F}_\delta \\ B \subset A}} I(B)$$

OBSERVACIÓN 11.1. *Todo elemento de $\mathcal{F}_{\sigma\delta}$ es capacitable.* En efecto:

Sea $A \in \mathcal{F}_{\sigma\delta}$, si $I(A) = -\infty$ la propiedad es trivial ya que $\varnothing \in \mathcal{F}$ y $I(\varnothing) = -\infty$.

Supongamos entonces $I(A) > -\infty$. A se escribe:

$$(11.1) \qquad\qquad A = \bigcap_{\mathbb{N}} A_n,$$

donde cada conjunto $A_n \in \mathcal{F}_\sigma$, $(n \in \mathbb{N})$ se expresa

$$(11.2) \qquad\qquad A_n = \bigcup_{m \geq 1} A_{n,m},$$

y se puede escoger los conjuntos $A_{n,m} \in \mathcal{F}$ de modo que la doble sucesión sea creciente en m para cada n.

Sea $a \in \mathbb{R}$ tal que $a < I(A)$. Demostraremos que existe $B \in \mathcal{F}_\delta$ tal que $I(B) \geq a$ con $B \subset A$:

Construiremos primero una sucesión $(B_n)_{n \geq 1} \subset \mathcal{F}$ tal que: $B_n \subset A_n$ e $I(C_n) > a$, donde

$$(11.3) \qquad\qquad C_n = A \cap B_1 \cap \ldots \cap B_n \quad (n \geq 1)$$

Según la definición 11.2, (2), se cumple:

$$I(A) = I(A \cap A_1) = \sup_{n} I(A \cap A_{1,m}) > a$$

Elegimos entonces B_1 como uno de los conjunto $A_{1,m}$ de modo que

$$I(A \cap A_{1,m}) > a$$

Supongamos $B_1, \ldots, B_{n-1}$ construidos. Por hipótesis de la inducción

$$C_{n-1} \subset A, \quad I(C_{n-1}) > a$$

y así elegimos nuevamente el elemento B_n como uno de los conjuntos $A_{n,m}$ de manera que $I(C_{n-1} \cap A_{n,m}) > a$.

De esta forma tenemos la sucesión $(B_n)_{n \geq 1}$. Definimos ahora:

$$B'_n \; := \; B_1 \cap \ldots \cap B_n \quad \in \mathcal{F}$$

$$B \; := \; \cap_{\mathbb{N}} B_n = \cap_{\mathbb{N}} B'_n$$

así, los conjuntos B'_n pertenecen a $\mathcal{F}$, decrecen hacia B y $C_n \subset B'_n$ para todo n. Luego, $I(B'_n) > a$ y por la propiedad (3) de la definición 11.2, obtenemos: $I(B) = \inf_n I(B'_n) \geq a$. Además como para todo n se verifica $B_n \subset A_n$ entonces $B \subset A$. Por lo tanto A es capacitable.

La propiedad que acabamos de estudiar se extiende a los conjuntos analíticos:

TEOREMA 11.3 (Choquet). *Sea $\mathcal{F}$ un pavimento estable para $(\cup f, \cap f)$ y sea I una $\mathcal{F}$–capacidad. Entonces cada conjunto $\mathcal{F}$–analítico es capacitable.*

Demostración. Sea $A \in \mathbb{A}(\mathcal{F})$. Entonces existe un espacio metrizable compacto E, y un elemento $B \in (\mathcal{E} \times \mathcal{F})_{\sigma\delta}$ tal que la proyección $\pi(B)$ de B sobre F coincide con A, donde hemos denotado $\mathcal{E} = \mathcal{K}(E)$ el pavimento de los compactos de E.

Sea $\mathcal{H}$ el pavimento de todas las uniones de elementos de $\mathcal{E} \times \mathcal{F}$. $\mathcal{H}$ es cerrado bajo $(\cup f, \cap f)$. Definamos,

(11.4) $$J(H) := I(\pi(H)), \ (H \in p(E \times F)).$$

El lector podrá verificar fácilmente que J es una $\mathcal{H}$–capacidad sobre $E \times F$. Como B es capacitable con respecto a J, según la observación 11.1, para cada $\epsilon > 0$ existe $D \in \mathcal{H}_\delta$ tal que $D \subset B$ y $J(D) \geq J(B) - \epsilon$.

Sea $C = \pi(D)$. Entonces $C \in \mathcal{F}_\delta$, $C \subset A$ y finalmente,

$$I(C) \geq I(A) - \epsilon.$$

EJERCICIO 11.3. Sea E un espacio localmente compacto numerable, $\mathcal{E} = \mathcal{K}(E)$. Sea I una $\mathcal{E}$–capacidad. Probar que todo boreliano $B \in \mathcal{B}(E)$ es capacitable.

3. Construcción de capacidades. Extensión de medidas

En esta sección veremos un procedimiento de construcción de capacidades basado en el estudio de las funciones de conjunto sub–aditivas (o aditivas). Se trata siempre de la misma idea básica planteada en la Introducción: medimos primero figuras simples, luego aproximamos por éstas los conjuntos más complejos. Procederemos primero a introducir el concepto de capacidad exterior. Esta noción contiene como caso particular la de medida exterior utilizada en la demostración del Teorema de Carathéodory.

DEFINICIÓN 11.3. Sea $\mathcal{F}$ un pavimento sobre un conjunto F cerrado para $(\cup f, \cap f)$. Sea $I : \mathcal{F} \to \overline{\mathbb{R}}_+$ creciente. I es *fuertemente sub–aditiva* si para todo par de conjuntos A, B de partes de $\mathcal{F}$:

$$I(A \cup B) + I(A \cap B) \le I(A) + I(B)$$

Si ” $\le$ ” se reemplaza por ” $=$ ” se dice que f es *aditiva sobre* $\mathcal{F}$.

I es *continua inferiormente* si para toda sucesión $(A_n)_n \subset \mathcal{F}$ tal que $A := \bigcup_{\mathbb{N}} A_n \in \mathcal{F}$ se tiene

$$I(A) = \sup_n I(A_n).$$

En este caso definimos para todo $A \in \mathcal{F}_\sigma$:

(11.5)
$$I^* = \sup_{\substack{B \in \mathcal{F} \\ B \subset A}} I(B)$$

y para cualquier $C \in F$

(11.6)
$$I^*(C) := \inf_{\substack{A \in \mathcal{F}_\sigma \\ C \subset A}} I^*(A)$$

que llamamos la *capacidad exterior asociada* a F.

> **PROPOSICIÓN 11.2.** *Sea $\mathcal{F}$ pavimento estable para $(\cap f, \cup f)$ y sea $I : \mathcal{F} \to \overline{\mathbb{R}_+}$ creciente, entonces las propiedades siguientes son equivalentes:*
>
> 1. *I es fuertemente sub–aditiva.*
> 2. *$I(P \cup Q \cup R) + I(R) \leq I(P \cup R) + I(Q \cup R)$ para todos $P, Q, R \in \mathcal{F}$.*
> 3. *$I(Y \cup Y') + I(X) + I(X') \leq I(X \cup X') + I(Y) + I(Y')$ para todos los pares (X, Y), (X', Y') de $\mathcal{F}$ tales que $X \subset X'$, $Y \subset Y'$.*

Demostración.

La condición (1) implica (2): $A = P \cup R$, $B = Q \cup R$ y aplicamos la definición.

La condición (2) implica (3): $P = Y$, $Q = Y'$, $R = X$

$$I(Y \cup Y') + I(X) \leq I(Y \cup X) + I(Y' \cup X) + I(X')$$

$$Y \cup Y' \cup X = Y \cup Y', \quad Y' \cup X = Y, \quad Y' \cup X = Y' \cup X \cup X'$$

Así

$$I(Y \cup Y') + I(X) + I(Y') \leq I(Y) + [I(Y' \cup X \cup X') + I(X')]$$

y usando $P = Y'$, $Q = X$, $R = X'$ se tiene que

$$\leq I(Y) + I(X' \cup Y') + I(X \cup X').$$

La condición (3) implica (1). Tomamos $X = A \cap B$, $Y = B$, $X' = Y' = A$ y se aplica (3).

OBSERVACIÓN 11.2. La condición 3 puede ser extendida por inducción a la forma:

$$(11.7) \qquad I\left(\bigcup_{i=1}^{n} Y_i\right) + \sum_{i=1}^{n} I(X_i) \leq I\left(\bigcup_{i=1}^{n} X_i\right) + \sum_{i=1}^{n} I(Y_i)$$

donde los conjuntos X_i están incluidos en los Y_i y todos ellos son elementos de $\mathcal{F}$.

Si I es aditiva se tiene la igualdad en (11.7).

TEOREMA 11.4. *Sea $\mathcal{F}$ pavimento sobre F cerrado para $(\cup f, \cap f)$. Sea $I : \mathcal{F} \to \overline{\mathbb{R}}_+$ creciente, fuertemente subaditiva y continua inferiormente sobre $\mathcal{F}$.*

Entonces, I^* es creciente y continua inferiormente sobre $\mathcal{P}(F)$.

Además, si (X_n), (Y_n) son dos sucesiones de subconjuntos de F tal que $X_n \subset Y_n$ $(n \in \mathbb{N})$ entonces:

$$(11.8) \qquad I^*(\bigcup_{\mathbb{N}} Y_n) + \sum_{\mathbb{N}} I^*(X_n) \leq I^*(\bigcup_{\mathbb{N}} X_n) + \sum_{\mathbb{N}} I^*(Y_n).$$

Finalmente, I^* es una $\mathcal{F}$–capacidad si y sólo si se verifica:

$$(11.9) \quad I^*(\bigcap_{\mathbb{N}} A_n) = \inf_{n} I(A_n), \ \textit{para toda sucesión decreciente } (A_n)_n \subset \mathcal{F}.$$

Demostración. I^* es claramente creciente. Para estudiar las otras propiedades procedemos en varias etapas.

1. **Continuidad inferior (primera parte).** Sea $(A_n) \subset \mathcal{F}_\sigma$ sucesión creciente. $A := \bigcup_{\mathbb{N}} A_n$ y sea $B \in \mathcal{F}$ con $B \subset A$

$$A_n = \bigcup_{m \in \mathbb{N}} A_{n,m} \ con \ A_{n,m} \uparrow \ en \ n \ y \ m$$

Así:

$$\begin{aligned} \sup_n I^*(A_n) &= \sup_n(\sup_m I(A_{n,m})) \\ &= \sup_n I(A_{nn}) \end{aligned}$$

$$B = \bigcup_{\mathbb{N}}(B \cap A_{nn})$$

Luego:

$$\begin{aligned} I(B) &= \sup_n I(B \cap A_{nn}) \leq \sup_n I(A_{nn}) \\ I(B) &\leq \sup_n I^*(A_n) \end{aligned}$$

$I^*(A) \leq \sup_n I^*(A_n)$ y como $I^*(A_n) \leq I^*(A)$ $\forall n$ se tiene:

$$I^*(A) = \sup_n I^*(A_n)$$

2. **Sub–aditividad sobre** $\mathcal{P}(F)$. Sean $A, B \in \mathcal{F}_\sigma$ y sean $(A_n)_{\in \mathcal{F}} \uparrow$, $(B_n)_{\in \mathcal{F}} \uparrow$, con $A = \bigcup_{\mathbb{N}} A_n$, $B = \bigcup_{\mathbb{N}} B_n$.

Así, $A \cap B = \bigcup_{\mathbb{N}} (A_n \cap B_n)$, $A \cup B = \bigcup_{\mathbb{N}} (A_n \cup B_n)$.

$$
\begin{aligned}
I^*(A \cup B) + I^*(A \cap B) &= \lim_n [I^*(A_n \cup B_n) + I^*(A_n \cap B_n)] \\
&= \lim_n [I(A_n \cup B_n) + I(A_n \cap B_n)] \\
&\leq \lim_n [I(A_n) + I(B_n)] \\
&\leq I^*(A) + I^*(B)
\end{aligned}
$$

Sean $X, Y \subset F$ y $A, B \in \mathcal{F}_\sigma$ tal que $X \subset A$, $Y \subset B$.

$$
\begin{aligned}
I^*(X \cup Y) + I^*(X \cap Y) &\leq I^*(A \cup B) + I^*(A \cap B) \\
&\leq I^*(A) + I^*(B)
\end{aligned}
$$

Como $A, B \in \mathcal{F}_\sigma$ de modo que $A \supset X$, $B \supset Y$ tenemos:

$$
I^*(X \cup Y) + I^*(X \cap Y) \leq I^*(X) + I^*(Y)
$$

3. **Extensión de la continuidad inferior.** Sea (X_n) una sucesión creciente con $(X_n) \subset \mathcal{P}(F)$; queremos probar que $I^*(X) = \sup_n I^*(X_n)$.

Si $\sup_n I^*(X_n)$ es $+\infty$, la construcción de I^* es obvia.

Supongamos que $\sup_n I^*(X_n) < \infty$ y sea $h > 0$. Entonces existe $Z_n \in \mathcal{F}_\sigma$ $X_n \subset Z_n$ tal que:

$$
I^*(X_n) \leq I^*(Z_n) \leq I^*(X_n) + h/2^n
$$

Sea $Y_n := Z_1 \cup \ldots \cup Z_n$. Entonces se tiene:

(11.10) $$I^*(X_n) \leq I^*(Y_n) \leq I^*(X_n) + h(1 - 1/2^n)$$

lo que se demuestra por inducción.

Para $n = 1$ es obvio. Supongamos válida (11.10) hasta n.

$$
Y_{n+1} = Z_{n+1} \cup Y_n
$$

$$
I^*(Y_{n+1}) \leq I^*(Z_{n+1}) + [I^*(Y_n) - I^*(Z_{n+1} \cup Y_N)]
$$

además: $I^*(Y_n) - I^*(Y_n \cap Z_{n+1}) \leq h(1 - 1/2^n)$; ya que: $Y_n \cap Z_{n+1} \in \mathcal{F}_\sigma$, $X_n \subset Y_n \cap Z_{n+1} \subset Y_n$

$$\Leftrightarrow I^*(X_n) \le I^*(Y_n \cap Z_{n+1} \le I^*(X_n) + h(1 - 1/2^n).$$

$$I^*(X_{n+1}) \quad \le \quad I^*(Y_{n+1}) \le I^*(Z_{n+1}) + h(1 - 1/2^n)$$

$$\le \quad I^*(X_{n+1}) + h/2^{n+1} + h(1 - 1/2^n)$$

$$I^*(X_{n+1}) \le I^*(Y_{n+1}) \le I^*(X_{n+1}) + h(1 - 1/2^{n+1})$$

continuando con la demostración del teorema, sea ahora $Y = \bigcup_{\mathbb{N}} Y_n \in \mathcal{F}_\sigma$, $X \subset Y$ y por (11.10) se tiene que:

$$I^*(X) \le I^*(Y) \quad = \quad \sup_n I^*(Y_n)$$

$$\le \quad \sup_n I^*(X_n) + h \qquad (\forall h > 0)$$

Así, $I^*(X) = \sup_n I^*(X_n)$.

4. La desigualdad (11.8) resulta ahora por paso al límite en

$$I^*(\bigcup_{i=1}^{n} Y_i) + \sum_{i=1}^{n} I^*(X_i) \le I^*(\bigcup_{i=1}^{n} X_i) + \sum_{i=1}^{n} I^*(Y_i)$$

5. Es claro, finalmente, que (11.9) es condición necesaria y suficiente para que I^* sea capacidad.

4. Aplicaciones

Veamos ahora algunas aplicaciones del teorema anterior. Comenzamos por estudiar la medibilidad de los conjuntos analíticos.

4.1. Medibilidad de los conjuntos analíticos. Sea $(\Omega, \mathcal{F}, \mu)$ un espacio de medida finita y completo. Nos preguntamos si $\mathcal{A}_n(\mathcal{F}) \subset \mathcal{F}$.

Sea $\mathcal{G} \subset \mathcal{F}$ un pavimento cerrado para $(\cup f, \cap f)$ y consideremos $I := \mu\|_{\mathcal{G}}$ entonces:

I es aditiva sobre $\mathcal{G}$, creciente y continua inferiormente sobre $\mathcal{G}$. Luego I^* satisface las hipótesis de teorema 11.4. Además, I^* verifica (11.9) porque μ es medida finita, por lo tanto I^* es una $\mathcal{G}$–capacidad y usando el teorema de Choquet tenemos que todo $A \in \mathcal{A}_n(\mathcal{G})$ es I^*–capacitable. i.e.

$$I^*(A) = \sup_{\substack{B \in \mathcal{G}_\delta \\ B \subset A}} I^*(B)$$

y por definición

$$I^*(A) = \inf_{\substack{C \subset \mathcal{G}_\sigma \\ C \supset A}} I^*(C)$$

y como $\mathcal{G} \subset \mathcal{F}$ se tiene: $\mathcal{G}_\delta \subset \mathcal{F}$, $\mathcal{G}_\sigma \subset \mathcal{F}$ de donde:

$$I^*(A) = \sup_{\substack{B \in \mathcal{G}_\delta \\ B \subset A}} \mu(B) = \inf_{\substack{C \subset \mathcal{G}_\sigma \\ C \supset A}} \mu(C)$$

Entonces, existen $C \in \mathcal{G}_\sigma$, y $B \in \mathcal{G}_\delta$ tales que $B \subset A \subset C$ con $\mu(B) = \mu(C)$, de aquí se deduce que $A = B \cup D_1 = C \backslash D_2$ donde D_1 y $D_2 \in \mathcal{D}_\mu$.

Como $\mathcal{F}$ es μ–completa esto significa que $A \in \mathcal{F}$.

Luego $\mathbb{A}(\mathcal{G}) \subset \mathcal{F}$ y en particular $\mathbb{A}(\mathcal{F}) \subset \mathcal{F}$ y $\mathcal{F} \subset \mathbb{A}(\mathcal{F})$. Por lo tanto,

$$(11.11) \qquad\qquad \mathcal{F} = \mathbb{A}(\mathcal{F}).$$

Si $\mathcal{F}$ no es completa tenemos que para todo pavimento $\mathcal{G} \subset \mathcal{F}$ cerrado para $(\cup f, \cap f)$ se verifica:

$$(11.12) \qquad\qquad \mathbb{A}(\mathcal{G}) \subset \overline{\mathcal{F}}^\mu,$$

y en particular,

$$(11.13) \qquad\qquad \mathcal{F} \subset \mathbb{A}(\mathcal{F}) \subset \overline{\mathcal{F}}^\mu.$$

Si el complemento de cada elemento de $\mathcal{G}$ es analítico tenemos

$$(11.14) \qquad \mathcal{G} \subset \sigma(\mathcal{G}) \subset \mathbb{A}(\mathcal{G}) = \mathbb{A}(\sigma(\mathcal{G})) = \overline{\sigma(\mathcal{G})}^\mu.$$

4.2. La extensión de medidas.

DEFINICIÓN 11.4. La capacidad exterior asociada a una función de conjunto $I = \mu$ que tiene propiedades de medida, es la llamada *medida exterior* y se denota μ^*.

Esta definición nos permite reencontrar el Teorema de Carathéodory como un corolario del Teorema 11.4. Asimismo, el Teorema de Daniell se puede obtener de manera similar. Es decir, el teorema de extensión de capacidades resume los principales métodos de construcción de medidas e integrales.

COROLARIO 11.2. *Sea S una semi–álgebra de partes de un conjunto Ω.*

1. *Toda medida positiva μ sobre S se prolonga de manera única en una medida positiva sobre el álgebra $\alpha(S)$ generada por S.*

2. *Toda medida positiva μ sobre S se prolonga en una medida positiva sobre la tribu $\sigma(S)$ generada por S.*

3. *Si la medida μ es σ–finita, la extensión a $\sigma(S)$ es única. Además, para todo $T \in \sigma(S)$ y todo $\epsilon > 0$, existe una sucesión $(S_n)_n$ de elementos de S tal que T esté contenido en la reunión de los S_n y se tenga*

$$(11.15) \qquad \mu(T) \le \sum_n \mu(S_n) \le \mu(T) + \epsilon.$$

4.3. Aplicación a la Teoría General de Procesos. Sea $(\Omega, \mathcal{F})$ un espacio medible y E un espacio localmente compacto con base numerable, provisto de su tribu boreliana $\mathcal{B}(E)$. Comenzamos por analizar la medibilidad de proyecciones de $E \times \Omega$ sobre Ω.

TEOREMA 11.5 (Medibilidad de proyecciones). *Sea $(\Omega, \mathcal{F}, \mathbb{P})$ un espacio de probabilidad completo y $(E, \mathcal{B}(E))$ un espacio localmente compacto con base numerable, provisto de su tribu boreliana. Designamos por π la proyección de $E \times \Omega$ sobre Ω. Si $B \in \mathcal{B}(E) \otimes \mathcal{F}$, entonces $\pi(B) \in \mathcal{F}$.*

Demostración. Sea $\mathcal{K} = \mathcal{K}(E)$ y definamos $I(A) = \mathbb{P}^*(\pi(A))$, para $A \subset E \times \Omega$. I es una $\mathcal{K} \times \mathcal{F}$-capacidad. Como $\mathcal{B}(E) \otimes \mathcal{F} \subset \mathbb{A}(\mathcal{K} \times \mathcal{F})$, entonces todo elemento $B \in \mathcal{B}(E) \otimes \mathcal{F}$ es I- capacitable por el Teorema de capacitabilidad de Choquet. Por lo tanto, para cada $n \ge 1$, existe $L_n \in (\mathcal{K} \times \mathcal{F})_\delta$, tal que

$$I(B) \le I(L_n) + \frac{1}{n}.$$

Como $\pi(L_n)$ está en $\mathcal{F}$ para todo $n \ge 1$, el conjunto $\pi(B)$ es casi seguramente igual al conjunto $\pi\left(\bigcup_n L_n\right)$ y por hipótesis $\mathcal{F}$ es completa, luego $\pi(B) \in \mathcal{F}$.

☺

El teorema recién demostrado nos permite resolver otro problema de medibilidad, a saber bajo qué condiciones un subconjunto $G \subset E \times \Omega$ es el gráfico de una aplicación medible de Ω en E.

TEOREMA 11.6 (Del gráfico medible). *Bajo las hipótesis del Teorema anterior, $G \subset E \times \Omega$ es un gráfico medible si y sólo si existe una aplicación medible g definida sobre una parte medible H de Ω (que se provee de la tribu inducida por $\mathcal{F}$) y con valores en E, tal que*

$$G = \{(x,\omega) \in E \times H : x = g(\omega)\}.$$

G se denota entonces $G = [[g]]$:

Demostración. Si g es una aplicación medible de $H \in \mathcal{F}$ en E, su gráfico es la imagen recíproca de la diagonal de $E \times E$ por la aplicación $\phi : (x,\omega) \mapsto (x, g(\omega))$ de $E \times H$ en $E \times E$.

Como ϕ es medible (para las estructuras medibles del producto) y dado que la diagonal de $E \times E$ pertenece a $\mathcal{B}(E) \otimes \mathcal{B}(E)$, es claro que la condición es suficiente.

Recíprocamente, si G es gráfico medible, sea $H := \pi(G) \in \mathcal{F}$ y definamos g sobre H como sigue: si $\omega \in H$, $g(\omega)$ es la proyección sobre E del único punto de la sección $G(\omega)$. Entonces, para todo $B \in \mathcal{B}(E)$, $g^{-1}(B) = \pi(G \cap (B \times \Omega)) \in \mathcal{F}$.

☺

DEFINICIÓN 11.5. Sea A un subconjunto de $\mathbb{R}^! \times \Omega$. Para todo $\omega \in \Omega$ se define

$$(11.16) \qquad D_A(\omega) = \inf \{t \geq 0 : (t,\omega) \in A\},$$

conviniendo que $\inf \varnothing = +\infty$. Esta función $D_A : \Omega \to [0,\infty]$ se llama *inicio de A* y nos preocuparemos de probar su medibilidad, que no se puede probar en general con la Teoría de la Medida sola, pero agregando un poco de Teoría de Capacidades, se tiene el siguiente resultado que es muy útil para analizar procesos y tiempos de parada como han sido introducidos en 7.

TEOREMA 11.7 (Medibilidad del inicio). *Si $(\Omega, \mathcal{F}, \mathbb{P})$ es un espacio de probabilidad completo y $A \in \mathcal{B}(\mathbb{R}^+) \otimes \mathcal{F}$. Entonces D_A es una variable aleatoria.*

Demostración. En efecto, para todo real $t > 0$, el conjunto $\{\omega \in \Omega : D_A(\omega < t\}$ es igual a la proyección sobre Ω del subconjunto medible $A \cap ([0, t[\times \Omega)$ de $\mathbb{R}^+ \times \Omega$. Por lo tanto, $\{D_A < t\} \in \mathcal{F}$.

TEOREMA 11.8 (De sección). *Si $(\Omega, \mathcal{F}, \mathbb{P})$ es un espacio de probabilidad completo y $B \in \mathcal{B}(\mathbb{R}^+) \otimes \mathcal{F}$, entonces existe una variable aleatoria positiva Z, con valores en $\overline{\mathbb{R}^+}$, tal que*

(a) $[\![Z]\!] \subset B$,

(b) *El conjunto $\{\omega \in \Omega : Z(\omega) < \infty\}$ sea igual a la proyección $\pi(B)$ de B sobre Ω.*

Demostración. Sea $\mathcal{K} = \mathcal{K}(\mathbb{R}^+)$ y definamos $I(A) = \mathbb{P}^*(\pi(A))$, para $A \subset \mathbb{R}^+ \times \Omega$. I es una $\mathcal{K} \times \mathcal{F}$-capacidad.

Si $A \in \mathcal{B}(\mathbb{R}^+) \otimes \mathcal{F}$, para cada $\epsilon > 0$, existe $L_\epsilon \in (\mathcal{K} \times \mathcal{F})_\delta$, contenido en A y tal que

$$I(A) \leq I(L_\epsilon) + \epsilon.$$

Sea $Y_\epsilon := D_{L_\epsilon}$. Esta es una variable aleatoria por el teorema precedente. Para cada $\omega \in \Omega$, el corte $L_\epsilon(\omega)$ es un compacto de $\mathbb{R}^+$, luego, $[\![Y_\epsilon]\!] \subset L_\epsilon$ de donde se tiene $[\![Y_\epsilon]\!] \subset A$.

Además se tiene la desigualdad

$$\mathbb{P}(\pi(A)) \leq \mathbb{P}(Y_\epsilon < \infty) + \epsilon,$$

puesto que $\pi(A) \in \mathcal{F}$ y que $\{Y_\epsilon < \infty\} = \pi(L_\epsilon)$.

Consideremos ahora $B \in \mathcal{B}(\mathbb{R}^+) \otimes \mathcal{F}$. Definamos $A_1 := B$ y sea Y_1 construido como precede, de modo que Y_1 sea una variable aleatoria positiva,

$[\![Y_1]\!] \subset A_1$ y $\mathbb{P}(\pi(A_1)) \leq 2\mathbb{P}(Y_1 < \infty)$. Sea $A_2 := A_1 \smallsetminus (\mathbb{R}^+ \times \{Y_1 < \infty\})$ y construyamos una variable aleatoria positiva Y_2 tal que $[\![Y_2]\!] \subset A_2 \subset A_1$ tal que $\mathbb{P}(\pi(A_2)) \leq 2\mathbb{P}(Y_2 < \infty)$.

Se construye por recurrencia una sucesión $(Y_n)_{n \in \mathbb{N}^*}$ cuyos gráficos están contenidos en B y tienen proyecciones disjuntas sobre Ω y para cada $n \geq 1$:

$$\sum_{k=1}^{n} \mathbb{P}(Y_k < \infty) \geq (1 - 2^{-n})\mathbb{P}(\pi(B)).$$

Entonces, la variable Z definida por

$$\begin{cases} Z(\omega) := Y_n(\omega), \text{ si } \omega \in \{Y_n < \infty\}, \, n \geq 1 \\ \infty, \text{ en caso contrario,} \end{cases}$$

cumple con $[\![Z]\!] \subset B$ y $\{Z < \infty\}$ es casi seguramente igual a $\pi(B)$.

Capítulo 12

Apéndice 2: Facsímiles de interrogaciones resueltas

PONTIFICIA UNIVERSIDAD CATÓLICA DE CHILE   MLM2532
FACULTAD DE MATEMÁTICAS   I1-2007/1

Teoría de la Integración

2 de abril 2007

1. **Ejercicio.** Sea f una función definida y acotada en un intervalo I de la recta real. Consideramos particiones π de este intervalo y designamos genéricamente por J los intervalos de π. La oscilación de f sobre J la denotamos $\omega(f, J) = \sup_{x \in J} f(x) - \inf_{x \in J} f(x)$. Como de costumbre, escribimos $\ell(J)$ el largo de J. Probar que f es integrable Riemann sobre I si y sólo si para todo $\epsilon > 0$, existe $\delta > 0$ tal que

$$\sum_{\{J \in \pi:\, \omega(f,J) > \epsilon\}} \ell(J) < \epsilon,$$

para toda partición tal que $|\pi| < \delta$.

Solución: Sea π una partición cualquiera del intervalo. Entonces

$$\int_I (\overline{f}_\pi(x) - \underline{f}_\pi(x))dx = \sum_{J \in \pi} \omega(f, J)\ell(J) \leq \epsilon\ell(I) + 2\sup_{x \in I} |f(x)| \sum_{\{J \in \pi:\, \omega(f,J) > \epsilon\}} \ell(J),$$

para todo $\epsilon > 0$, y por otra parte,

$$\sum_{\{J \in \pi:\, \omega(f,J) > \epsilon\}} \ell(J) < \epsilon^{-1} \int_I (\overline{f}_\pi(x) - \underline{f}_\pi(x))dx.$$

Si f es integrable Riemann, dado $\epsilon > 0$ se escoge $\delta > 0$ de modo que $|\pi| < \delta$ implique $\int_I (\overline{f}_\pi(x) - \underline{f}_\pi(x))dx < \epsilon^2$ y se tiene la condiciǓn del enunciado. RecŠprocamente, si $\eta > 0$ es cualquiera, se escoge $\delta > 0$ para luego fijar π segIJn la condiciǓn del enunciado y de modo que $\epsilon(\ell(I) + 2\sup_{x \in I} |f(x)|) < \eta$; de donde resulta f integrable Riemann.

2. **Ejercicio.** Probar que la función

$$f(x) = \frac{1}{1 + x^2},$$

es integrable en el sentido de Riemann sobre $[0,1]$ y calcule su integral. Encontrando particiones apropiadas y usando el valor de la integral calculado antes, pruebe que se tiene la igualdad

$$\lim_{n\to\infty}\sum_{k=1}^{n}\frac{n}{n^2+k^2}=\frac{\pi}{4}.$$

Solución: Se trata de una función continua sobre $[0,1]$, de modo que es integrable Riemann y su integral se puede calcular con el cambio de variables $x=\operatorname{tg}\theta$ donde θ varía sobre $[0,\pi/4]$. Queda

$$\int_0^1 f(x)dx=\int_0^{\pi/4}d\theta=\pi/4.$$

Tomando la sucesión de particiones definida por k/n, $k=0,\dots,n$ se llega a la conclusión.

3. **Problema.** Sobre el conjunto $\mathbb{Z}$ se construye la siguiente familia $\mathcal{F}$ de subconjuntos:

$$\mathcal{F}=\{F\subset\mathbb{Z}:\ (\forall n\geq 1)[2n\in F\Longleftrightarrow 2n+1\in F]\}.$$

(a) Probar que $\mathcal{F}$ es una tribu sobre los enteros.

Solución: Claramente $\mathbb{Z}\in\mathcal{F}$. Probemos que $\mathcal{F}$ es estable por paso al complemento. Si $F\in\mathcal{F}$, entonces para cualquier $n\geq 1$, $2n\in F^c$ si y sólo si $2n\notin F$, si y sólo si $(2n+1)\notin F$, es decir, $(2n+1)\in F^c$. Luego, $F^c\in\mathcal{F}$.
Si $(A_m)_{m\in\mathbb{N}}$ es una sucesión de elementos en $\mathcal{F}$, entonces para todo $n\geq 1$, $2n\in\bigcup_{m\in\mathbb{N}}A_m$ si y sólo si existe un m tal que $2n\in A_m$ lo que, por hipótesis, equivale a $(2n+1)\in A_m$ y se tiene $(2n+1)\in\bigcup_{m\in\mathbb{N}}A_m$. Luego, $\mathcal{F}$ es también estable para reuniones numerables y es una tribu.

(b) Probar que $f:\mathbb{Z}\to\mathbb{Z}$ definida por $f(n)=n+2$ es biyectiva y $\mathcal{F}$–medible, pero f^{-1} no es medible.

Solución: La aplicación es claramente biyectiva. Probemos su medibilidad con respecto a la tribu que hemos introducido en la primera parte. Sea $A\in\mathcal{F}$, entonces para todo $n \geq 1$ se tiene:

$$
\begin{aligned}
2n \in f^{-1}(A) \quad &\Longleftrightarrow \quad 2n + 2 = f(2n) \in A \\
&\Longleftrightarrow \quad 2(n + 1) \in A \\
&\Longleftrightarrow \quad 2(n + 1) + 1 \in A \\
&\Longleftrightarrow \quad f(2n + 1) \in A \\
&\Longleftrightarrow \quad 2n + 1 \in f^{-1}(A),
\end{aligned}
$$

luego $f^{-1}(A) \in \mathcal{F}$, lo que prueba la medibilidad de f.

Para ver que f^{-1} no es medible, observar que $\{0\} \in \mathcal{F}$, ya que $\{0\}^c = \mathbb{Z} \setminus \{0\} \in \mathcal{F}$. Pero $(f^{-1})^{-1}(\{0\}) = f(\{0\}) = \{2\} \notin \mathcal{F}$.

4. **Problema.** Sea Ω un conjunto no vacío y $\mathfrak{S}$ una familia de subconjuntos de Ω. Diremos que esta familia es σ-aditiva si satisface los siguientes axiomas:

  (i) $\Omega \in \mathfrak{S}$;

  (ii) Para todos $A, B \in \mathfrak{S}$ disjuntos, se tiene $A \cup B \in \mathfrak{S}$;

  (iii) Para todos $A, B \in \mathfrak{S}$, tales que $B \subset A$, se tiene $A \setminus B \in \mathfrak{S}$;

  (iv) Si $(A_n)_{n \in \mathbb{N}}$ es una sucesión creciente de elementos de $\mathfrak{S}$, entonces $\bigcup_{n \in \mathbb{N}} A_n \in \mathfrak{S}$.

  (a) Probar que toda familia $\mathcal{C}$ de partes de Ω está incluida en una menor colección σ–aditiva que se denota $\mathfrak{S}(\mathcal{C})$.

> **Solución:** Sea $\mathcal{C}$ una familia de partes de Ω cualquiera. Es claro que la intersección de una colección cualquiera de familias σ-aditivas es también σ-aditiva. Basta tomar entonces
>
> $$
> \mathfrak{S}(\mathcal{C}) = \bigcap \{\mathfrak{S} : \mathcal{C} \subset \mathfrak{S}, \text{ and } \mathfrak{S} \ \sigma - \text{aditiva}\}.
> $$

  (b) Probar que si $\mathcal{C}$ es estable para intersecciones finitas, entonces $\mathfrak{S}(\mathcal{C})$ es la tribu generada por $\mathcal{C}$, $\sigma(\mathcal{C})$. [Indicación: Probar primero que $\{A \in \mathfrak{S}(\mathcal{C}) : A \cap B \in \mathfrak{S}(\mathcal{C}), \forall B \in \mathcal{C}\} = \mathfrak{S}(\mathcal{C})$; luego que $\{A \in \mathfrak{S}(\mathcal{C}) : A \cap B \in \mathfrak{S}(\mathcal{C}), \forall B \in \mathfrak{S}(\mathcal{C})\} = \mathfrak{S}(\mathcal{C})$].

> **Solución:** Comencemos por observar que dados los axiomas de una familia σ-aditiva, para que ella sea tribu basta que sea estable por intersecciones finitas.
>
> Enseguida, la familia $\{A \in \mathfrak{S}(\mathcal{C}) : A \cap B \in \mathfrak{S}(\mathcal{C}), \forall B \in \mathcal{C}\}$ es σ-aditiva. Si $\mathcal{C}$ es estable para intersecciones finitas, entonces
>
> $$
> \mathcal{C} \subset \{A \in \mathfrak{S}(\mathcal{C}) : A \cap B \in \mathfrak{S}(\mathcal{C}), \forall B \in \mathcal{C}\}
> $$

y se tiene $\mathfrak{S}(\mathcal{C}) = \{A \in \mathfrak{S}(\mathcal{C}) : A \cap B \in \mathfrak{S}(\mathcal{C}), \forall B \in \mathcal{C}\}$.

Se obtiene luego inmediatamente que $\{A \in \mathfrak{S}(\mathcal{C}) : A \cap B \in \mathfrak{S}(\mathcal{C}), \forall B \in \mathfrak{S}(\mathcal{C})\}$ es una familia σ-aditiva que contiene a $\mathcal{C}$, de donde

$$\mathfrak{S}(\mathcal{C}) = \{A \in \mathfrak{S}(\mathcal{C}) : A \cap B \in \mathfrak{S}(\mathcal{C}), \forall B \in \mathfrak{S}(\mathcal{C})\},$$

lo que significa que $\mathfrak{S}(\mathcal{C})$ es cerrada para la intersección finita y es, por lo tanto, una tribu.

(c) Si $\Omega = \mathbb{R}$ y $\mathcal{C}$ es el conjunto de los intervalos abiertos, estudiar $\mathfrak{S}(\mathcal{C})$.

Solución: Si $\Omega = \mathbb{R}$ y $\mathcal{C}$ es la familia de los intervalos abiertos, entonces, según lo anterior, $\mathfrak{S}(\mathcal{C})$ es una tribu y ella debe contener necesariamente a los borelianos pues contiene a los intervalos abiertos.

Recíprocamente, la tribu boreliana es σ-aditiva y contiene a los intervalos abiertos. Luego contiene a $\mathfrak{S}(\mathcal{C})$ y esta última familia coincide con la tribu boreliana.

UNIVERSIDAD CATÓLICA DE CHILE   MAT2531-MAT253I

FACULTAD DE MATEMÁTICAS   T1-1er Semestre 2012

Interrogación 1 de Teoría de la Integración

Rolando Rebolledo

1. **Ejercicio.** Probar que la función

$$f(x) = \frac{1}{1 + x^2},$$

es integrable en el sentido de Riemann sobre $[0, 1]$ y calcule su integral. Encontrando particiones apropiadas y usando el valor de la integral calculado antes, pruebe que se tiene la igualdad

$$\lim_{n \to \infty} \sum_{k=1}^{n} \frac{n}{n^2 + k^2} = \frac{\pi}{4}.$$

Solución: Se trata de una función continua sobre $[0, 1]$, de modo que es integrable Riemann y su integral se puede calcular con el cambio de variables $x = \operatorname{tg} \theta$ donde θ varía sobre $[0, \pi/4]$. Queda

$$\int_0^1 f(x)dx = \int_0^{\pi/4} d\theta = \pi/4.$$

Tomando la sucesión de particiones definida por k/n, $k = 0, \ldots, n$ se llega a la conclusión.

2. **Ejercicio.** Utilizando integrales de Riemann de funciones escogidas de manera apropiada, encontrar los límites siguientes.

(a) $\lim_{n \to \infty} \left(\dfrac{1^k + 2^k + \ldots + n^k}{n^{k+1}} \right)$, $k \geq 0$.

Solución: Sea $k \geq 0$. Considerar la función continua $f(x) = x^k$, definida para $x \in [0, 1]$, cuya integral de Riemann es $\int_0^1 x^k dx = \dfrac{1}{k+1}$. Considerando particiones π_n de $[0, 1]$ con puntos j/n, para $j = 0, \ldots, n$, se tiene

$$\int_0^1 \overline{f}_{\pi_n}(x)dx = \sum_{j=1}^{n} \left(\sup_{\frac{j-1}{n} < x \leq \frac{j}{n}} f(x) \right) \frac{1}{n} = \frac{1^k + 2^k + \ldots + n^k}{n^{k+1}}.$$

252

Luego,

$$\lim_{n\to\infty}\left(\frac{1^k+2^k+\ldots+n^k}{n^{k+1}}\right)=\frac{1}{k+1}.$$

(b) $\lim_{n\to\infty}\left(f(\frac{1}{n})f(\frac{2}{n})\ldots f(\frac{n}{n})\right)^{1/n}$, donde f es una función continua, estrictamente positiva.

Solución: Dado que f es una función continua, estrictamente positiva, su logaritmo es también una función continua sobre $[0,1]$. Luego, es integrable en el sentido de Riemann. Tomando particiones de paso $1/n$ en $[0,1]$, la integral de $log f(x)$ sobre $[0,1]$ es límite de las sumas de Riemann

$$\frac{1}{n}\sum_{k=1}^{n}\log f\left(\frac{k}{n}\right).$$

Luego, la exponencial de esta suma verifica

$$lim_{n\to\infty}\left(f\left(\frac{1}{n}\right)f\left(\frac{2}{n}\right)\ldots f\left(\frac{n}{n}\right)\right)^{1/n}=\exp\left(\int_0^1\log f(x)dx\right).$$

3. **Ejercicio.** Sea $(\Omega,\mathcal{F})$ un espacio medible y $f:\Omega\to\mathbb{R}^+$ una función medible. Se designa por $[x]$ la parte entera de $x\in\mathbb{R}$. Para todo $n\in\mathbb{N}$, sea

$$\theta_n(\omega):=\left\{\begin{array}{l}[f(\omega)2^n]/2^n,\ \text{si } \omega\in\{f<n\};\\ n,\ \text{si } \omega\in\{f\geq n\}.\end{array}\right.$$

1. Probar que θ_n es una aplicación medible para cada $n\in\mathbb{N}$.

Solución: La función $g:\ x\mapsto[x]$ se escribe como un límite puntual de funciones simples y es, en consecuencia, medible. En efecto, sea

$$g_n=\sum_{k=1}^{n}1_{[k,\infty[},$$

se tiene claramente $g(x)=[x]=\lim_n g_n(x)$ para todo $x\in\mathbb{R}^+$. Enseguida,

$$\theta_n=\frac{1}{2^n}g(2^n f(\cdot))1_{\{f<n\}}+n1_{\{f\geq n\}},$$

es medible por ser suma y composición de funciones medibles.

2. Probar que $(\theta_n)_{n\in\mathbb{N}}$ es una sucesión creciente que converge simplemente hacia f.

Solución: Sea $\omega \in \Omega$. Si $\omega \in \{f \geq n\}$ se tiene trivialmente $f(\omega) \geq \theta_n(\omega)$. Y también, $\theta_n(\omega) \leq \theta_{n+1}(\omega)$ para todo $n \in \mathbb{N}$, dado que g es creciente y se tiene para todo real x y todo entero N, $N[x] \leq [Nx]$, luego,

$$2[f(\omega)2^n] \leq [f(\omega)2^{n+1}],$$

y multiplicando esta desigualdad por 2^n resulta

$$2^{n+1}[f(\omega)2^n] \leq 2^n[f(\omega)2^{n+1}].$$

Por otra parte, dado $\omega \in \Omega$ y $\epsilon > 0$, se puede escoger $n > f(\omega)$ y tal que $2^{-n} < \epsilon$, entonces

$$\frac{[2^n f(\omega)]}{2^n} \leq f(\omega) < \frac{[2^n f(\omega)] + 1}{2^n},$$

de donde

$$0 < f(\omega) - \theta_n(\omega) < 2^{-n} < \epsilon.$$

Luego, la sucesión $(\theta_n)_{n\in\mathbb{N}}$ converge simplemente hacia f.

3. Probar que si f es acotada, entonces $(\theta_n)_{n\in\mathbb{N}}$ converge uniformemente a f.

Solución: Sea $M = \sup_{\omega\in\Omega} f(\omega)$. Dado $\epsilon > 0$, basta escoger $n_0 > M$ y tal que $2^{-n_0} < \epsilon$. Entonces, usando las desigualdades de la pregunta anterior, se tiene para todo $n \geq n_0$,

$$\sup_{\omega\in\Omega} |f(\omega) - \theta_n(\omega)| < 2^{-n} < \epsilon.$$

4. **Problema.** Considerar el intervalo $\Omega = [0, 1]$

(a) Sea $e_n(x) := x^n$, ($n \in \mathbb{N}$, $x \in [0, 1]$). Fijando $n \in \mathbb{N}$, analice bajo qué condiciones un subconjunto $A \subset \Omega$ pertenece a $\sigma(e_n)$, la tribu generada por e_n. Demostrar que $f : [0, 1] \to \mathbb{R}$ es $\sigma(e_n)/\mathcal{B}(\mathbb{R})$–medible si y sólo si existe una función boreliana g tal que $f = g \circ e_n$.

Solución: Notar que $A \subset \Omega$ pertenece a $\sigma(e_n)$ si y sólo si es de la forma $e_n^{-1}(B)$, donde B es un boreliano de $\mathbb{R}$. Es decir,

$$1_A = 1_{e_n^{-1}(B)} = 1_B \circ e_n.$$

La propiedad se extiende por linealidad a toda función simple $f = \sum_{i\in I} a_i 1_{A_i} = \sum_{i\in I} a_i 1_{B_i} \circ e_n = \left(\sum_{i\in I} a_i 1_{B_i}\right) \circ e_n$. Luego, dada una función positiva f, $\sigma(e_n)$-medible, ella es límite monótono de funciones simples f_m. Para cada $m \in \mathbb{N}$, existe

g_m función boreliana simple tal que $f_m = g_m \circ e_n$. El límite monótono de las funciones g_m, sea g, es una función boreliana positiva y se tiene en consecuencia que $f = g \circ e_n$. Recíprocamente, si $f = g \circ e_n$ con g boreliana positiva, entonces f es $\sigma(e_n)$-medible.

Finalmente, si f es una función con signo cualquiera, basta descomponer $f = f^+ - f^-$, se aplica la propiedad ya demostrada para las funciones positivas a las funciones $f^{\pm}$ y luego se razona por linealidad.

(b) Sea $\mathfrak{P}$ (respectivamente $\mathfrak{C}$) el álgebra de todos los polinomios (resp. funciones continuas) sobre $[0, 1]$. Demostrar que $\sigma(\mathfrak{P}) = \sigma(\mathfrak{C})$.

Solución: Dado que los polinomios son funciones continuas sobre $[0, 1]$, es decir $\mathfrak{P} \subset \mathfrak{C}$, se tiene que $\sigma(\mathfrak{P}) \subset \sigma(\mathfrak{C})$.

Recíprocamente, sea f una función continua sobre $[0, 1]$. Por el Teorema de Bolzano-Weierstrass, ella es límite uniforme de una sucesión de polinomios, luego, es $\sigma(\mathfrak{P})$-medible. En consecuencia, $\sigma(\mathfrak{C}) \subset \sigma(\mathfrak{P})$ y las dos tribus coinciden.

(c) Concluir que
$$\mathcal{B}([0, 1]) = \sigma(\mathfrak{C}) = \sigma(\mathfrak{P}) = \sigma(e_n; \ n \in \mathbb{N}).$$

Solución: Cada e_n pertenece a $\mathfrak{P}$, luego $\sigma(e_n; \ n \in \mathbb{N}) \subset \sigma(\mathfrak{P})$. Por otra parte, todo polinomio se escribe como una combinación lineal finita (en los índices n) de monomios de la forma e_n. Luego, cada polinomio es $\sigma(e_n; \ n \in \mathbb{N})$-medible. En consecuencia,
$$\sigma(\mathfrak{C}) = \sigma(\mathfrak{P}) = \sigma(e_n; \ n \in \mathbb{N}).$$

Finalmente, las funciones continuas son borelianas y se tiene $\sigma(\mathfrak{C}) \subset \mathcal{B}([0, 1])$. Dado un intervalo cerrado F de $[0, 1]$, y $\epsilon > 0$, sea
$$\varphi_\epsilon(x) = \begin{cases} 1, \text{ si } x \in F \\ \text{lineal si } x \in \overline{F}^\epsilon \setminus F \\ 0, \text{ si } x \in [0, 1] \setminus \overline{F}^\epsilon, \end{cases}$$

donde $\overline{F}^\epsilon = \{x \in [0, 1] : \inf_{y \in F} |x - y| \leq \epsilon\}$. Esta es una función continua que vale 1 en F. Luego $F = \varphi_\epsilon^{-1}(\{1\})$ es $\sigma(\mathfrak{C})$-medible y se tiene $\mathcal{B}([0, 1]) \subset \sigma(\mathfrak{C})$, luego
$$\mathcal{B}([0, 1]) = \sigma(\mathfrak{C}) = \sigma(\mathfrak{P}) = \sigma(e_n; \ n \in \mathbb{N}).$$

PONTIFICIA UNIVERSIDAD CATÓLICA DE CHILE   MLM2532
FACULTAD DE MATEMÁTICAS   I2-2007/1

Teoría de la Integración
Segunda interrogación

7 de mayo 2007

1. **Ejercicio.** En la topología usual de $\mathbb{R}$ todo abierto puede escribirse como reunión numerable de intervalos abiertos disjuntos dos a dos. Sea $u : \mathbb{R} \to \mathbb{R}$ una función localmente integrable con respecto a la medida de Lebesgue, $u \neq 0$ sobre un conjunto no despreciable de $\mathbb{R}$. Probar que existe un intervalo abierto I de $\mathbb{R}$ tal que $\int_I u d\lambda \neq 0$.

> **Solución:** Supongamos $u \neq 0$ sobre un subconjunto no despreciable de $]0,1[$ y que se tenga $\int_I u d\lambda = 0$ para todo intervalo abierto I contenido en $]0,1[$. Pero entonces, como u es integrable sobre $]0,1[$, la propiedad también es válida para todos los abiertos de $]0,1[$ y luego, para todo boreliano del mismo conjunto. Sea entonces $\epsilon > 0$ y $A_\epsilon = \{x \in I : u(x) > \epsilon\}$. Se tiene:
>
> $$0 = \int_{A_\epsilon} u d\lambda \geq \epsilon \lambda(A_\epsilon),$$
>
> luego $\lambda(A_\epsilon) = 0$. Sea $A_+ = \{x \in I : u(x) > 0\}$, entonces $A_+ = \bigcup_{n \geq 1} A_{1/n}$ es de medida nula. Procediendo de manera similar, se prueba que el conjunto $A_- = \{x \in I : u(x) < 0\}$ es de medida nula. Es decir $\{u \neq 0\} \cap I$ es de medida nula para todo subintervalo I de $]0,1[$, contradiciendo la hipótesis sobre u. Luego, existe un intervalo abierto I tal que $\int_I u d\lambda \neq 0$.

2. **Ejercicio.** Sobre $[0,1]$ se considera la siguiente función φ:

$$\varphi(x) = \begin{cases} 0, & \text{si } x \in [0,1] \setminus \mathbb{Q}^*, \\ \frac{1}{q}, & \text{si } x = \frac{p}{q}, \end{cases}$$

donde p/q es la descomposición irreducible de $x \in \mathbb{Q}^*$ (racionales > 0).

Probar que φ es Riemann-integrable estudiando su continuidad y calcular su integral de Lebesgue $\int_{[0,1]} \varphi d\lambda$.

Solución: Comenzamos por estudiar la continuidad de φ. Si x es irracional, entonces, para todo $\epsilon > 0$, existe $n \in \mathbb{N}^*$, tal que $1/n \leq \epsilon$. El conjunto de los enteros p, q tales que $p \leq q \leq n$ es finito y por consiguiente, el conjunto de los racionales de $[0, 1]$ cuya descomposición irreductible es p/q con $q \leq n$ es finito. Llamamos A_n este conjunto. Sea $2\delta = \text{ínf}(A_n \cap]x, 1]) - \sup(A_n \cap [0, x[)$. Entonces si $|x - x'| \leq \delta$ se tiene:

$$\begin{cases} \text{si } x' \in [0, 1] \setminus \mathbb{Q}^*, \ |\varphi(x) - \varphi(x')| = 0 \leq \epsilon, \\ \text{si } x' \in [0, 1] \cap \mathbb{Q}^*, \ |\varphi(x) - \varphi(x')| = \varphi(x') = \frac{1}{m} \leq \frac{1}{n} \leq \epsilon, \end{cases}$$

de donde resulta la continuidad de φ en x.

Si x es racional, $\varphi(x) = 1/q$ para un entero q y si se toma $\epsilon = 1/2q$, entonces para todo $\delta > 0$ existe un irracional x' tal que $|x - x'| \leq \delta$ y $|\varphi(x) - \varphi(x')| = 1/q > \epsilon$. Luego, φ no es continua sobre los puntos racionales de $[0, 1]$.

Como $\mathbb{Q}$ es de medida de Lebesgue nula, resulta que φ es continua λ-c.t.p. sobre $[0, 1]$ y es además acotada, luego es Riemann-integrable y su integral coincide con la de Lebesgue. Y como $\varphi = 0$ λ-c.t.p., se tiene $\int_{[0,1]} \varphi d\lambda = 0$.

3. **Problema.** Considerar el espacio de Lebesgue $(\mathbb{R}^d, \overline{\mathcal{B}(\mathbb{R}^d)}, \lambda)$, donde hemos escrito la medida de Lebesgue producto $\lambda^{\otimes d}$ simplemente λ, para abreviar. Dados $A, B \subset \mathbb{R}^d$ se define

$$\varphi_{A,B}(x) = \lambda^*\left(A \cap (B + x)\right),$$

$x \in \mathbb{R}^d$.

(a) Probar que $\varphi_{A,B}$ es continua en los casos siguientes:

   1. Si A es medible y $\lambda(A) < \infty$, B abierto y $\lambda(B) < \infty$, reduciendo el problema a demostrar la continuidad en 0 de $\varphi_{A,B'}$ con B' abierto de medida finita y deduciendo en particular que

$$\lambda((B' + x) \setminus B') \to 0,$$

si $\|x\| \to 0$;

Solución: Sea $x_0 \in \mathbb{R}$ y $B' = B + x_0$. Entonces B' es abierto y por la invariancia a las traslaciones de la medida de Lebesgue,

$$\lambda(B) = \lambda(B'),$$

y la continuidad de $\varphi_{A,B}$ en x_0 equivale a la de $\varphi_{A,B'}$ en 0. Sea $y \in B'$ entonces B' contiene una esfera de centro y, lo que implica que $y \in B' + x$ para x

suficientemente pequeño. Luego, $1_{B'\cap(B'+x)} \to 1_{B'}$ si $\|x\| \to 0$ y la medida de B' es finita, luego la función límite es integrable y domina a la otra familia. Se tiene en consecuencia $\lambda(B' \cap (B' + x)) \to \lambda(B')$ si $\|x\| \to 0$ (si se usa el Teorema de Convergencia Dominada, x puede ser tomado variando sobre $\mathbb{R}^d$ directamente; si se usan las propiedades de la medida simplemente, conviene razonar sobre sucesiones cualesquiera de vectores x con componentes racionales). Enseguida, como la medida de Lebesgue es invariante para traslaciones, $\lambda(B' + x) = \lambda(B')$ y $\lambda(B' + x) = \lambda((B' + x) \cap B') + \lambda((B' + x) \setminus B')$. De aquí resulta $\lambda((B' + x) \setminus B') = \lambda(B') - \lambda((B' + x) \cap B')$ tiende a 0 si $\|x\| \to 0$. Como B' es abierto, el mismo razonamiento anterior puede ser usado para probar que $1_{A\cap B'\cap(B'+x)}(y) \to 1_{A\cap B'}(y)$ si $y \in A \cap B'$ y $\|x\| \to 0$. Además la medida de $A\cap B'$ es finita, luego el límite es una función integrable que además domina a las otras funciones características. Luego, $\lambda(A \cap B' \cap (B' + x)) \to \lambda(A \cap B')$ cuando $\|x\| \to 0$.
Enseguida,

$$\lambda\left(A \cap (B' + x) \setminus B'\right) \le \lambda\left((B' + x) \setminus B'\right),$$

que tiende a 0 si $\|x\| \to 0$. De aquí resulta la continuidad en 0 de la aplicación $\varphi_{A,B'}$.

2. Si A y B son medibles y de medidas finitas, utilizando la regularidad de λ que se deriva del Teorema de Carathéodory: para todo conjunto medible B de medida finita y todo $\epsilon > 0$ existe un abierto G que contiene a B tal que $\lambda(G \setminus B) < \epsilon$.

Solución: En este caso, $\varphi_{A,B}$ es límite uniforme de una sucesión de funciones continuas φ_{A,G_n}, donde los abiertos G_n se escogen de modo de tener $B \subset G_n$ y $\lambda(G_n \setminus B) < 1/2^n$, para todo $n \in \mathbb{N}$. En efecto, con esa elección se tiene $0 \le \varphi_{A,G_n} - \varphi_{A,B} \le 1/2^n$ para todo $n \in \mathbb{N}$.

3. Si A y B son medibles y uno de ellos es acotado.

Solución: Como $\varphi_{A,B}(x) = \varphi_{B,A}(-x)$ la hipótesis de acotación se puede hacer indistintamente sobre A ó sobre B. Supongamos B acotado y probemos la continuidad en 0. Para eso basta mostrar que se puede reemplazar A por un conjunto de medida finita. Pero, como B es acotado, resulta lo mismo para el conjunto $A\cap(B+\{y:\ \|y\| \le 1\}) = A'$ y claramente $A\cap(B+x) = A'\cap(B+x)$ para $\|x\| \le 1$.

(b) Recordando que todo límite creciente de funciones continuas es una función semicontinua inferior, probar que $\varphi_{A,B}$ es una función de ese tipo en el caso en que A y B son medibles cualesquiera.

Solución: Sea $(K_n)_{n\in\mathbb{N}}$ un recubrimiento creciente de $\mathbb{R}^d$. Se tiene $\varphi_{A,B}(x) = \lim_n \uparrow \varphi_{A\cap K_n,B}(x)$, de donde se obtiene la propiedad de semi-continuidad usando (a.3) anterior.

(c) En el caso $d = 1$, considerar el conjunto $A = \bigcup_{n\in\mathbb{N}} \,]n, n+\frac{1}{n}[$. Estudiar la continuidad de $\varphi_{A,A}$ en 0. A la luz de este resultado, ¿puede ser $\varphi_{A,B}$ una función continua en general cuando A y B son medibles de medida infinita?

Solución: Para mostrar que $\varphi_{A,A}$ no es continua, observar que

$$\varphi_{A,A}(0) = \sum_n \frac{1}{n} = +\infty;$$

y para $0 < \epsilon < 1$,

$$\varphi_{A,A}(\epsilon) = \lambda\left(\bigcup_{n\geq 1}\left]n, n+\frac{1}{n}\right[\bigcap\left]n+\epsilon, n+\frac{1}{n}+\epsilon\right[\right)$$

$$= \sum_{\epsilon<\frac{1}{n}}\left(\frac{1}{n}-\epsilon\right) < \infty.$$

De manera similar, $\varphi_{A,A}(-\epsilon) < +\infty$ para $0 < \epsilon < 1$, de modo que $\varphi_{A,A}$ no es continua en 0.

(d) Sea A medible, de medida estrictamente positiva. Probar que

$$A - A = \{x - y :\ x, y \in A\}$$

contiene una vecindad de 0. [Usar la propiedad de que para toda función semi-continua inferior h el conjunto $\{x : h(x) > a\}$ es abierto en $\mathbb{R}$ para todo $a \in \mathbb{R}$].

Solución: Es claro que $z \in A - A$ si y sólo si $A \cap (A + z) \neq \emptyset$. En particular $z \in A - A$ si $\varphi_{A,A}(z) \neq 0$. Ahora bien, $\varphi_{A,A}(0) > 0$ y como se trata de una función semi-continua inferior, existe una vecindad abierta V de 0 tal que $z \in V$ implique $\varphi_{A,A}(z) > 0$ y en consecuencia, $V \subset A - A$.

UNIVERSIDAD CATÓLICA DE CHILE   MAT2531-MAT253I
FACULTAD DE MATEMÁTICAS   I 2-1er Semestre 2012

Interrogación 2 de Teoría de la Integración

Rolando Rebolledo

1. **Ejercicio.** Sea $(f_n)_{n\in\mathbb{N}}$ una sucesión de funciones crecientes medibles definidas sobre el intervalo $]a,b[$. Probar que si f_n converge en medida de Lebesgue hacia f, entonces $f_n(x) \to f(x)$ en cada punto $x \in]a,b[$ en que f sea continua.

[**Indicación**: Suponer que existe un punto de continuidad x_0 de f tal que $f_n(x_0)$ no tienda a $f(x_0)$, es decir, existe $\epsilon > 0$ y una subsucesión f_{n_k} tal que $|f_{n_k}(x_0) - f(x_0)| > \epsilon$. Usando monotonía de las funciones de la sucesión y continuidad de f en x_0, probar que existe un $\delta > 0$ tal que

$$f_{n_k}(x) - f(x) > f_{n_k}(x_0) - f(x_0) - \frac{\epsilon}{2} > \frac{\epsilon}{2},$$

para $x_0 < x < x_0 + \delta.$]

Solución: Sea x_0 un punto de continuidad de f. Supongamos que $f_n(x_0)$ no tiende a $f(x_0)$. Existe entonces un $\epsilon > 0$ y una subsucesión $f_{n_k}(x_0)$ tal que $|f_{n_k}(x_0) - f(x_0)| > \epsilon$. De manera equivalente,

$$f_{n_k}(x_0) - f(x_0) > \epsilon, \text{ ó } f_{n_k}(x_0) - f(x_0) < -\epsilon. \tag{1}$$

Como f es continua en x_0, existe $\delta > 0$ tal que

$$f(x_0) - \frac{\epsilon}{2} < f(x) < f(x_0) + \frac{\epsilon}{2},$$

para todo punto x tal que $|x - x_0| < \delta$. Por monotonía de f_{n_k}, se tiene $f_{n_k}(x) \geq f_{n_k}(x_0)$ para $x > x_0$. En consecuencia, si el primer caso de (1) se verifica, entonces

$$f_{n_k}(x) - f(x) > f_{n_k}(x_0) - f(x_0) - \frac{\epsilon}{2} > \frac{\epsilon}{2},$$

para $x \in]x_0, x_0 + \delta[$. De esto se deduce

$$\lambda\left(\left\{x \in]a,b[: \; |f_{n_k}(x) - f(x)| > \frac{\epsilon}{2}\right\}\right) \geq \delta,$$

que contradice la convergencia en medida.

2. **Ejercicio.** Estudiar la continuidad y la derivabilidad de la función

$$t \mapsto F(t) = \int_0^\infty \frac{e^{-tx^2}}{1+x^2}dx.$$

Deducir la relación

$$F' - F = -\frac{\sqrt{\pi}}{2\sqrt{t}}$$

y usarla para probar que $F(t)$ se escribe en la forma

$$F(t) = \frac{\pi}{2}e^t\left(1 - \Theta(\sqrt{t})\right),$$

donde

$$\Theta(t) = \frac{2}{\sqrt{\pi}}\int_0^t e^{-s^2}ds.$$

Solución: La función $f(t,x) = \dfrac{e^{-tx^2}}{1+x^2}$ es de clase C^∞ en la variable t. Además, $0 \leq f(t,x) \leq g(x) := 1/(1+x^2)$ y g es una función integrable sobre $[0,\infty[$. De aquí resulta que, dado t y escogiendo una vecindad $V =]a,b[$ de t, se tiene también que

$$\left|\frac{\partial f(t,x)}{\partial t}\right| \leq h(x) := \exp(-ax^2),$$

que es también una función integrable, para todo $t \in V$.

Luego, usando el teorema de derivación bajo la integral, obtenido por aplicación del Teorema de Convergencia Dominada de Lebesgue, se tiene que F es derivable y

$$F'(t) = \int_0^\infty \frac{\partial f}{\partial t}(t,x)dx = -\int_0^\infty \frac{x^2 e^{-tx^2}}{1+x^2}dx.$$

En consecuencia,

$$F' - F == -\int_0^\infty e^{-tx^2}dx.$$

Haciendo el cambio de variables $u = x\sqrt{t}$ y usando que $\int_0^\infty \exp(-u^2)du = \sqrt{\pi}/2$, se obtiene

$$F' - F = -\frac{\sqrt{\pi}}{2\sqrt{t}}.$$

Esta es una ecuación diferencial lineal no homogénea en F, cuya función de Green es $G(s,t) = \exp(t-s)$, de modo que

$$F(t) = F(0)G(t,0) - \int_0^t G(t,s)\frac{\sqrt{\pi}}{2\sqrt{s}}ds.$$

En nuestro caso $F(0) = \int_0^\infty \frac{1}{1+x^2}dx = \frac{\pi}{2}$. Y por otra parte,

$$\int_0^t G(t,s)\frac{\sqrt{\pi}}{2\sqrt{s}}ds = e^t \int_0^t e^{-s}\frac{\sqrt{\pi}}{2\sqrt{s}}ds.$$

Si se hace el cambio de variables $u = \sqrt{s}$, se obtiene

$$\int_0^t G(t,s)\frac{\sqrt{\pi}}{2\sqrt{s}}ds = e^t \sqrt{\pi} \int_0^{\sqrt{t}} e^{-u^2}du.$$

Luego, introduciendo la función Θ, se concluye

$$F(t) = \frac{\pi}{2}e^t\left(1 - \Theta(\sqrt{t})\right).$$

3. **Problema.** Sea $0 < r < 1$. Se define el núcleo de Poisson en la forma:

$$P_r(\theta) = 1 + 2\sum_{n=1}^{\infty} r^n \cos(n\theta) = \frac{1-r^2}{1 - 2r\cos\theta + r^2}.$$

(a) Probar que $r^2 + (1-2r)\cos\theta \geq 0$ si $0 \leq \theta \leq \pi$ y $\frac{1}{2} \leq r \leq 1$. Deducir que

$$\theta^2 P_r(\theta) \leq \frac{(1-r^2)\theta^2}{1-\cos\theta},$$

y evaluar el límite

$$\lim_{r\to 1}\int_0^\pi \theta^2 P_r(\theta)d\theta. \tag{2}$$

Solución: Sea $F(r,\theta) = r^2 + (1-2r)\cos\theta$, definida sobre $[1/2,1] \times [0,\pi]$. Calculando el gradiente $\nabla F(r,\theta)$ se tiene

$$\nabla F(r,\theta) = \begin{pmatrix} 2(r - \cos\theta) \\ (2r-1)\operatorname{sen}\theta \end{pmatrix},$$

y se observa que esta función tiene dos puntos críticos $(1/2, \text{Arc}\cos(1/2))$ y $(1,0)$. Un estudio local muestra que el primero es un máximo y el segundo, un mínimo. Además, la función $F(1,0) = 0$, luego se cumple $r^2 + (1 - 2r)\cos\theta \geq 0$ en el dominio considerado.

De esa desigualdad se deduce que $1 - 2r\cos\theta + r^2 \geq 1 - \cos\theta$, luego

$$\theta^2 P_r(\theta) = \theta^2 + 2\sum_{n=1}^{\infty} \theta^2 r^n \cos(n\theta) = \frac{\theta^2(1 - r^2)}{1 - 2r\cos\theta + r^2} \leq \frac{(1 - r^2)\theta^2}{1 - \cos\theta},$$

En consecuencia, $\theta^2 P_r(\theta) \leq g(\theta)$, donde g es la función $\theta \mapsto \frac{\pi^2}{4(1-\cos\theta)}$ que es integrable sobre $[0, \pi]$. Como $\theta^2 P_r(\theta) \to 0$ si $r \to 1$, se tiene

$$\lim_{r\to 1} \int_0^{\pi} \theta^2 P_r(\theta) d\theta = 0.$$

(b) Probar que

$$\int_0^{\pi} \theta^2 P_r(\theta) d\theta = \frac{\pi^3}{3} + 4\pi \sum_{n=1}^{\infty} \frac{(-r)^n}{n^2},$$

y usar ese resultado para encontrar otra expresión del límite (2).

Solución: En primer lugar, las funciones continuas $f_n(r,\theta) = r^n\theta^2 \cos(n\theta)$ son integrables en la variable θ sobre el intervalo $[0, \pi]$ y además

$$|f_n(r,\theta)| \leq r^n\theta^2,$$

y $\sum_{n=1}^{\infty} r^n = 1/(1 - r)$ para $r \in]0, 1[$. Luego, por el Teorema de Convergencia Dominada, se tiene

$$\int_0^{\pi} \sum_{n=1}^{\infty} f_n(r,\theta) d\theta = \sum_{n=1}^{\infty} \int_0^{\pi} f_n(r,\theta) d\theta.$$

Sea $n \geq 1$ fijo. La integral $\int_0^{\pi} \theta^2 \cos(n\theta) d\theta$ se calcula por partes:

$$\begin{aligned}
\int_0^{\pi} \theta^2 \cos(n\theta) d\theta &= -\frac{2}{n} \int_0^{\pi} \theta \operatorname{sen}(n\theta) d\theta \\
&= \frac{2\pi}{n^2} \cos(n\pi) \\
&= (-1)^n \frac{2\pi}{n^2}
\end{aligned}$$

Luego,

$$\int_0^\pi \theta^2 P_r(\theta)\,d\theta = \int_0^\pi \theta^2\,d\theta + 2\sum_{n=1}^{\infty}\int_0^\pi \theta^2 r^n \cos(n\theta)\,d\theta$$

$$= \frac{\pi^3}{3} + 4\pi \sum_{n=1}^{\infty} \frac{(-r)^n}{n^2}$$

(c) Usar los resultados anteriores para encontrar las sumas de las series siguientes:

(i) $\sum_{n=1}^{\infty} \dfrac{(-1)^n}{n^2}$;

(ii) $\sum_{n=1}^{\infty} \dfrac{1}{n^2}$ y

(iii) $\sum_{n=1}^{\infty} \dfrac{1}{(2n-1)^2}$.

Solución: Dado que la sucesión de funciones $r \mapsto \dfrac{(-r)^n}{n^2}$, para $r \in]0,1[$ están dominadas por $1/n^2$ que es una sucesión sumable, por aplicación del Teorema de Convergencia Dominada de Lebesgue, se tiene que

$$\lim_{r\to 1} \sum_{n=1}^{\infty} \frac{(-r)^n}{n^2} = \sum_{n=1}^{\infty} \frac{(-1)^n}{n^2}.$$

Usando lo probado en la parte (a) y el cálculo de la parte (b), se tiene la suma de la serie (i):

$$1 - \frac{1}{4} + \frac{1}{9} - \ldots = -\sum_{n=1}^{\infty} \frac{(-1)^n}{n^2} = \frac{\pi^2}{12}. \tag{3}$$

Llamando $S = \sum_{n=1}^{\infty} \dfrac{1}{n^2}$ y $S_1 = \sum_{n=1}^{\infty} \dfrac{1}{(2n-1)^2}$ observamos que

$$S = S_1 + \sum_{n=1}^{\infty} \frac{1}{(2n)^2}$$

$$= S_1 + \frac{1}{4} + \frac{1}{16} + \frac{1}{36} + \ldots$$

$$= S_1 + \frac{1}{4}\left(1 + \frac{1}{4} + \frac{1}{9} + \ldots\right)$$

$$= S_1 + \frac{1}{4}S.$$

Luego, $S_1 = \dfrac{3}{4}S$. Pero, por otra parte, de (3) se deduce

$$S_1 - \frac{1}{4}S = \frac{\pi^2}{12}.$$

Luego $S = \dfrac{\pi^2}{6}$ y $S_1 = \dfrac{\pi^2}{8}$, completando el cálculo de las series (i), (ii) y (iii).

PONTIFICIA UNIVERSIDAD CATÓLICA DE CHILE   MLM2532
FACULTAD DE MATEMÁTICAS   I3-2007/1

Teoría de la Integración
Tercera interrogación

11 de junio 2007

1. **Ejercicio.** Probar que la función f definida sobre $]0, \infty[$ por

$$f(x) = \int_0^\infty \frac{e^{-t^2 x}}{1 + t^2} dt,$$

es derivable y que es solución de una ecuación diferencial lineal de primer orden. Resolviendo esta ecuación, demostrar que

$$f(x) = \frac{\pi}{2} e^x (1 - \Psi(\sqrt{x})),$$

donde

$$\Psi(x) = \frac{2}{\sqrt{\pi}} \int_0^x e^{-u^2} du.$$

Solución: Sea $g(t, x) = e^{-t^2 x}/(1 + t^2)$. $g(\cdot, x)$ es una función integrable para todo $x \in]0, \infty[$ y $g(t, \cdot)$ es derivable con respecto a la variable x y su derivada parcial es

$$\frac{\partial g}{\partial x}(t, x) = -\frac{t^2 e^{-t^2 x}}{1 + t^2}.$$

Esta derivada es continua sobre $[0, \infty[\times [0, \infty[$, luego es $\partial g(\cdot, x)/\partial x$ es medible para todo $x \in [0, \infty[$. Mas aún,

$$\left| \frac{\partial g}{\partial x}(t, x) \right| \leq e^{-t^2 x},$$

que es integrable como función de t. Luego, por el Teorema de derivación bajo la integral, resulta

$$\frac{df}{dx}(x) = -\int_0^\infty \frac{t^2 e^{-t^2 x}}{1 + t^2} dt.$$

De lo anterior, haciendo la diferencia entre f y df/dx se deduce fácilmente que f es la única solución del problema con valores iniciales

$$\begin{cases} \dfrac{dy}{dx}(x) = y(x) - g(x), \\ y(0) = \frac{\pi}{2}, \end{cases} \tag{1}$$

donde $g(x) = \int_0^\infty e^{-t^2 x} dt = \frac{1}{2}\sqrt{\frac{\pi}{x}}$. Usando el método de variación de constantes, la solución de (1) se escribe

$$y(x) = \frac{\pi}{2}e^x - \int_0^x e^{(x-u)} g(u) du.$$

La última integral es equivalente a

$$e^x \sqrt{\pi} \int_0^x \frac{e^{-u}}{2\sqrt{u}} du.$$

Y el cambio de variables $v = \sqrt{u}$ muestra que ella es igual a $\dfrac{\pi}{2}e^x \Psi(\sqrt{x})$. Luego,

$$f(x) = \frac{\pi}{2}e^x (1 - \Psi(\sqrt{x})).$$

2. **Ejercicio.** Se define una función $f : \mathbb{R}^2 \to \mathbb{R}$ por la expresión:

$$f(x,y) = \begin{cases} \frac{1}{(x+1)^2}, & \text{si } x > 0 \text{ y } x < y \leq 2x, \\ -\frac{1}{(x+1)^2}, & \text{si } x > 0 \text{ y } 2x < y \leq 3x, \\ 0, & \text{si } x > 0 \text{ e } y \notin\,]x, 3x], \\ 0, & \text{si } x \leq 0. \end{cases}$$

(a) Probar que esta función es Borel-medible sobre el espacio producto, que para todo $y \in \mathbb{R}$, $f(\cdot, y)$ es integrable con respecto a la medida de Lebesgue sobre $\mathbb{R}$, que asimismo, $f(x, \cdot)$ es integrable-Lebesgue sobre $\mathbb{R}$ para todo $x \in \mathbb{R}$.

Solución: Se trata de una función que es continua salvo un número finito de puntos y es, por lo tanto, Borel medible.

Verifiquemos la integrabilidad de $f(\cdot, y)$, para y fijo en $\mathbb{R}$. Un análisis de las restricciones en la definición de f muestra que

$$f(\cdot, y) = \frac{1}{(x+1)^2} \left(1_{[y^+/2, y^+[} - 1_{[y^+/3, y^+/2[} \right),$$

que es una función integrable sobre $\mathbb{R}$ cuya integral (que coincide con la de Riemann en cada uno de los intervalos antes anotados) es, para cada $y \in \mathbb{R}$,

$$\varphi(y) = \frac{4}{y^+ + 2} - \frac{3}{y^+ + 3} - \frac{1}{y^+ + 1}.$$

Por su parte, $f(x, \cdot)$ se escribe

$$f(x, \cdot) = \frac{1}{(x+1)^2} \left(1_{[x^+, 2x^+[} - 1_{[2x^+, 3x^+[} \right),$$

que es también integrable. En este caso su integral es $\psi(x) = 0$, para todo $x \in \mathbb{R}$.

(b) Determinar, calculando las integrales, las funciones

$$\varphi(y) = \int_{\mathbb{R}} f(x,y)dx, \quad \psi(x) = \int_{\mathbb{R}} f(x,y)dy,$$

y probar que ambas funciones son integrables en el sentido de Lebesgue sobre $\mathbb{R}$.

Solución: Como se calculó previamente, $\varphi(y) = \dfrac{4}{y^+ + 2} - \dfrac{3}{y^+ + 3} - \dfrac{1}{y^+ + 1} = \dfrac{2y^+}{(y^+ + 1)(y^+ + 2)(y^+ + 3)}$. Esta es una función positiva sobre $\mathbb{R}$: su integral se reduce a una integral sobre $[0, \infty[$ y un cálculo elemental nos da, sobre cada intervalo $[0, a]$,

$$\int_{[0,a]} \varphi d\lambda = \log\left(\frac{(a+2)^4}{(a+1)(a+3)^3} \frac{3^3}{2^4} \right).$$

Usando el Teorema de la Convergencia Monótona, el límite en $a \to \infty$ de la expresión anterior nos da el valor de la integral de φ sobre todo $[0, \infty[$ que es $\int_{\mathbb{R}} \varphi d\lambda = \log(3^3/2^4)$.

En el caso de la función constante $\psi(x) = 0$, ella es trivialmente integrable.

(c) Probar que $\int_{\mathbb{R}} \varphi d\lambda \neq \int_{\mathbb{R}} \psi d\lambda$ y explicar por qué el Teorema de Fubini no es aplicable en este caso.

Solución: Como se calculó en la parte anterior, $\int_{\mathbb{R}} \varphi d\lambda = \log(3^3/2^4) \neq 0 = \int_{\mathbb{R}} \psi d\lambda$. Las integrales iteradas son diferentes porque la función f no es integrable sobre $\mathbb{R}^2$. En efecto, f no es positiva y si se toma su valor absoluto $|f|$, se observa que

$$|f(x, \cdot)| = \frac{1}{(x+1)^2} \left(1_{[x^+, 2x^+[} + 1_{[2x^+, 3x^+[} \right),$$

de donde su integral en y es ahora

$$\int_{\mathbb{R}} |f(x,y)|\, dy = \frac{2x^+}{(x+1)^2},$$

y la integral de esta función de x sobre $\mathbb{R}$, si bien se reduce a una integral sobre el eje positivo, no nos da un número finito. En efecto, sobre cada intervalo $[0,a]$ se tiene

$$\int_{[0,a]} \left(\int_{\mathbb{R}} |f(x,y)|\, dy \right) dx = \log(a+1)^2 + 1 - \frac{1}{a+1},$$

que tiende a $+\infty$ si $a \to \infty$. Aplicando nuevamente el Teorema de Convergencia Monótona, se obtiene que la integral de $|f|$ es $+\infty$ sobre $\mathbb{R}^2$. Luego f no es integrable sobre dicho espacio y el Teorema de Fubini no se aplica.

3. **Ejercicio.** Sea $\Delta =]0,1[\times]0,1[\times] - \pi, \pi[$ y sea $\varphi : \mathbb{R}^3 \to \mathbb{R}^3$ la aplicación definida por $\varphi(u,v,w) = (u, uv \cos w, v \operatorname{sen} w)$.

Probar que φ es un C^1-difeomorfismo de Δ sobre su imagen $\varphi(\Delta)$ y calcular su volumen $\lambda(\varphi(\Delta))$.

Solución: Las aplicaciones componentes de φ son de clase C^1 sobre el dominio abierto Δ. Por otra parte, la matriz Jacobiana es

$$\begin{pmatrix} 1 & v \cos w & 0 \\ 0 & u \cos w & \operatorname{sen} w \\ 0 & -uv \operatorname{sen} w & v \cos w \end{pmatrix},$$

cuyo determinante (o Jacobiano) es $J_\varphi(u,v,w) = uv$ y no se anula sobre Δ, pues es estrictamente positivo en ese dominio. Luego, φ es un C^1-difeomorfismo de Δ sobre $\varphi(\Delta)$. Por el Teorema de Cambio de Variables en la integral de Lebesgue, resulta que el volumen solicitado es

$$\lambda(\varphi(\Delta)) = \int_{\Delta} |J_\varphi|\, d\lambda^{\otimes 3} = \int_0^1 u\, du \int_0^1 v\, dv \int_{-\pi}^{\pi} dw = \frac{\pi}{2}.$$

4. **Problema.** Se considera el espacio de medida $([0,1], \mathcal{B}([0,1]), \lambda)$. Cada número natural $n \geq 1$ se descompone de manera única en la forma $n = 2^p + k$, $0 \leq k < 2^p$, $p \in \mathbb{N}$, y definimos la función $f_n = 1_{[\frac{k}{2^p}, \frac{k+1}{2^p}[}$.

(a) Comience por dibujar las funciones $f_1, \ldots, f_7$ y luego pruebe que

$$\|f_n\|_1 := \int_{[0,1]} |f_n| \, d\lambda \to 0,$$

si $n \to \infty$, $(f_n \to 0$ en $L^1)$.

Solución: Se obtiene fácilmente que los primeros siete elementos de la sucesión de funciones son:

$$
\begin{aligned}
f_1 &= 1_{[0,1[} \\
f_2 &= 1_{[0,\frac{1}{2}[} \\
f_3 &= 1_{[\frac{1}{2},1[} \\
f_4 &= 1_{[0,\frac{1}{4}[} \\
f_5 &= 1_{[\frac{1}{4},\frac{1}{2}[} \\
f_6 &= 1_{[\frac{1}{2},\frac{3}{4}[} \\
f_7 &= 1_{[\frac{3}{4},1[}.
\end{aligned}
$$

La convergencia de n hacia $+\infty$ equivale a aquella de $p \to \infty$ en la expresión $n = 2^p + k$. Se observa que

$$\|f_n\|_1 = \frac{1}{2^p} \to 0,$$

si $n \to \infty$.

(b) ¿Converge λ-c.t.p. a 0 la sucesión $(f_n)_{n \in \mathbb{N}^*}$?

Solución: Notar que para todo $p \in \mathbb{N}$, $\bigcup_{0 \le k < 2^p} [\frac{k}{2^p}, \frac{k+1}{2^p}[= [0,1[$. En consecuencia,

$$\limsup_n f_n = \inf_m \sup_{m \le n} f_n = \inf_m \sup_{p,\, m \le 2^p+k,\, 0 \le k < 2^p} 1_{[\frac{k}{2^p}, \frac{k+1}{2^p}[} = 1_{[0,1[}.$$

Luego $\lambda(\{x \in [0,1] : \limsup_n f_n(x) \ne 0\}) = 1$ y la sucesión $(f_n)_{n \in \mathbb{N}}$ no converge λ–c.t.p. a 0.

(c) ¿Converge en medida a 0 la sucesión anterior?

Solución: Por la desigualdad de Markov, para todo $\epsilon > 0$,

$$\lambda(f_n > \epsilon) \le \frac{1}{\epsilon} \|f_n\|_1.$$

Luego, $(f_n)_{n \in \mathbb{N}}$ converge a 0 en medida si $n \to \infty$.

(d) Encuentre una subsucesión que converja λ-c.t.p. a 0.

Solución: Hay muchas subsucesiones que cumplen esta propiedad. Por ejemplo, considerar las funciones $f_{n(p)}$ donde $n(p) = 2^{p+1} - 1 = 2^p + (2^p - 1)$, $p \geq 1$, que se escriben

$$f_{n(p)} = 1_{[1-\frac{1}{2^p},1[}.$$

Esta subsucesión cumple con la propiedad $\limsup_p f_{n(p)} = 1_\emptyset = 0$.

(e) Considere ahora un espacio de medida cualquiera $(\Omega, \mathcal{F}, \mu)$.

   (i) Probar que si una sucesión de funciones integrables $(f_n)_{n \in \mathbb{N}}$ sobre este espacio converge en L^1 hacia una función f (es decir $\|f_n - f\|_1 \to 0$), entonces la sucesión converge a f en medida.

   Solución: Es una simple aplicación de la desigualdad de Markov, puesto que

   $$\mu\left(|f_n - f| > \epsilon\right) \leq \|f_n - f\|_1,$$

   para todo $\epsilon > 0$, de donde el miembro izquierdo de la desigualdad anterior tiende a 0 si el derecho lo hace, cuando $n \to \infty$.

   (ii) Utilice los resultados anteriores para demostrar que la recíproca de la propiedad anterior es falsa.

   Solución: Podemos dar varios contraejemplos. En el espacio de medida introducido antes, considerar por ejemplo la sucesión $h_n = n1_{[0,1/n[}$ (o bien $2^p f_{n(p)}$ donde $f_{n(p)}$ es la subsucesión de la parte (d)). En ese caso, $\lambda(h_n > \epsilon) = 1/n \to 0$ si $n \to \infty$, pero $\|h_n\|_1 = 1$, para todo $n \in \mathbb{N}$.

UNIVERSIDAD CATÓLICA DE CHILE   MAT2531-MAT253I
FACULTAD DE MATEMÁTICAS   I 3-1er Semestre 2012

Interrogación 3 de Teoría de la Integración

Rolando Rebolledo

1. **Ejercicio.** Consideramos el espacio $(\mathbb{R}^2, \mathcal{B}(\mathbb{R}^2), \lambda^{\otimes 2})$ y definimos $q(y) := [y/\pi] + 1$, donde $[\cdot]$ es la función *parte entera*, y $r(y) := y - [y/\pi]\pi$. Se tiene así que para $y \in [k\pi, (k+1)\pi[$, $k \in \mathbb{N}$, $q(y) = k+1$ y $r(y) \in [0,1[$.

Sea $f : \mathbb{R}^2 \to \mathbb{R}$ definida por

$$f(x,y) := \exp\left(-x q(y)^2 \sqrt{r(y)}\right) 1_{]0,\infty[}(x) 1_{]0,\infty[}(y).$$

¿Es f integrable sobre $\mathbb{R}^2$?

Solución: La función f es medible y positiva. En consecuencia, aplicando el Teorema de Fubini para responder a la pregunta, basta examinar la finitud de la integral iterada

$$\int_{]0,\infty[} \left(\int_{]0,\infty[} f(x,y)dx\right) dy.$$

Ahora bien, para todo $0 < y < \infty$, la primera integral es igual a

$$\frac{1}{q(y)^2 \sqrt{r(y)}}.$$

La integral en y de esta última función (aplicando nuevamente el Teorema de Fubini, esta vez con las medidas de conteo y de Lebesgue) es

$$\int_{]0,\infty[} \frac{1}{q(y)^2 \sqrt{r(y)}} = \sum_{k\geq 0} \int_{[k\pi,(k+1)\pi[} \frac{1}{(k+1)^2\sqrt{y - k\pi}} dy$$

$$= \sum_{k\geq 0} \frac{1}{(k+1)^2} \int_{[k\pi,(k+1)\pi[} \frac{1}{\sqrt{y - k\pi}} dy$$

$$= 2\sqrt{\pi} \sum_{k\geq 0} \frac{1}{(k+1)^2} < \infty.$$

En consecuencia, la función f es integrable sobre $\mathbb{R}^2$.

2. **Ejercicio.** Sea $(\Omega, \mathcal{F}, \mu)$ un espacio de medida, f una función real medible definida sobre Ω y considere los siguientes casos:

(a) La medida μ es una probabilidad. Pruebe que entonces la aplicación $p \mapsto \|f\|_p$ de $[1, \infty]$ en $[0, \infty]$ es creciente.

Solución: Sean $p_1, p_2 \in [1, \infty]$, tales que $p_1 \leq p_2$. Si $p_1 = \infty$ entonces $p_2 = \infty$ y se tiene trivialmente $\|f\|_{p_1} = \|f\|_{p_2}$. Si sólo $p_2 = \infty$, basta usar que en general $|f| \leq \|f\|_\infty$, μ-c.t.p., de donde sigue fácilmente que

$$\left(\int_\Omega |f|^{p_1} \, d\mu \right)^{\frac{1}{p_1}} \leq \|f\|_\infty.$$

Supongamos ahora p_1 y p_2 finitos. Como $1 \leq p_2/p_1$, la función $x \mapsto x^{p_2/p_1}$ es convexa. Aplicando la desigualdad de Jensen se tiene

$$\left(\int_\Omega |f|^{p_1} \, d\mu \right)^{\frac{p_2}{p_1}} \leq \int_\Omega (|f|^{p_1})^{\frac{p_2}{p_1}} \, d\mu = \int_\Omega |f|^{p_2} \, d\mu.$$

Extrayendo raíz p_2 en ambos miembros se obtiene $\|f\|_{p_1} \leq \|f\|_{p_2}$. Y se tiene la inclusión $L^{p_2} \subset L^{p_1}$

(b) $\Omega = \mathbb{N}$, $\mathcal{F} = \mathcal{P}(\mathbb{N})$ y μ la medida de conteo: $\mu(\{n\}) = 1$, para todo $n \in \mathbb{N}$. Probar que en este caso la aplicación $p \mapsto \|f\|_p$ es decreciente.

Solución: Notar primero, que en cualquier espacio de medida se verifica, para $1 \leq p_1 < p_2 \leq \infty$,

$$\int_\Omega |f|^{p_2} \, d\mu = \int_\Omega |f|^{p_1} |f|^{p_2 - p_1} \, d\mu$$

$$\leq \|f\|_\infty^{p_2 - p_1} \int_\Omega |f|^{p_1} \, d\mu,$$

luego,

$$\|f\|_{p_2} \leq \|f\|_\infty^{1 - \frac{p_1}{p_2}} \|f\|_{p_1}^{\frac{p_1}{p_2}}.$$

En el espacio de medida considerado en esta pregunta, se tiene $\|f\|_\infty \leq \|f\|_p$ para todo $p \in [1, \infty]$, luego

$$\|f\|_{p_2} \leq \|f\|_{p_1}^{1 - \frac{p_1}{p_2}} \|f\|_{p_1}^{\frac{p_1}{p_2}} = \|f\|_{p_1}.$$

(c) Suponga enseguida que $(\Omega, \mathcal{F}, \mu)$ es un espacio de medida general y que f es una función medible numérica. Pruebe que se cumple $\|f\|_\infty \leq \liminf_{p \to \infty} \|f\|_p$. Demuestre

273

que se tiene la igualdad ya sea si se supone que $\mu(\Omega) < \infty$ o bien que $\|f\|_1 < \infty$.

Solución: Si $\mu(\Omega) = 0$, el resultado es trivial. Supongamos $0 < \mu(\Omega) \leq \infty$. Sea $0 \leq M < \|f\|_\infty$, y $A = \{x \in \Omega : |f(x)| > M\}$, entonces $\mu(A) > 0$ y $\liminf_{p\to\infty} \mu(A)^{1/p} = 1$. Luego,

$$\liminf_{p\to\infty} \|f\|_p \geq M \liminf_{p\to\infty} \mu(A)^{1/p} = M,$$

para cada $M \in [0, \|f\|_\infty[$. Por lo tanto, $\liminf_{p\to\infty} \|f\|_p \geq \|f\|_\infty$.

Supongamos ahora $\mu(\Omega) < \infty$ ó $\|f\|_1 < \infty$. Notar que para todo $p \in [1, \infty]$ se tiene la desigualdad

$$\|f\|_p \leq \left(\|f\|_\infty \mu(\Omega)^{1/p}\right) \wedge \left(\|f\|_\infty^{1-\frac{1}{p}} \|f\|_1^{\frac{1}{p}}\right),$$

de donde se deduce $\liminf_{p\to\infty} \|f\|_p = \|f\|_\infty$.

3. **Problema.** Se define una medida σ-finita μ sobre $(]0,\infty[, \mathcal{B}(]0,\infty[))$ en la forma:

$$\mu(A) = \int_A \frac{1}{x} dx, \ (A \in \mathcal{B}(]0,\infty[)).$$

(a) Probar que μ es invariante para el grupo multiplicativo, es decir que:

$$\int_{]0,\infty[} f(\alpha x)\mu(dx) = \int_{]0,\infty[} f(x)\mu(dx), \ \alpha \in]0,\infty[,$$

y

$$\int_{]0,\infty[} f\left(\frac{1}{x}\right) \mu(dx) = \int_{]0,\infty[} f(x)\mu(dx),$$

para toda función boreliana numérica positiva f definida sobre $]0,\infty[$.

Solución: Sea f una función boreliana numérica positiva definida sobre $]0,\infty[$. Para probar la primera igualdad basta hacer el cambio de variables $u = \alpha x$, y en la segunda, $v = 1/x$:

$$\begin{aligned}
\int_{]0,\infty[} f(\alpha x)\mu(dx) &= \int_{]0,\infty[} f(\alpha x)\frac{1}{x} dx \\
&= \int_{]0,\infty[} f(u)\frac{1}{u} du \\
&= \int_{]0,\infty[} f(x)\mu(dx).
\end{aligned}$$

$$\int_{]0,\infty[} f\left(\frac{1}{x}\right) \mu(dx) = \int_{]0,\infty[} f\left(\frac{1}{x}\right) \frac{1}{x}dx$$

$$= \int_{]0,\infty[} f(v)\frac{1}{v}dv$$

$$= \int_{]0,\infty[} f(x)\mu(dx).$$

(b) Para dos funciones borelianas reales f y g definidas sobre $]0,\infty[$, se definen

$$\Lambda_\mu(f,g) = \left\{ x \in]0,\infty[: \int_{]0,\infty[} \left| f\left(\frac{x}{y}\right) \right| |g(y)| \, \mu(dy) < \infty \right\};$$

$$f \bullet g = \begin{cases} \int_{]0,\infty[} f\left(\frac{x}{y}\right) g(y)\mu(dy) < \infty, & \text{si } x \in \Lambda_\mu(f,g), \\ 0, & \text{en caso contrario.} \end{cases}$$

Probar que $f \bullet g = g \bullet f$. Además, demostrar que si $p, q \in [1,\infty]$ satisfacen $\dfrac{1}{r} := \dfrac{1}{p} + \dfrac{1}{q} - 1 \geq 0$, entonces

$$\mu(\Lambda_\mu(f,g)^c) = 0, \text{ y } \|f \bullet g\|_r \leq \|f\|_p \|g\|_q.$$

Solución: La primera igualdad resulta simplemente del cambio de variables $y \mapsto u := x/y$. En efecto, con ese cambio se obtiene

$$f \bullet g(x) = \int_{]0,\infty[} f\left(\frac{x}{y}\right) g(y)\mu(dy) = \int_{]0,\infty[} g\left(\frac{x}{u}\right) f(u)\mu(du) = g \bullet f(x),$$

para todo $x \in \Lambda_\mu(f,g)$ y en el complemento de este conjunto la igualdad es trivial. En lo que sigue, usamos la notación p' para indicar el conjugado de un número $p \in [1,\infty]$, es decir, $p' \in [1,\infty]$ satisface

$$\frac{1}{p} + \frac{1}{p'} = 1.$$

Suponemos ahora $f \in L^p(\mu)$, $g \in L^q(\mu)$. Si $r = \infty$, en ese caso $q = p'$ y la desigualdad de Hölder implica que para todo $x \in]0,\infty[$:

$$\int_{]0,\infty[} \left| f\left(\frac{x}{y}\right) \right| |g(y)| \, \mu(dy) \leq \|f\|_p \|g\|_q < \infty.$$

275

En consecuencia, $\mu(\Lambda_\mu(f,g)^c) = 0$. Enseguida, la desigualdad anterior muestra que dado cualquier $M > \|f\|_p \|g\|_q < \infty$, se tiene $\mu(\{x : |f \bullet g(x)| > M\}) = 0$, de donde

$$\|f \bullet g\|_\infty \leq \|f\|_p \|g\|_q < \infty.$$

Suponemos ahora $1 \leq r < \infty$, y luego $1 \leq p, q < \infty$. Notar que entonces $q < p'$. Sea $n \in \mathbb{N}$ y definimos $A_n = \{x : |g(x)| \leq n\}$, $f_n(x) = f(x)1_{A_n}$, $g_n(x) := g(x)1_{A_n}$, para todo $x \in]0, \infty[$. Como $g_n \in L^q(\mu) \cap L^\infty(\mu)$ y $q < p'$, resulta también $g_n \in L^q(\mu) \cap L^{p'}(\mu)$ y $\|g_n\|_{p'} \leq \|g_n\|_q \leq \|g\|_q$. Por otra parte, si se fija x, dado que μ es invariante para el grupo multiplicativo, se tiene que $\left\|f\left(\frac{x}{\cdot}\right)\right\|_p = \|f\|_p$. Además $A_n \uparrow]0, \infty[$ dado que $|g|^q$ es integrable. El Teorema de Convergencia monótona implica que

$$\|f \bullet g\|_r = \lim_n \left(\int_{A_n} \left| \int_{A_n} f\left(\frac{x}{y}\right) g(y)\mu(dy) \right|^r \right)^{\frac{1}{r}}.$$

Por otra parte, como $A_n \uparrow \Omega$ y $\frac{1}{r} - \frac{1}{p} = \frac{1}{q} - 1 \leq 0$, existe n_0 tal que $\mu(A_n)^{\frac{1}{q}-1} < 1$. Si $n \geq n_0$ se tiene

$$\left(\int_{A_n} \left| \int_{A_n} \left(\frac{x}{y}\right) g(y)\mu(dy) \right|^r \mu(dx) \right)^{\frac{1}{r}} \leq \left(\int_{A_n} \left\| f\left(\frac{x}{\cdot}\right) \right\|_p^r \|g1_{A_n}\|_{p'}^r \, \mu(dx) \right)^{\frac{1}{r}}$$

$$\leq \|f\|_p \, (\mu(A_n))^{\frac{1}{r}} \, \|g1_{A_n}\|_q$$

$$\leq \|f1_{A_n}\|_p \, \|g1_{A_n}\|_q \, (\mu(A_n))^{\frac{1}{r}-\frac{1}{p}}$$

$$\leq \|f\|_p \, \|g\|_q .$$

En consecuencia,

$$\|f \bullet g\|_r \leq \|f\|_p \, \|g\|_q .$$

PONTIFICIA UNIVERSIDAD CATÓLICA DE CHILE MLM2532
FACULTAD DE MATEMÁTICAS Examen-2007/1

Teoría de la Integración
Examen

25 de junio 2007

1. **Ejercicio.** Probar que la función $f(x,y) = e^{-x}\mathrm{sen}\,(2xy)$ es integrable sobre $[0,\infty[\times[0,1]$ provisto de la medida de Lebesgue sobre su tribu boreliana y deducir que

$$\int_0^\infty \frac{e^{-x}\mathrm{sen}^2\,x}{x}dx = \frac{1}{4}\log 5.$$

Solución: f es una función continua de dos variables y es, en consecuencia, medible sobre el espacio producto. Por otra parte, para todo $(x,y) \in [0,\infty[\times[0,1]$, $|f(x,y)| \leq e^{-x}$ y $\int_0^1 dy \int_0^\infty e^{-x}dx = 1$, luego f es integrable y se puede aplicar el Teorema de Fubini.

$$\int_0^\infty dx \int_0^1 dy\, e^{-x}\mathrm{sen}\,(2xy)dy = \int_0^1 dy \int_0^\infty e^{-x}\mathrm{sen}\,(2xy)dx,$$

de donde

$$\int_0^\infty \frac{e^{-x}\mathrm{sen}^2\,x}{x}dx = \int_0^1 \frac{2y}{1+4y^2}dy = \frac{1}{4}\log 5.$$

2. **Ejercicio.** Si a designa un número real cualquiera, determinar el valor del límite

$$\lim_{n\to\infty}\int_{-\infty}^a \frac{n^2x^2e^{-n^2x^2}}{1+x^2}dx,$$

según que a sea $> 0 = 0$ ó < 0.

Solución: Se trata de una sucesión de funciones continuas, luego, medibles. Haciendo el cambio de variables $u = na$ resulta

$$\lim_{n\to\infty} \int_{-\infty}^{a} \frac{n^2 x^2 e^{-n^2 x^2}}{1+x^2}\,dx \; = \; \int_{-\infty}$$

$$= \int_{-\infty}^{na} \frac{u^2 e^{-u^2}}{1+u^2/n^2}\,du$$

$$= \int_{-\infty}^{\infty} 1_{]-\infty,na]}(u)\frac{u^2 e^{-u^2}}{1+u^2/n^2}\,du.$$

Ahora bien, para todo real u se tiene la mayoración

$$1_{]-\infty,na]}(u)\frac{u^2 e^{-u^2}}{1+u^2/n^2} < u^2 e^{-u^2},$$

que muestra que el Teorema de Convergencia Dominada de Lebesgue es aplicable.
Si $a < 0$,

$$\lim_{n\to\infty} 1_{]-\infty,na]}(u)\frac{u^2 e^{-u^2}}{1+u^2/n^2} = 0,$$

de donde $\lim_{n\to\infty} \int_{-\infty}^{a} \frac{n^2 x^2 e^{-n^2 x^2}}{1+x^2}\,dx = 0$.
Si $a = 0$,

$$\lim_{n\to\infty} 1_{]-\infty,0]}(u)\frac{u^2 e^{-u^2}}{1+u^2/n^2} = 1_{]-\infty,0]}u^2 e^{-u^2},$$

de donde $\lim_{n\to\infty} \int_{-\infty}^{a} \frac{n^2 x^2 e^{-n^2 x^2}}{1+x^2}\,dx = \int_{-\infty}^{0} u^2 e^{-u^2}\,du = \sqrt{\pi}/4$.
Si $a > 0$,

$$\lim_{n\to\infty} 1_{]-\infty,na]}(u)\frac{u^2 e^{-u^2}}{1+u^2/n^2} = u^2 e^{-u^2},$$

de donde $\lim_{n\to\infty} \int_{-\infty}^{a} \frac{n^2 x^2 e^{-n^2 x^2}}{1+x^2}\,dx = \int_{-\infty}^{\infty} u^2 e^{-u^2}\,du = \sqrt{\pi}/2$.

3. **Ejercicio.** Sea $(\Omega, \mathcal{F}, \mu)$ un espacio de medida y $f : \Omega \to [-\infty, \infty]$ una función medible. Probar que $\|f\|_\infty \leq \liminf_{p\uparrow\infty} \|f\|_p$.

Suponer enseguida que se tiene adicionalmente, ya sea $\mu(\Omega) < \infty$ o bien $\|f\|_1 < \infty$. Probar que en cualquiera de los dos casos anteriores, $\|f\|_\infty = \lim_{p\uparrow\infty} \|f\|_p$.

Solución: Sea $M > 0$ tal que $0 < M < \|f\|_\infty$. En consecuencia $\mu(|f| > M) > 0$. De aquí sigue

$$\left(\int_\Omega |f|^p \, d\mu \right)^{1/p} \geq \left(\int_{\{|f|>M\}} |f|^p \, d\mu \right)^{1/p} \geq M \mu(|f| > M)^{1/p}.$$

Luego $\liminf_p \|f\|_p \geq M$, de donde resulta la desigualdad $\|f\|_\infty \leq \liminf_p \|f\|_p$.

Si $\mu(\Omega) < \infty$ o bien $\|f\|_1 < \infty$, se tiene $\|f\|_\infty < \infty$, según lo anterior. En ese caso es fácil verificar que

$$\|f\|_p = \left(\int_{\{|f|\leq M\}} |f|^p \, d\mu \right)^{1/p} \leq M,$$

para todo $M > 0$ tal que $\mu(|f| > M) = 0$. Luego, la desigualdad se cumple para $M = \|f\|_\infty < \infty$ y se tiene $\|f\|_\infty = \lim_p \|f\|_p$.

4. **Problema.** Consideramos el espacio de medida $(\mathbb{R}, \overline{\mathcal{B}(\mathbb{R})}, \lambda)$. Dada cualquier función creciente real positiva, continua a la derecha F, designamos por μ_F la medida de Stieltjes–Lebesgue asociada a F.

(a) Demostrar que $\mu_F << \lambda$ si y sólo si existe $f \in L^1(\mathbb{R}, \overline{\mathcal{B}(\mathbb{R})}, \lambda)$ tal que $F(x) = \int_{-\infty}^x f(t)dt$.

   En este caso probar que la norma en variación total de μ_F es $\|\mu_F\|_1 = \|f\|_1$.

Solución: La medida λ es σ-finita y como F es real, μ_F resulta finita, de modo que se puede aplicar el Teorema de Radon-Nikodym. Según eso, $\mu_F << \lambda$ si y sólo si existe $f \in {}^1(\mathbb{R}, \overline{\mathcal{B}(\mathbb{R})}, \lambda)$ tal que $\mu_F(A) = \int_A f d\lambda$ para todo conjunto medible A. Si F es constante, el resultado es trivial. Supongamos F no constante y como F debe ser positiva, supongamos $F(-\infty) = 0$. En ese caso, se tendrá $F(x) = \mu_F(]-\infty, x]) = \int_{-\infty}^x f(t)dt$. Si $F(-\infty) \neq 0$, entonces $F(x) = F(-\infty) + \int_{-\infty}^x f(t)dt$.

Recíprocamente se tiene sobre cada intervalo $]a, b]$, $\mu(]a, b]) = \int_a^b f(t)dt$, luego, por el Teorema de Carathéodory, las medidas μ_F y $A \mapsto \int_A f d\lambda$ coinciden sobre toda la tribu de Lebesgue. De aquí se deduce que $\mu_F << \lambda$.

Finalmente, de la definición de las partes positivas y negativas de una medida resulta $\mu_F^\pm(A) = \int_A f^\pm d\lambda$ para todo conjunto medible A. Luego $|\mu_F|(A) = \int_A |f| \, d\mu$, de donde $\|\mu_F\|_1 = |\mu_F|(\Omega) = \|f\|_1$.

(b) Considerar enseguida $-\infty \leq a < b \leq \infty$ y particiones $\pi : a = t_0 < \ldots < t_n = b$ del intervalo $[a, b]$. Como de costumbre, escribimos $|\pi| = \max\{t_{i+1} - t_i : i = 0, \ldots, n - 1\}$.

Probar que para toda función continua h se tiene

$$\int_{[a,b]} h\,d\mu_F = \lim_{|\pi|\downarrow 0} \sum_{t_{i+1},t_i \in \pi} h(t_i)(F(t_{i+1}) - F(t_i)).$$

Solución: Basta notar que la función h es límite puntual (e incluso uniforme sobre $[a,b]$) de las funciones simples

$$h_\pi = \sum_{t_{i+1},t_i \in \pi} h(t_i) 1_{]t_i,t_{i+1}]},$$

cuyas integrales con respecto a μ_F valen

$$\int_{[a,b]} h_\pi\,d\mu_F = \sum_{t_{i+1},t_i \in \pi} h(t_i)(F(t_{i+1}) - F(t_i)).$$

(c) Con las notaciones anteriores, sea G otra función creciente continua a la derecha con valores reales, definida en $\mathbb{R}$. Suponer que se tiene $\mu_F \ll \lambda$, $\mu_G \ll \lambda$. Probar la fórmula de integración por partes:

$$F(b)G(b) - F(a)G(a) = \int_{[a,b]} F\,d\mu_G + \int_{[a,b]} G\,d\mu_F.$$

Deducir de lo anterior que $\mu_{FG} \ll \lambda$ y que

$$\frac{d\mu_{FG}}{d\lambda} = F\frac{d\mu_G}{d\lambda} + G\frac{d\mu_F}{d\lambda}.$$

Solución: Se comienza por descomponer $F(b)G(b) - F(a)G(a)$ en una suma telescópica:

$$F(b)G(b) - F(a)G(a) = \sum_{t_{i+1},t_i \in \pi} \left(F(t_{i+1})G(t_{i+1}) - F(t_i)G(t_i) \right),$$

que puede ser arreglada usando la igualdad

$$F(t_{i+1})G(t_{i+1}) - F(t_i)G(t_i) = F(t_i)(G(t_{i+1} - G(t_i)) + G(t_{i+1})(F(t_{i+1}) - F(t_i)).$$

Luego, usando la continuidad de las funciones F, G y el resultado de la pregunta anterior, se obtiene pasando al límite

$$F(b)G(b) - F(a)G(a) = \int_{[a,b]} F\,d\mu_G + \int_{[a,b]} G\,d\mu_F.$$

Si $\mu_F \ll \lambda$ y $\mu_G \ll \lambda$, la relación anterior implica inmediatamente que $\mu_{FG} \ll \lambda$ usando el Teorema de Carathéodory y el de Radon-Nikodym. De la misma expresión resulta finalmente la relación entre las derivadas.

UNIVERSIDAD CATÓLICA DE CHILE   MAT2531-MAT253I
FACULTAD DE MATEMÁTICAS   Examen-1er Semestre 2012

Examen de Teoría de la Integración

Rolando Rebolledo

1. **Ejercicio.** Se considera el espacio de medida $(\mathbb{R}^2, \mathcal{B}(\mathbb{R}^2), \lambda^{\otimes 2})$. Sean a, b y L reales tales que $0 < a < b$ y $L > 0$. Estudiando la integrabilidad de la función $f : \mathbb{R}^2 \to \mathbb{R}$ definida por $f(x,y) = \operatorname{sen}(xy) 1_{[a,b] \times [0,L]}(x,y)$, probar mediante un paso al límite que

$$\int_0^\infty \frac{\cos(ax) - \cos(bx)}{x} dx = \log\left(\frac{b}{a}\right).$$

Solución: La función f es producto de una función continua por una función medible, luego, es medible sobre $\mathbb{R}^2$. Además:

$$\int_{\mathbb{R}^2} |f| \, d\lambda^{\otimes 2} \leq L(b-a) < \infty.$$

Luego f es integrable. Utilizando enseguida el Teorema de Fubini y la equivalencia de la integral de Riemann con la de Lebesgue para las funciones continuas sobre intervalos acotados, resulta:

$$
\begin{aligned}
\int_0^L \frac{\cos(ax) - \cos(bx)}{x} dx &= \int_0^L \int_a^b \operatorname{sen}(xy) \, dy \, dx \\
&= \int_a^b \int_0^L \operatorname{sen}(xy) \, dx \, dy \\
&= \int_a^b \frac{1 - \cos(Ly)}{y} dy \\
&= \int_a^b \frac{1}{y} dy - \int_{aL}^{bL} \frac{\cos t}{t} dt \\
&= \log\left(\frac{b}{a}\right) - \int_0^{bL} \frac{\cos t}{t} dt + \int_0^{aL} \frac{\cos t}{t}.
\end{aligned}
$$

Como la integral impropia $\int_0^{\to\infty} \frac{\cos t}{t} dt$ existe, haciendo tender $L \to \infty$ la última expresión queda:

$$\int_0^\infty \frac{\cos(ax) - \cos(bx)}{x} dx = \log\left(\frac{b}{a}\right).$$

282

2. **Ejercicio.** Sea $f : \mathbb{R} \to \mathbb{R}$ una aplicación medible. Si f es positiva o integrable, probar usando un cambio de variables apropiado que se tiene

$$\int_{\mathbb{R}^{+2}} f(x-y)e^{-(x+y)}dxdy = \frac{1}{2}\int_{\mathbb{R}} f(v)e^{-|v|}dv.$$

Solución: Supongamos primero que la función f es positiva y efectuemos el cambio de variables:
$$\phi(x,y) = (x+y, x-y) = (u,v).$$

La función ϕ es un C^1-difeomorfismo de $\mathbb{R}^2$ en $\mathbb{R}^2$ con inversa

$$\phi^{-1}(u,v) = \left(\frac{u+v}{2}, \frac{u-v}{2}\right).$$

Sea $U =]0,\infty[^2$ (ϕ es también un C^1-difeomorfismo sobre U). Notar que $(u,v) \in \phi(U)$ si y sólo si existe $(x,y) \in U$ tales que $x = (u+v)/2$ e $y = (u-v)/2$. Eso equivale a $u > |v|$. Luego $\phi(U) = \{(u,v) \in \mathbb{R}^2 : u > |v|\}$ y un cálculo inmediato del Jacobiano de ϕ nos da 2. Luego, aplicando el Teorema de Cambio de Variables:

$$\begin{aligned}
\int_{\mathbb{R}^{+2}} f(x-y)e^{-(x+y)}dxdy &= \int_U f(x-y)e^{-(x+y)}dxdy \\
&= \frac{1}{2}\int_{\phi(U)} f(v)e^{-u}dudv \\
&= \frac{1}{2}\int_{\mathbb{R}} \left(\int_{]|v|,\infty[} f(v)e^{-u}du\right)dv \\
&= \frac{1}{2}\int_{\mathbb{R}} f(v)e^{-|v|}dv.
\end{aligned}$$

Finalmente, si f es de signo cualquiera pero integrable, aplicamos lo anterior a la función $|f|$ y obtenemos

$$\int_{\phi(U)} \left|f(v)e^{-u}\right| dudv = \int_{\mathbb{R}} |f(v)|\, e^{-|v|}dv \leq \int_{\mathbb{R}} |f(v)|\, dv < \infty.$$

Luego, la función $(x,y)| \mapsto f(x-y)e^{-(x+y)}$ es integrable sobre U y por el Teorema de Fubini se aplica también el cálculo anterior a la función f.

3. **Problema.** Sean f, g dos funciones de $\mathbb{R}$ en $\mathbb{R}$. definidas en la forma siguiente:

$$f(x) = \begin{cases} \sqrt{1-x} & \text{si } x < 1, \\ 0 & \text{si } x \geq 1. \end{cases} \tag{1}$$

$$g(x) = \begin{cases} 0 & \text{si } x \leq 0 , \\ x^2 & \text{si } x > 0. \end{cases} \tag{2}$$

Sean $\mu = f \cdot \lambda$ y $\nu = g \cdot \lambda$ las medidas definidas sobre la tribu boreliana $\mathcal{B}(\mathbb{R})$, de densidades respectivas f y g con respecto a la medida de Lebesgue λ. Determinar la descomposición de Lebesgue de μ con respecto a ν y la derivada de Radon-Nikodym con respecto a ν de la parte absolutamente continua de μ .

Solución: Como $\mu([-n,\infty[) = \int_n^1 \sqrt{1-t}\,dt < \infty$ y, de manera similar, $0 \leq \nu(]-\infty,n]) = \int_0^n x^2\,dx < \infty$, para todo $n \in \mathbb{N}$, luego, ambas medidas son σ–finitas y se puede aplicar el Teorema de descomposición de Lebesgue-Radon-Nikodym. Por lo tanto, existen dos únicas medidas μ_a y μ_o tales que $\mu_a << \nu$ y $\mu_o \perp \nu$, $\mu = \mu_a + \mu_o$.

Tanto μ_a como μ_o son absolutamente continuas con respecto a la medida de Lebesgue λ. En efecto, si $\lambda(N) = 0$, entonces $\mu(N) = 0 = \mu_a(N) + \mu_o(N)$, lo que implica que $\mu_a(N) = \mu_o(N) = 0$ pues los números reales $\mu_a(N), \mu_o(N)$ son positivos. Además, las restricciones $\mu_{a,n}, \mu_{o,n}$ de dichas medidas a $\mathcal{B}(\mathbb{R}) \cap [-n,\infty[$ son finitas. Por lo tanto, existen funciones positivas $f_{a,n}$ y $f_{o,n}$ tales que $\mu_{a,n} = f_{a,n} \cdot \lambda$ y $\mu_{o,n} = f_{o,n} \cdot \lambda$.

Notar que las restricciones de $\mu_{a,n+1}$, $\mu_{o,n+1}$ a $\mathcal{B}(\mathbb{R}) \cap [-n,\infty[$ coinciden con $\mu_{a,n}$, $\mu_{o,n}$ respectivamente. La unicidad de $f_{a,n}$, $f_{o,n}$ implica que $f_{a,n+1}|_{[-n,\infty[} = f_{a,n}$, $f_{o,n+1}|_{[-n,\infty[} = f_{o,n}$, λ-c.t.p. Definimos entonces

$$f_a(x) = f_{a,n}(x), \quad f_o(x) = f_{o,n}(x), \text{ para } -n \leq x.$$

Los valores definidos así son independientes de n dado que $\mathbb{R} = \bigcup_{n\in\mathbb{N}}[-n,\infty[$ y las restricciones de f_a y f_o a cada uno de los intervalos anteriores son medibles. Por otra parte, para $i \in \{a,o\}$ et $A \in \mathcal{B}(\mathbb{R})$, se tiene

$$\mu_i(A) = \mu_i\left(\bigcup_{n\in\mathbb{N}}(A \cap [-n-1,-n[) \cup (A \cap \mathbb{R}^+)\right)$$
$$= \sum_{n\in\mathbb{N}} \mu_i(A \cap [-n-1,-n[) + \mu_i(A \cap \mathbb{R}^+).$$

De esto se deduce que

$$\mu_i(A) = \sum_{n\in\mathbb{N}} \int_{A\cap[-n-1,-n[} f_{i,n+1}\,d\lambda + \int_{A\cap\mathbb{R}^+} f_{i,0}\,d\lambda = \int_A f_i\,d\lambda.$$

Es decir, la derivada de Radon-Nikodym $\dfrac{d\mu_i}{d\lambda}$ de μ_i con respecto a λ es f_i. Para calcular la derivada de f_a con respecto a ν, se observa que un conjunto medible N es despreciable con respecto a ν si y sólo si $\lambda(N\cap]0,\infty[) = 0$, dado que $g(x) > 0$ sobre $]0,\infty[$. En consecuencia, dado que $\mu_a << \nu$, se tiene que $\int_N f_a d\lambda = 0$ si $\lambda(N\cap]0,\infty[) = 0$. Tomando en particular $N =] - \infty, 0]$, se tiene que f_a es nula λ-c.t.p. sobre $] - \infty, 0]$.

Por otra parte, como $\mu_o \perp \nu$, existe un conjunto N medible tal que $\nu(N) = 0 = \mu_o(\mathbb{R} \setminus N)$, es decir, $N\cap]0,\infty[$ es λ-despreciable y $\int_{\mathbb{R}\setminus N} f_o d\lambda = 0$, es decir $f_o = 0$ λ-c.t.p. sobre $\mathbb{R} \setminus N$ y en particular sobre $]0,\infty[$.

De la unicidad de las densidades f, f_a y f_o, se tiene que $f = f_o$ sobre $] - \infty, 0]$ y $f = f_a$ sobre $]0,\infty[$, λ-c.t.p. Luego, se pueden escoger las versiones siguientes de las derivadas con respecto a λ:

$$f_a(x) = \begin{cases} 0 & \text{si } x \leq 0, \\ \sqrt{1-x} & \text{si } 0 < x < 1, \\ 0 & \text{si } x \geq 1. \end{cases}$$

$$f_o(x) = \begin{cases} \sqrt{1-x} & \text{si } x \leq 0, \\ 0 & \text{si } x > 0. \end{cases}$$

La derivada $h = d\mu_a/d\nu$ se calcula como

$$h(x) = \begin{cases} \frac{f_a(x)}{g(x)} & \text{si } g(x) \neq 0, \\ 0 & \text{sino} \end{cases} = \begin{cases} \frac{\sqrt{1-x}}{x^2} & \text{si } 0 < x < 1, \\ 0 & \text{si } x \leq 0 \text{ ó } x \geq 1, \end{cases} \tag{3}$$

En efecto, para todo conjunto medible A, sea $A_0 = \{x \in A : g(x) \neq 0\}$, entonces

$$\begin{aligned} (h \cdot \nu)(A) &= \int_A h d\nu \\ &= \int_{A_0} \frac{f_a}{g} g d\lambda + \int_{A\setminus A_0} h g d\lambda \\ &= \mu_a(A_0), \end{aligned}$$

y además $\mu_a(A_0) = \mu_a(A)$ pues $A \setminus A_0$ es ν-despreciable y $\mu_a << \nu$.

Bibliografía

[1] S.K. Berberian. *Measure and integration*. New York, 1965.

[2] G.D. Birkhoff. Proof of the ergodic theorem. *Proc. Nat. Acad. Sci. U.S.A.*, 17, 1931.

[3] E. Borel. *Leçons, sur la théorie des fonctions*. Paris, 1928. 1st ed. 1898, 2nd ed. 1914, 3rd ed. 1928.

[4] N. Bourbaki. *Intégration (Actualités sci. et ind. 1175; 1244; 1281;1306)*. Paris, 1st ed. 1952, 2nd ed. 1965; 1956;1959;1963.

[5] J.C. Burkill. *The Lebesgue integral*. Cambridge, 1953.

[6] P.J. Daniell. A general form of integral. *Annals of Maths*, 19, 1917–18.

[7] P.J. Daniell. Integrals in an infinite number of dimensions. *Annals of Maths*, 20, 1918–19.

[8] P.J. Daniell. Further properties of the general integral. *Annals of Maths*, 21, 1919–20.

[9] P.J. Daniell. The derivative of the general integral. *Annals of Maths*, 25, 1923–24.

[10] C.J. de la Vallée Poussin. Sur l'intégrale de Lebesgue. *Trans. Am. Math. Soc.*, 16, 1915.

[11] C.J. de la Vallée Poussin. *Intégrales de Lebesgue, fonctions d'ensemble, classes de Baire*. Paris, 1st ed. 1916, 2nd ed. 1934.

[12] C. Dellacherie et P.A. Meyer: *Probabilités et Potentiel*, vol. 1, Hermann, Paris, 1975.

[13] J. Diestel and J. J. Uhl Jr.: *Vector measures*, American Mathematical Society, Providence, R.I., 1977.

[14] N. Dinculeanu: *Vector Measures*, Pergamon Press, New York, 1967.

[15] J.T. Dunford, N. Schwartz. *Linear operators*. New York, 1963. Part I: General theory (1958); Part II: Spectral theory (1963).

[16] N. Dunford. Integration in general analysis. *Trans. Am. Math. Soc.*, 37–38, 1935.

[17] G. Fubini: Il teorema di riduzione per gli integrali doppi. Univ. e Politecnico Torino. Rend. Sem. Mat. 9, (1950), 125-133.

[18] C. Goffman. *Real functions*. New York, 1953.

[19] L.M. Graves. *The theory of functions of real variables*. New York, (1st ed. 1946, 2nd ed. 1956).

[20] A. Hahn, H. Rosenthal. *Set functions*. Albuquerque, 1948.

[21] P.R. Halmos. *Measure theory*. New York, 1950.

[22] K. Hewitt, E. Stromberg. *Real and abstract analysis*. Berlin–Heidelber–New York, 1965.

[23] T.H. Hildebrandt. *Introduction to the theory of integration*. New York, 1963.

[24] E.W. Hobson. *The theory of functions of a real variable and the theory of Fourier's series*. Cambridge, (st ed. 1907, 2nd and 3rd ed. 1921–1927) edition.

[25] R.L. Jefferey. *The theory of functions of a real variable*. Toronto, 1951.

[26] H. Kestelman. *Modern theories of integration*. Oxford, 1937.

[27] S.V. Kolmogoroff, A.N. Fomin. *Measure, Lebesgue integrals and Hilbert space*. New York, 1961. translated from the Russian.

[28] H. Lebesgue. *Leçons sur l'intégration et la recherche des fonctions primitives*. Paris, (1st ed. 1904, 2nd ed. 1928) edition.

[29] H. Lebesgue. *Intégrale, longueur, aire*. Thése. Paris, 1902.

[30] H. Lebesgue. Intégrale, longueur, aire. *Annali Mat. Pura e Appl.*, 7, 1902 (3).

[31] H. Lebesgue. Sur l'intégration des fonctions discontinues. *Annales Ecole Norm. Sup. (3)*, 27, 1910.

[32] L.H. Loomis. Linear functionals and content. *Am. Journal of Maths*, 76, 1954.

[33] E.J. McShane. *Integration*. Princeton, 1947.

[34] T.A. McShane, E.J. Botts. *Real analysis*. Princeton, 1959.

[35] M.E. Munroe. *Introduction to measure and integration*. Cambridge, Massachusetts, 1953.

[36] L. Nachbin. *The Haar integral*. Princeton, 1965.

[37] I.P. Natanson. *Theory of functions of a real variable*. New York, Vol. 1, 1955; Vol. 2, 1960. English translation of the same book.

[38] G.K. Pedersen: *Analysis Now*. Graduate Texts in Mathematics, Springer, 1989.

[39] I. Pesin. *Classical and Modern Theories of Integration*. Academic Press, 1970.

[40] H.R. Pitt. *Integration, measure and probability*. Edinburgh–London, 1963.

[41] B. Riesz, F. Sz.-Nagy. *Leçons d'analyse fonctionnelle*. Budapest, (1st ed. 1952, 2nd ed. 1953, 3rd ed. 1955, 4th ed. 1965).

[42] H.L. Royden. *Real analysis*. New York, 1963.

[43] D.W. Stroock. *A concise Introduction to the Theory of Integration*, (2nd.edition). Birkhäuser, 1994.

[44] A.E. Taylor. *General theory of functions and integration*. New York–Toronto–London, 1965.

[45] E.C. Titchmarsh. *The theory of functions*. Oxford, 1st ed. 1932, 2nd ed. 1939.

[46] A.C. Zaanen. *An introduction to the theory of integration*. New York, Interscience,1958.

[47] A.C. Zaanen. *Linear Analysis*. Amsterdam–Groningen, 1953.